AF400367

Angela Mörixbauer

Marlies Gruber

Eva Derndorfer

Handbuch Ernährungskommunikation

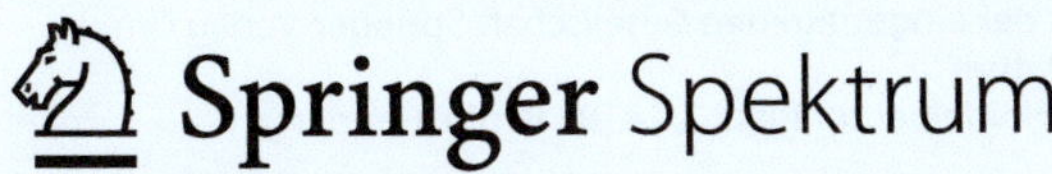

Angela Mörixbauer
eatconsult – agentur für
ernährungskommunikation
Waidhofen, Österreich

Marlies Gruber
forum. ernährung heute
Wien, Österreich

Eva Derndorfer
Wien, Österreich

ISBN 978-3-662-59124-6   ISBN 978-3-662-59125-3   (eBook)
https://doi.org/10.1007/978-3-662-59125-3

Die Deutsche Nationalbibliothek verzeichnet diese Publikation in der Deutschen Natio-
nalbibliografie; detaillierte bibliografische Daten sind im Internet über http://dnb.d-nb.de
abrufbar.

Springer Spektrum
© Springer-Verlag GmbH Deutschland, ein Teil von Springer Nature 2019

Planung/Lektorat: Stephanie Preuß

Springer Spektrum ist ein Imprint der eingetragenen Gesellschaft Springer-Verlag GmbH,
DE und ist ein Teil von Springer Nature
Die Anschrift der Gesellschaft ist: Heidelberger Platz 3, 14197 Berlin, Germany

Vorwort: Eine Ermutigung zu kreativer, zeitgemäßer Ernährungskommunikation

» Der Mensch ist ein auf vielen Ebenen kommunizierendes Wesen, das manchmal auch spricht (Ray L. Birdwhistell, US-amerikanischer Anthropologe).

Eine Idee, die seit Jahren in unseren Köpfen saß. Ein Bedarf, der seit Jahren besteht. Eine Kooperation, die sich seit Jahren bewährt. Und Kompetenzen, die sich optimal ergänzen.

Das war die Ausgangslage für dieses Buch. „Wir", das sind drei Ernährungswissenschaftlerinnen mit drei unterschiedlichen Spezialisierungen: Public Health, Kommunikation und Sensorik. Seit Jahren arbeiten wir in den verschiedensten Bereichen der öffentlichen Ernährungs- und Lebensmittelkommunikation, oft auch gemeinsam. Unsere praktischen Erfahrungen zeigten, dass sowohl das Interesse als auch der Bedarf an professioneller Ernährungskommunikation stetig steigt. Daher machten wir vor einem Jahr schließlich Nägel mit Köpfen. Wie Sie sehen, erfolgreich.

Öffentliche Ernährungskommunikation bezeichnet in diesem Kontext Kommunikationsprozesse und -strukturen, die öffentlich stattfinden und häufig, aber nicht zwingend, durch Massenmedien vermittelt sind. In diesem Buch steht die an den Konsumenten orientierte Kommunikation im Vordergrund, d. h. die verbraucherpolitische sowie – zu einem weitaus geringeren Teil – die wirtschaftliche Kommunikation. Wobei mit dem Kapitel über sensorische Lebensmittelkommunikation ein Bereich angerissen wird, der durchaus auch für nichtkommerzielle Kommunikation über Lebensmittel Potenzial hat. Schließlich geht es im Alltag der Konsumenten nicht um Ernährung, sondern um Essen und Trinken, also um Lebensmittel und Getränke.

Unser Fokus in diesem Buch liegt auf dem aktuellen Stand der Diskurse in diesem Themenfeld, der großen Bedeutung einer professionellen Zielgruppenanalyse, -definition und -segmentierung sowie der sich daraus ergebenden Wahl der Kommunikationskanäle und -mittel. Denn mit der Vielzahl an Botschaften und Zielgruppen ergeben sich vielfältige Anforderungen, die eine gelingende Ernährungskommunikation als gesamtgesellschaftlicher Verständigungsprozess zu bewerkstelligen hat. Für Verhaltensänderungen kann öffentliche Ernährungskommunikation dennoch immer nur ein Teil des großen Ganzen, einer umfassenden Verhältnisprävention- und Bildungsstrategie sein. Deshalb enthält dieses Werk auch ein Kapitel über Ernährungserziehung und -bildung.

Überlegungen dazu, wie und ob die Wissenschaft neue Erkenntnisse einzelner Studien an die Öffentlichkeit vermitteln soll, würden ebenso den Rahmen dieses Buches sprengen wie die Beschreibung der grundlegenden Problematiken der Ernährungswissenschaft, vor allem wenn die Ergebnisse in Empfehlungen münden sollten. Ebenso haben wir Analysen zu den Wechselwirkungen der Neuen Medien auf die öffentliche Kommunikation und Meinung weitgehend außen vor gelassen, genauso wie nichtöffentliche Face-to-Face-Kommunikationsprozesse.

Welche Herausforderungen, aber auch Chancen die Ernährungskommunikation in und durch soziale Medien bereithält, wird sich in naher Zukunft zeigen. Denn die Kommunikation verlagert sich in soziale Netzwerke wie Facebook, YouTube & Co. Klar ist schon jetzt, dass das Gerede über Ernährung im Netz und die Tatsache, dass jeder darüber öffentlich schreiben kann und somit auch jeder die Botschaften und Diskussionen der Nutzer verfolgen kann, einen umfassenden Datenfundus für Akteure der Ernährungskommunikation bietet. Menschen haben immer schon über Essen gesprochen. Doch nun haben wir erstmals die Möglichkeit, „live" zuzuhören, wir gewinnen mit vergleichsweise geringem Aufwand einen Einblick in Meinungen, Bedürfnisse, Wünsche, Einstellungen und Werte der Konsumenten – etwas, das bislang hauptsächlich der professionellen Markt- und Meinungsforschung bedurfte. Gleichzeitig dürfen sich die Akteure der Ernährungskommunikation diesen Medien nicht verschließen. Denn während in der prädigitalen Ära die Alltagskommunikation kaum Einfluss auf die öffentliche Meinung hatte, hat sich dies durch die mit sozialen Medien verbundene Demokratisierung der Informationsverbreitung wesentlich verändert. Mitunter erreichen Influencer, Blogger und Vlogger heute Reichweiten, von denen Fachorganisationen und Ernährungsexperten nur träumen können. Deutungshoheiten über „richtiges" Ernährungsverhalten haben sich verschoben, und nicht selten kommt es zu Verunsicherung und Polarisierung.

Ernährungskommunikation ist also, wenn sie Erfolge zeigen soll, ein äußerst herausfordernder Gegenstand. Wo, wann, mit wem, was und wie Menschen essen, spiegelt die Gesellschaft in ihrer Heterogenität wider. Der Ernährungsalltag wird durch Globalisierung, durchlässige Lebensstile und sich laufend verändernde Rahmenbedingungen zunehmend komplexer. Dazu kommen Skandalisierungen, Widersprüche und divergierende Ernährungsverständnisse. In diesem kommunikativen Umfeld ist eine professionelle Ernährungskommunikation gefordert, Orientierung im Dschungel der Informations- und Reizüberflutung anzubieten.

Deshalb haben wir dieses Buch geschrieben. Es soll Über-, Ein- und Ausblick bieten. Ganz im Sinne von Markus Miller, Gründer und Herausgeber von geopolitical.biz, der es mit folgender Aussage auf den Punkt bringt: *„Kommunikation ist die Antwort auf Komplexität!"*

Angela Mörixbauer
Marlies Gruber
Eva Derndorfer
Wien
im Januar 2019

Inhaltsverzeichnis

Inhaltsverzeichnis

Ausgangslage

Über Akteure, Diskursebenen, Wirkung und Stolpersteine

© Springer-Verlag GmbH Deutschland, ein Teil von Springer Nature 2019
A. Mörixbauer, M. Gruber, E. Derndorfer, *Handbuch Ernährungskommunikation*,
https://doi.org/10.1007/978-3-662-59125-3_1

1

Man darf niemanden seine Verantwortung abnehmen, aber man soll jedem helfen, seine Verantwortung zu tragen.
(H. W. Seidel, dt. Schriftsteller)

Der Ernährungsalltag wird zunehmend komplexer. Globalisierung, sich ändernde Lebensstile, steigender Außer-Haus-Konsum und Convenience bedeuten, dass vieles in dem Entscheidungsprozess, was und wie wir essen, delegiert wird. Widersprüche, Skandalisierungen, Panikmache, Mythen und divergierende Ernährungsverständnisse dominieren den Diskurs. Aufgrund sich verändernder Rahmenbedingungen in sozialer, wirtschaftlicher, gesundheitlicher und ökologischer Hinsicht steht die Gestaltung des individuellen und des gesellschaftlichen Ernährungsalltags daher vor zahlreichen Herausforderungen. Fragen, wie sich Verantwortung für Essmuster und Ernährungsgewohnheiten zukünftig aufteilen sollen, wie Ernährungssysteme künftig funktionieren sollen, welche Risiken akzeptiert werden und welche man keinesfalls eingehen möchte, wie es um Ernährungsbildung stehen soll und welche Strukturen sich bei der Versorgung außer Haus entwickeln, sind gesellschaftlich zu klären. Die vergangenen Jahrzehnte haben gezeigt, dass weder Wissensvermittlung alleine noch tradierte Ernährungsgewohnheiten oder Expertenmeinungen ausreichend Orientierung für die schnelllebigen Entwicklungen geben. Es ist Zeit für einen offenen und vielschichtigen Verständigungs- und Aushandlungsprozess zwischen den unterschiedlichen Akteuren, den verschiedenen Disziplinen, Natur- und Sozialwissenschaft, Gesundheit und Esskultur, Wirtschaft und Ökologie, Theorie und Praxis, – für eine zeitgemäße Ernährungskommunikation.

1.1   Definition und Akteure

Essen gilt als „soziales Totalphänomen", in ihm kommen wie es der französische Soziologe Marcel Mauss formulierte „alle Arten von gesellschaftlichen Institutionen gleichzeitig und mit einem Schlag zum Ausdruck" (Mauss 1990). Wo, wann, mit wem, was und wie wir essen, spiegelt die Gesellschaft, ihre Struktur und Heterogenität, Macht, das soziale Umfeld sowie den individuellen und kollektiven Wertekanon wider. Das Essverhalten ist nicht nur eine Entscheidung Einzelner, es ist grundlegend von makrostrukturellen Bedingungen beeinflusst (Brombach 2011). Gesamtgesellschaftliche und kulturelle Umbrüche verändern daher auch das Ess- und Bewegungsverhalten. Kommunikation beeinflusst als ein kultureller Aspekt neben Traditionswissen und -handeln Normen, Werte, Ideale, Geschlechterrollen und Biografien – auch Ess-Biografien. Fragen zu kulturellen Einflussfaktoren auf das Essverhalten rücken aufgrund der steigenden Prävalenz von ernährungsassoziierten Erkrankungen sowie der demografischen Entwicklung und Pluralisierung der Gesellschaft in den Vordergrund (Brombach 2011).

1.1.1   Es braucht Raum für Diskurs

Mit den sich verändernden Ernährungsverhältnissen haben sich Politik, Wissenschaft, Wirtschaft und Gesellschaft auseinanderzusetzen. Zwar kommt der Politik qua Auftrag und Legitimation sowie aufgrund der stärkeren Positionierung im öffentlichen

Raum eine Führungsrolle zu, aus sich heraus wird sie jedoch keine allgemein akzeptierten und tragfähigen Entscheidungen über den Umgang mit den Ernährungsverhältnissen etablieren können. Ebenso wenig würde dies der Wissenschaft und ihren Vertretern oder anderen Akteuren alleinig zustehen. Vielmehr bedarf es Foren, um die Interessen und Positionen der unterschiedlichen gesellschaftlichen Akteure über den gesellschaftlichen Umgang mit sich verändernden Ernährungsverhältnissen zusammenzuführen, sich auszutauschen und im öffentlichen Diskurs Kompromisse oder Konsens zu finden (Rehaag 2005).

1.1.2 Ernährungspolitik ist zur Gestaltung aufgerufen

Während Lebensmittelsicherheit zu den klassischen ernährungspolitischen Regulierungsaufgaben zählt, bei der die Verantwortung bei den Herstellern liegt und die Kontrolle der Staat übernimmt, werden Diskussionen über „gesunde Ernährung" immer wieder im Spannungsfeld zwischen Verhältnis- und Verhaltensprävention geführt (Payne und Thomson 1979). 2006 konstatierten Rehaag und Waskow zu politischen Maßnahmen der Ernährungsaufklärung:

» Ein Politikkonzept für die Ernährungspraxis, also das gesellschaftliche und individuelle, alltägliche Ernährungshandeln steht noch aus. Dieser Politikbereich kann nicht über Verordnungen und Reglementierung gegründet, nicht von oben verordnet werden. Die Gesellschaft steht angesichts des aktuell zunehmenden Problemdrucks durch Fehlernährung vor der Herausforderung, Vorstellungen zu entwickeln, wie das ernährungspolitische Gemeinwohl und das Selbstbestimmungsrecht des Einzelnen im Sinne einer gesunden Ernährung zusammenwirken können. Ernährungspolitik ist gefordert, auf Basis der beiden Vorsorgeansätze des Gesundheitsbereichs – Krankheitsvermeidung und Gesundheitsförderung – und unter Einbezug der gesellschaftlichen Akteure, ein Vorsorgekonzept für den Ernährungsbereich zu entwickeln.

1.1.3 Verbraucher immer stärker Teil der Meinungsbildung

In der heutigen Mediengesellschaft ist das Forum die öffentliche Ernährungskommunikation. Sie hat nicht Einzelberatung zum Ziel, sondern einen kollektiven Diskurs über das Handlungsfeld Ernährung (◘ Tab. 1.1). Dennoch dominiert bisweilen ein durch politische Akteure und Experten geformtes paternalistisches Konzept der Ernährungsaufklärung für zu schützende Konsumenten dieses Feld (Rehaag 2005). Zunehmend gewinnt jedoch durch die digitalen Medien ▸ Abschn. 3.5.2 die Zivilgesellschaft in diesem Prozess an Bedeutung und trägt einen wesentlichen Teil zur gesellschaftlichen Meinungsbildung bei.

1

▣ **Tab. 1.1**   Geläufige wissenschaftliche Definitionen von Ernährungskommunikation. (Nach Godemann und Bartelmeß 2017)

Quelle	Definition
Rehaag und Waskow (2005, S. 7)	„Ernährungskommunikation ist eine gesellschaftliche Verständigungsleistung. Nach den beteiligten Akteuren und Interaktionszusammenhängen kann sie differenziert werden in die beiden Diskursebenen Alltagskommunikation und Expertenkommunikation. Zur Expertenkommunikation rechnen wir politische, wissenschaftliche und wirtschaftliche Kommunikation sowie die öffentliche massenmediale Kommunikation als deren gemeinsames Forum"
Wilhelm et al. (2005, S. 8)	„Der Begriff Ernährungskommunikation wird (…) in umfassendem Sinne gebraucht, d. h. für ein breites Spektrum verschiedenster Kommunikationswege und -räume. Er bezeichnet (…) alle Maßnahmen, die (…) Institutionen (Verbraucherinstitutionen, Umweltverbände, Bildungsinstitutionen, entwicklungspolitische Institutionen, Gesundheitsinstitutionen, Interessenverbände) durchführen, um Informationen, Kompetenzen und positive Einstellungen zum Thema Ernährung an unterschiedliche Zielgruppen zu vermitteln"
Rössler (2006, S. 61 f.)	„Unter Ernährungskommunikation können (…) grob zwei Bereiche verstanden werden, die sich zum einen als Produktkommunikation (Darstellung von Lebensmitteln in den verschiedensten Kontexten) und zum anderen als Prozesskommunikation (Darstellung ernährungsrelevanter Prozesse von Anbau und Herstellung über Kauf, Zubereitung und Verzehr bis hin zur Entsorgung) bezeichnen lassen. Mediale Botschaften zu einem der Bereiche sind zwar anzutreffen (z. B. Produktwerbung und -marketing, Kochsendungen), häufig sind sie freilich durch eine Verschmelzung beider Komponenten gekennzeichnet (…)"
Maschowski und Büning-Fesel (2010, S. 677)	„Ernährungskommunikation umfasst die Vermittlung und den Austausch von Wissen, Meinungen und Gefühlen in Bezug auf Ernährung. Die Anbieter und Akteure der Ernährungskommunikation sind professionelle Dienstleister wie Ernährungsberater, Ärzte, Medien, Unternehmen, staatliche und halbstaatliche Institutionen, aber auch Privatpersonen, die an Ernährung interessiert sind. Vermittlung und Austausch können als Interaktion zwischen Personen stattfinden, aber auch durch Medien vermittelt sein."

> **Öffentliche Ernährungskommunikation**
>
> Bei der öffentlichen Ernährungskommunikation handelt es sich um einen gesellschaftlichen Verständigungsprozess auf unterschiedlichen Ebenen und Wissensgrundlagen sowie mit unterschiedlichen Zielsetzungen:
> 1. **(Verbraucher-)Politische Ernährungskommunikation,** die eine wissens-, bewusstseins- und ggf. auch verhaltensändernde Wirkung erreichen will. Sie umfasst auch die ernährungspolitische Auseinandersetzung und den Austausch zwischen Politikern, Behörden und Öffentlichkeit. Beteiligt daran können auch zivilgesellschaftliche Akteure sein.
> 2. **Absatzorientiertes Ernährungsmarketing,** das Einstellungen und Verhalten beeinflussen will (Kauf von Lebensmitteln, Inanspruchnahme von Ernährungsdienstleistungen, Informationen über den Lebensmittelmarkt);
> 3. **Wissenschaftlicher Austausch** über Erkenntnisse der Forschung – zwischen Akademikern in Universitäten und Forschungseinrichtungen ebenso in außeruniversitären zivilgesellschaftlichen Organisationen;
> 4. **Alltagskommunikation** im privaten und öffentlichen Bereich, da Ernährung für den Alltag eines jeden relevant ist. In ihr spiegeln sich die Gestaltung des Essalltags, Fragen der Ernährungserziehung, der Versorgung, der Routinen und sozialen Distinktion. Im Vordergrund stehen die Praxis, Umsetzbarkeit, der Nutzen, zum Beispiel die Aspekte der Sättigung, des Geschmacks, der Kosten, des Zeitaufwandes (Wilhelm 2011, S. 40).

1.2 Einfluss auf die öffentliche Meinung

Die politische, wirtschaftliche und wissenschaftliche Kommunikation fällt unter die Expertenkommunikation, die als Medium der jeweiligen Systeme fungiert. Politik, Wissenschaft und Wirtschaft partizipieren an der öffentlichen Kommunikation mit dem Ziel, andere von ihren Auffassungen und Positionen zu überzeugen. Sie bilden mit ihren Meinungen und Themen großteils das Forum, in dem die Vorstellungen über das „richtige" Essen als Teil des guten Lebens durch mediale Verbreitung erfolgt. Gleichzeitig stehen die drei Systeme in Wechselwirkung mit der öffentlichen Meinung (Rehaag und Waskow 2006). Zunehmend nimmt auch die Alltagskommunikation durch die sozialen Medien Einfluss auf die öffentliche Meinung (◘ Abb. 1.1).

Alle Absender von Ernährungsbotschaften kämpfen um Aufmerksamkeit, Auflage und Glaubwürdigkeit. Eine Analyse von OTS-Meldungen (Original-Text-Service der APA-OTS) zum Thema Ernährung in Österreich und deren Übernahme in den Printmedien in 2015 ergab, dass vor allem auflagenstarke Tageszeitungen, Zeitschriften und Magazine über Ernährung schreiben. Sie greifen Presseaussendungen eher auf, wenn namhafte Studienergebnisse zitiert werden oder die Meldung mit der Landwirtschaft, Lebensmittelsicherheit oder mit Zivilisationskrankheiten zu tun hat. Populärwissenschaftliche Fragestellungen mit eindeutiger Praxisrelevanz machen den Großteil aus und spielen für Tageszeitungen als „Aufhänger" eine enorme Rolle. Medien übernehmen jedoch nur etwa jede zweite Aussendung und davon häufig nur ein Zitat. Denn beim Thema „Ernährung" steht vor allem die „Eigenleistung" der Redakteure im Vordergrund. Persönliche Vorlieben, Erkrankungen, das individuelle Umfeld und Experten-Netzwerk

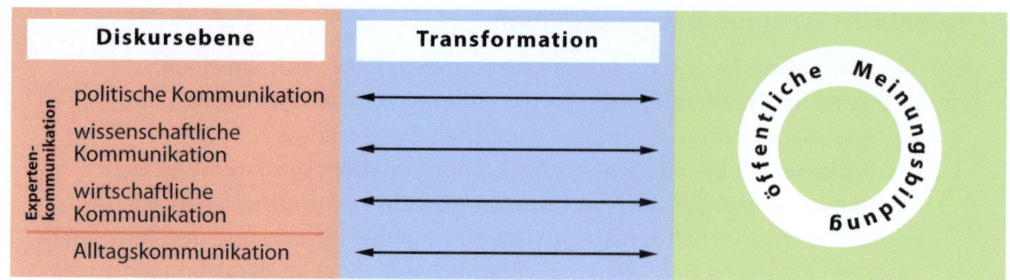

◘ **Abb. 1.1**   Diskursebenen der Ernährungskommunikation. (Adaptiert nach Rehaag und Waskow 2006, S. 28)

der Journalisten bestimmen die Inhalte in den Medien stärker als Aussendungen (Wippersberg 2015). Für all jene, die Botschaften in den Medien platzieren möchten, ist daher die Kontaktpflege zu Journalisten und Medienschaffenden von Vorteil.

1.2.1 Informationsquellen

Laut Nationaler Verzehrsstudie NVS II nennen Verbraucher als häufigste Informationsquellen (► Abschn. 3.3) rund um Ernährung und Lebensmittel (Maschkowski und Büning-Fesel 2010):

1. Zeitungen und Zeitschriften: 56 %
2. Angaben auf Lebensmittelverpackungen: 54 %
3. Freunde und Familie: 54 %
4. Fernsehen: 51 %
5. Werbung, Radio, Fach- und Kochbücher, Informationsbroschüren der Industrie, Fachzeitschriften: im Mittel 32–36 %
6. Arbeitskollegen, Ärzte, Krankenkassen, Internet, Apotheken: 15–26 %
7. Verbraucherzentralen, Beratungsstellen, staatliche und halbstaatliche Institutionen: 10 %.

Bemerkenswert ist im Verständigungsprozess rund um Ernährung und Verantwortung für den Lebensstil die Konfrontationslinie zwischen Medizinern und der Lebensmittelwirtschaft. Die beiden Akteure konstatieren einander gegenseitig höhere Erwartungen an die Verantwortungsübernahme zur Gesundheitsförderung und Prävention von Übergewicht und Adipositas als sich selbst (Gruber 2017). Heindl betont, dass die Medizin historisch betrachtet einen pathogenetischen Ansatz verfolgt und keine salutogenetischen Perspektiven aufzeigt. Kuration (Heilung), medizinische Rehabilitation (Wiederherstellung) und Pflege zählen zum medizinischen Versorgungssystem des Gesundheitswesens. Prävention und Gesundheitsförderung hingegen hätten keine Versorgungsstrukturen und somit keinen Platz in diesem System (Heindl 2016).

1.2.2 Demokratisierung der Informationsvermittlung

Während die Alltagskommunikation im prädigitalen Zeitalter die öffentliche Kommunikation kaum beeinflusste, hat sich dies durch die Demokratisierung der Informationsverbreitung, in erster Linie durch soziale Medien (► Abschn. 3.5.2), stark verändert. Blogs, Facebook, Twitter, Instagram usw. spielen bei der Auseinandersetzung mit Ernährung, eine zunehmende Rolle. Über Ernährung kommunizieren mittlerweile nicht mehr nur vertrauenswürdige Institutionen, sondern auch Akteure, die „ihr ideologisiertes Wissen über netzbasierte, nichtlineare Kanäle verbreiten. Deutungshoheiten über das, was richtiges Ernährungsverhalten sein soll, haben sich disruptiv verschoben" (Hirschfelder 2018). Die bisher durch Alltags- und Expertenkommunikation gekennzeichnete öffentliche Ernährungskommunikation ist daher um die wesentlichen Kommunikationsebenen und Systeme, die mit dem technologischen und gesellschaftlichen Fortschritt einhergingen, zu erweitern (Godemann und Bartelmeß 2017).

Als Existenzrecht aller Wissensvermittler hat sich die Reichweite durchgesetzt. Damit haben Influencer wie YouTuber einen weitaus größeren Hebel als manche fachlichen Institutionen (Hirschfelder 2018). Die Meinungsbildung erfolgt daher zunehmend über unterschiedliche digitale Kanäle und Foren, die zahlreiche und zum Teil stark divergierende Verständnisse einer gesunden oder nachhaltigen Ernährungsweise kommunizieren (Godemann und Bartelmeß 2017). Fake News verbreiten sich über vermeintlich glaubwürdige Akteure rasch und werden zu Fake Facts, die skandalisiert werden und ohne ausreichende Differenzierung hohe Aufmerksamkeit erlangen und weiter ihre Kreise ziehen (Hirschfelder 2018).

1.2.3 Ein vielschichtiger Verständigungsprozess

Ernährungskommunikation kann daher längst nicht nur mehr nach dem Sender-Empfänger-Modell verstanden werden, in dem die Botschaften an passive Rezipienten übermittelt werden. Ernährungskommunikation ist als gesellschaftlicher, vielschichtiger und dynamischer Verständigungsprozess zu begreifen, in dem Werte, Bedeutungen und Haltungen ausgehandelt werden und in dessen Diskursen sich die Empfänger aktiv an der Konstruktion des Phänomens Ernährung beteiligen. Weil Konsumenten immer seltener eigene Erfahrungen mit der und einen Bezug zur landwirtschaftlichen Produktion und Lebensmittelverarbeitung haben, nimmt der Stellenwert der Kommunikation für das Ernährungshandeln zu. Über kommunikative Zuschreibungen werden Bedeutung, Sinn und Relevanz vermittelt. Das trifft nicht nur auf die Kommunikation **über Ernährungsthemen** im Ernährungssystem *(Food System)* vom Anbau über den Handel bis zur Entsorgung zu. Auch die konstruierten Verständnisse etwa einer gesunden oder nachhaltigen Ernährungsweise basieren auf dem Aushandeln von Normen, Werten und Leitbildern, die durch einzelne Erfahrungen und gesellschaftliche Referenzsysteme geprägt sind. Diese zweite Kommunikationsebene bezieht sich folglich auf jene **der Ernährungsverständnisse.** Als dritte Ebene gilt die Kommunikation **durch die Ernährung** bzw. das Essverhalten: die Speisen- und Lebensmittelauswahl, deren Begrenzung oder Verweigerung als Identifikationsanker, zur Disktinktion, als Kommunikationsmittel. In der Praxis sind die drei Analyseebenen nicht immer klar voneinander zu trennen. Unweigerlich werden bei der Kommunikation über Ernährung auch Werte, Idealvorstellungen oder Esskultur vermittelt (◌ Abb. 1.2; Godemann und Bartelmeß 2017).

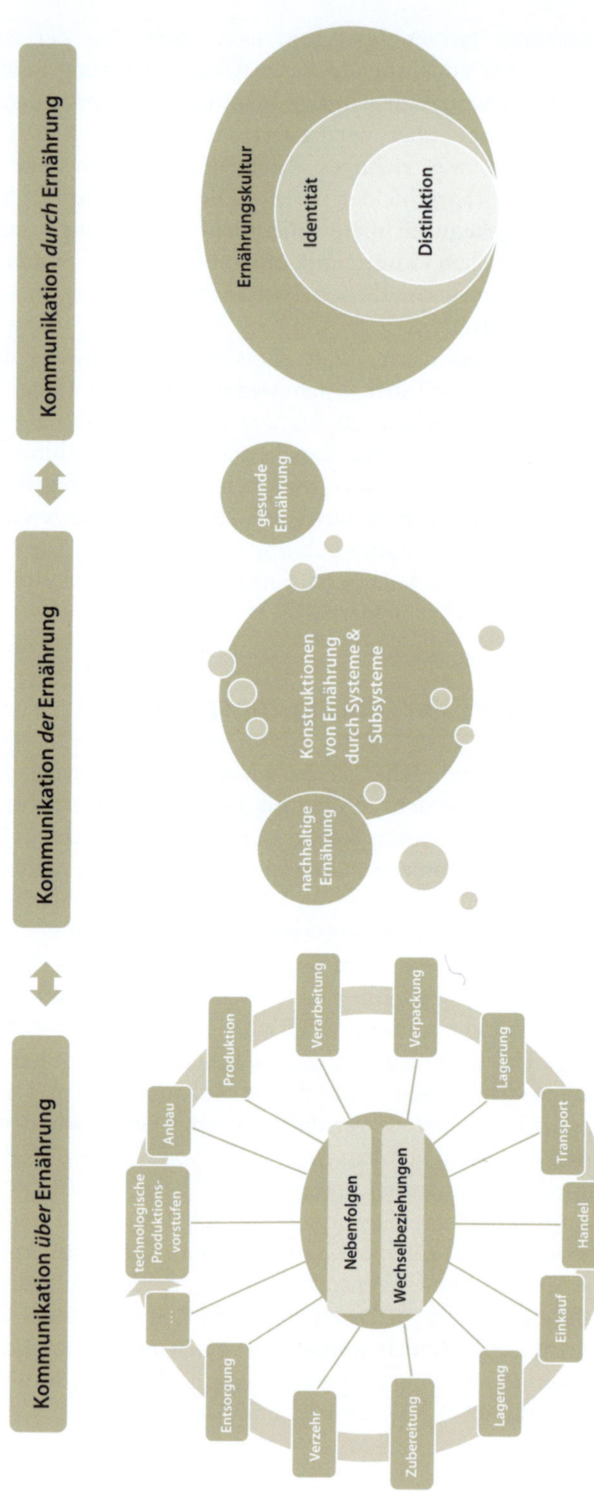

◘ Abb. 1.2 Analyseebenen in der Ernährungskommunikation. (Godemann und Bartelmeß 2017 © ERNÄHRUNGS UMSCHAU)

1.3 Wirkung – Einfluss auf das Essverhalten

Wissenschaftliche Ernährungskommunikation alleine zeigt nur in Ausnahmefällen Auswirkungen auf das Essverhalten, sowohl in Bezug auf die Inhalte als auch auf die Zielgruppen. Denn Wissen alleine verändert Verhalten nicht (▸ Abschn. 3.4.1). Bisogni et al. (2012) stellten skeptische Haltungen gegenüber der Wissenschaft und der Politik fest. Die Probanden begründeten dies damit, dass sich in Empfehlungen die Einflüsse von verschiedenen Interessensgruppen übermäßig spiegeln. Tendenziell werden zudem Ernährungs- und Gesundheitsbotschaften mehr ignoriert als Informationen über Lebensmittelsicherheit (EFSA 2010).

Beispiel

Ein Positivbeispiel der Ernährungskommunikation ist im Hinblick auf die Reduktion der Acrylamid-Aufnahme die Botschaft „Vergolden statt verkohlen". Eine einheitliche Verbreitung über alle Medienkanäle führte dazu, dass immerhin jeder dritte Befragte angab, dass die Kampagne sein Verhalten zumindest teilweise beeinflusste (Vierboom et al. 2007).

Ernährungskommunikation kann nur im Rahmen von groß und langfristig angelegten Kampagnen (▸ Abschn. 4.1) zur Verhaltensänderung beitragen. Das bedeutet, dass auf die Verhältnisebene (Makroebene) gesetzt werden muss und die Kampagneninhalte ausreichend Medienpräsenz benötigen, damit sie die Bevölkerung wahrnimmt. Ein erfolgreiches Beispiel dafür ist das 1972 gestartete Nordkarelien-Projekt in Finnland, dessen Maßnahmen Herz-Kreislauf-Erkrankungen bei Männern um 73 % reduzieren konnten (Maschkowksi und Büning-Fesel 2010). Dabei handelt es sich um ein umfassendes Präventionsprogramm zur Reduktion der Sterblichkeitsrate durch Veränderungen des Lebensstils (Essgewohnheiten und Tabakkonsum).

Auf der Mikroebene ist eine Veränderung des Essverhaltens durch eine klare Zielgruppenansprache möglich (▸ Kap. 2). Zudem sind kulturelle und emotionale Aspekte des Essens sowie dessen Symbolik zu berücksichtigen. Ausschließlich auf naturwissenschaftlichen Erkenntnissen gründende Ernährungsempfehlungen können im Alltag nur bedingt funktionieren, weil Essen etwas anderes ist als Ernährung.

1.3.1 Stolperstein: Essen vs. Ernährung

Seit Jahren beschreibt eine Reihe von Wissenschaftlern die Effektivität bisheriger Aktivitäten der wissenschaftlichen Ernährungskommunikation als gescheitert (vgl. dazu Spiekermann, Barlösius, Pudel, Methfessel, Meier-Ploeger in: Steinberg 2011) und macht dafür in erster Linie den naturwissenschaftlichen Fokus und die Alltagsferne verantwortlich. Zwar beeinflusst der von Konsumenten wahrgenommene Gesundheitswert von Lebensmitteln die Auswahl, zu berücksichtigen sind jedoch auch andere erkenntnistheoretische Aspekte. Schließlich entwickeln Menschen unterschiedliche Wege, sich Wissen anzueignen, kritisch zu denken und in die eigene Kompetenz zu vertrauen (Bisogni et al. 2012). Wissen über kulturelle und gesellschaftliche

1

Praktiken wird oft durch alltägliche Aktivitäten nonverbal vermittelt und spiegelt sich in den langfristigen Gewohnheiten. Das trifft auch auf Essen, dessen Auswahl und Zubereitung zu (Haselmair et al. 2014). Essen ist zudem emotionales Handeln. Ein tieferes Verständnis zur Wahrnehmung von gesundem Essen und wie sich dieses entwickelt, könnte helfen, Interventionsstrategien effektiver zu gestalten (Paquette 2005).

Fachexperten schlagen daher vor, zwischen „Ernährung" und „Essen" zu unterscheiden und die Begriffe spezifisch zu verwenden. Sie lösen verschiedene Assoziationen aus (Steinberg 2011; Brombach 2011). Mit „Ernährung" verbinden Menschen die Deckung des Nährstoffbedarfs, der durch Körperkonstitution, Alter, Geschlecht, Bewegungsverhalten und physiologischen Status beeinflusst und rational besetzt ist. Mit „Essen" gehen Gefühle, Emotionen, Genuss und Geschmack, Symbole und Routinen einher (Pudel 2002; Brombach 2011). Es ist demnach mehr der „essende Mensch" anzusprechen. Es gilt daher, psychische und soziale Funktionen des Essens stärker zu berücksichtigen, um mehr Praxisbezug zu erlangen (Steinberg 2011). Die kulturwissenschaftlichen Aspekte des Essens sind gleichermaßen zu erforschen wie die naturwissenschaftlichen Aspekte der Ernährung (Neumann 1999). Aus der naturwissenschaftlichen Perspektive wird zudem die Relevanz von Umweltfaktoren unterschätzt, die die Essensmenge beeinflussen, wie Packungs- und Portionsgrößen, Form des Tellers, Beleuchtung, Abwechslung oder Gesellschaft (Wansink 2004).

1.3.2 Stolperstein: Terminologie

Fachbegriffe können eine Quelle von Missverständnissen sein (▶ Abschn. 4.3.1; Buckton et al. 2015). So lösen Termini wie „ausgewogen" und „maßvoll" bei Konsumenten sehr unterschiedliche Assoziationen aus. „Ausgewogen" kann für Laien vielerlei bedeuten, zum Beispiel: eine Balance zwischen „gesund" und „ungesund" oder zwischen „genussvollem Essen" und „ernährungs- oder gesundheitsbezogenen Bedenken", oder eine facettenreiche Mahlzeitenkomposition. Absender von Ernährungsbotschaften sind sich der unterschiedlichen Interpretationsmöglichkeiten häufig nicht bewusst und setzen ein kongruentes Verständnis voraus (Paquette 2005). Zielgruppenorientierte Ansprache (▶ Abschn. 2.1.4) ist daher für gelingende Kommunikation unabdingbar. Verallgemeinernde *(one size fits it all)* Botschaften sind ineffektiv (Buckton et al. 2015).

Unterschiedliche Terminologie ist auch zwischen den Akteuren unterschiedlicher Disziplinen festzustellen. Gesundheits- und Naturwissenschaftler verwenden eher die Termini „Energie" oder „Kalorienaufnahme", Sozialwissenschaftler reden dagegen eher von „Konsummenge" oder „Verbrauch". Wansink (2004) sieht darin einen Grund für mangelnde Interdisziplinarität.

1.3.3 Stolperstein: Furchtapelle

Aus der psychologischen Forschung ist bekannt, dass auf Furchtapelle häufig Abwehrreaktionen folgen. Furchtapelle sind beispielsweise auf Zigarettenpackungen zu finden, etwa: „Rauchen kann zu einem langsamen und schmerzhaften Tod führen."

Menschen nehmen das kritisierte Verhalten jedoch oft entweder attraktiver wahr (Reaktanz) oder sie üben es mehr aus als zuvor (Bumerangeffekt). Damit erreicht man genau das Gegenteil des ursprünglich beabsichtigten Ziels. Zudem können Furchtappelle Angst auslösen. Dadurch verlagert sich eine auf eine konkrete Gefahr gerichtete Emotion in eine mehrdeutige diffuse Bedrohung. Dies verändert den Spielraum an Reaktionen: Auf eine konkrete Gefahr können Menschen direkt reagieren, bei einer diffusen Bedrohung ist das nicht möglich. Zudem ist Furcht eine vorübergehende Emotion, während Angst über einen längeren Zeitraum und beeinträchtigender erlebt wird. Von Furchtapellen wird daher entweder generell abgeraten oder empfohlen, sie bloß für spezifische Szenarien einzusetzen (Hastall 2015).

Mögliche Gründe für mangelnde Effektivität

Für die Kluft zwischen Wissen und Handeln existieren mehrere Erklärungen, u. a. (Steinberg 2011):

- Die geringe Interdisziplinarität der Ernährungswissenschaften und die naturwissenschaftliche Dominanz der Forschung und Lehre lässt die kulturellen Aspekte des Essens unbeachtet.
- Damit verbunden sind eindimensionale, rein physiologisch orientierte Ernährungsziele.
- Die mangelnde Integration sozialwissenschaftlicher Inhalte führt zu „fehlender Vermittlungs- und Handlungskompetenz der Experten" (Spiekermann 2006).
- Esskultur wird in der Kommunikation abgewertet, als Folge der Wende von einer bedarfsgerechten Ernährung hin zur Herausforderung mit dem Nahrungsüberfluss.
- Alltagswissen wird geringgeschätzt und realitätsferne Menschenbilder herrschen vor.
- Kommunikation erfolgt oft als einseitiges Sender-Empfänger-Modell.
- Ernährungskommunikation wird zu selten evaluiert.

1.4 Risiken der Ernährungskommunikation

Informations- und Reizüberflutung sind ein allgegenwärtiges Phänomen der Zeit, das sich mit den digitalen Medien verstärkt hat. Informationen sind omnipräsent und widersprüchlich, Medien zunehmend konvergent. Mit dem Smartphone lässt sich Radio hören genauso wie fernsehen, telefonieren und chatten oder der Energieverbrauch überwachen. Simultane Informationsaufnahme passiert nicht einfach nur, sie wird häufig auch bewusst gewählt. Jeder dritte Erwachsene greift mehrmals in der Stunde zum Smartphone oder Tablet, während er zu Hause vor dem Fernsehapparat sitzt. Gleichzeitig haben sieben von zehn Personen in Österreich zumindest einmal pro Woche das Gefühl, von Reizen oder Informationen überflutet zu sein, bei 41 % ist das täglich der Fall. Entsprechend verspüren drei Viertel der Befragten einen grundsätzlichen Wunsch nach Entschleunigung im Beruf und im privaten Alltag. Knapp jede zweite Person, die sich als reizüberflutet bezeichnet, nimmt bei sich Stress, Müdigkeit und Reizbarkeit wahr, 43 % berichten von Konzentrationsschwierigkeiten (Schwabl 2018).

1.4.1 Widersprüche und Verunsicherung

Die Informationsflut mündet bei Ernährungsfragen in einer informierten Unsicherheit. Sieben von zehn Personen wissen nicht mehr, welche Informationen als richtig einzustufen sind, sechs von zehn fühlen sich mit starken Widersprüchen konfrontiert. Je intensiver sich Menschen informieren, desto mehr sind sie mit Widersprüchen konfrontiert und desto mehr sprechen sie einzelnen Falschaussagen und Mythen zu. Frauen informieren sich deutlich mehr als Männer und geben ihr Wissen häufiger intergenerational weiter (Haselmair et al. 2014). Der Anteil an verunsicherten Menschen in Bezug auf Ernährung ist jedoch seit Jahrzehnten hoch. Bereits 1980 konstatierten 63 % der deutschen Bevölkerung Widersprüchlichkeiten in Ernährungsinformationen (Pudel und Ellrott 2004).

1.4.2 Ursachen für die Verunsicherung

Ein Grund für Verunsicherung und divergierende Botschaften ergibt sich aus dem exponentiellen Zuwachs an wissenschaftlichen Publikationen. Deren Resultate können sich grundlegend unterscheiden und sind mitunter nicht plausibel (König 2017). Der Meinungsbildungsprozess von Multiplikatoren folgt daher nicht zwingend einer tatsächlich wissenschaftlichen Datenlage. Darüber hinaus ändern sich in regelmäßigen Abständen mit wachsender wissenschaftlicher Evidenz oder durch politische Prozesse Empfehlungen. Beispiele sind die Empfehlung zur limitierten Aufnahme von Cholesterin der American Dietetic Association von 2015 (USDA 2015) oder die Empfehlungen der Deutschen Gesellschaft für Ernährung (DGE) zur Aufnahme von Kalium (2017) oder jener zu Vitamin D (2012).

Zudem wecken Lebensmittelskandale und mediale Skandalisierungen ein Gefühl der Unsicherheit (► Kap. 9; Kepplinger 2015). Medien orientieren sich nicht nur an Metaanalysen oder Ergebnissen systematischer Reviews. Oft stellen Redakteure auflagenstarker Medien einzelne Studien stark verkürzt dar, es passieren schlicht Übersetzungsfehler vom Englischen ins Deutsche, oder Korrelationen werden als Kausalitäten dargestellt (► Kap. 8; Templ 2015; Wippersberg 2015). Nur rund 11 % der Medienbeiträge entsprechen der tatsächlichen Evidenzlage, knapp 60 % stellen gesundheitsrelevante Fragestellungen stark über- oder untertrieben dar (Kerschner et al. 2015). Hinzu kommen die unterschiedlichen Interessen verschiedener Akteure sowie die Alltagskommunikation durch Laien, die über die sozialen Medien an Reichweite gewonnen hat. Die mangelnde Konsistenz in den Aussagen einzelner Akteure oder in der medialen Berichterstattung können eine Desensibilisierung für das Thema gesunde Ernährung sowie kognitive Dissonanzen mit unterschiedlichen Folgen fördern (Buckton et al. 2015). Für Konsumenten ist es daher schwierig, einen konkreten und konsistenten Praxisbezug abzuleiten.

Beispiel

„Ernährungsstudien. Sie sorgen für Verwirrung, Unsicherheit und Angst, weil in der Überschrift solcher Studien meist ein Lebensmittel steht und im Ergebnis eine todbringende Krankheit oder wenigstens eine grausame Botschaft. Was sollen wir denn nun nicht mehr essen? Rindfleisch, Eier, Äpfel?" (Umfrageteilnehmer, aus: Gruber 2017).

1.4.3 Schutzmechanismen

Konsumenten schützen sich vor dem generellen Informationsbombardement, den möglichen Manipulationen und einem sinkenden Selbstwert oder Wohlbefinden, indem sie entweder die Botschaften nicht wirklich an sich heranlassen oder sie so umdeuten, dass sie weniger bedrohlich wirken (Abschn. „Faktoren für das Informationsverhalten"; Hastall 2015). Die Masse an sich ständig wiederholenden oder widersprüchlichen Informationen führt zu einer desensibilisierten und ablehnenden Haltung gegenüber gesunder und genussvoller Ernährungsweisen (Buckton et al. 2015).

1.4.4 Genuss-/Gesundheitsparadoxon

Im Zuge der Debatte rund um Übergewicht und Adipositas sowie den zunehmenden Stellenwert von Gesundheit als gesellschaftlicher Wert hat die Informationsvermittlung über den Gesundheitswert einzelner Lebensmittel deutlich zugenommen (Levy et al. 2007). Dabei liefern einzelne Studien stets Schlagzeilen, die für oder gegen einzelne Lebensmittel sprechen.

Die wissenschaftliche Ernährungskommunikation hat innerhalb von fünfzig Jahren nicht zu einer ausgewogeneren Ernährungsweise (Pudel 2003), aber zu kollektiv schlechtem Gewissen geführt. 68 % haben ein ambivalentes Verhältnis zum Genießen und häufig ein schlechtes Gewissen, weitere 15 % können überhaupt keine Vorteile im Genießen erkennen (Gruber 2010).

Genuss und Gesundheit verhalten sich aus Konsumentensicht diametral zueinander. Wenn Konsumenten Genuss wollen, denken sie an wohlschmeckende Lebensmittel, die sie der Kategorie „schlecht/böse" zuordnen (◨ Tab. 1.2). Suchen sie dagegen gesunde Lebensmittel, verbinden sie damit schlechten Geschmack (Biltekoff 2010). Ein gesundes Essverhalten assoziieren Menschen häufig mit Restriktion, Kontrolle und Entzug und es steht somit mit einem freud- und genussvollen Leben in Widerspruch (Bisogni et al. 2012; Remick et al. 2009). Dabei geht restriktives Essverhalten mit einer gesteigerten Reaktion auf Lebensmittelreize sowie höherem Körpergewicht einher (Johnson et al. 2014).

Biltekoff (2010) spricht vom Genuss-/Gesundheitsparadoxon und stuft es als eine der Herausforderungen im 21. Jahrhundert ein. Aufgrund der Überladung des Gesundheitsthemas in der Ernährungskommunikation ist eine Rebellion gegen wissenschaftliches Ernährungswissen zu beobachten: „Die Regel ist, Regeln zu brechen" (Biltekoff 2010). Als ungesund eingeordnete Lebensmittel werden zur Belohnung eingesetzt, gleichzeitig kommt ein schlechtes Gewissen auf, weil dem Ideal nicht entsprochen wird (Biltekoff 2010; Gruber 2017).

Faktoren der Esskultur einzubeziehen sowie konkret allgemeine Genusskompetenz zu vermitteln, kann auch im Hinblick auf Adipositasprävention einen wertvollen, die Lebensqualität steigernden Beitrag leisten (Lutz und Sundmann 2002). Denn: Jene Menschen, die genießen, wählen ihre Lebensmittel bewusster, abwechslungsreicher und qualitativ hochwertiger aus, sie nehmen sich mehr Zeit zum Essen und sind eher normalgewichtig als Konsumenten, die dem Genießen nichts abgewinnen können oder ständig ein schlechtes Gewissen plagt (Gruber 2010).

◘ Tab. 1.2 Mögliche Kommunikationsprobleme und deren unerwünschte Folgen. (Adaptiert, nach Maschowksi und Büning-Fesel 2010)

Ebene des Schadens	Mögliche Kommunikationsprobleme als Ursache
Individuelle Ebene	
Schuldgefühle, schlechtes Gewissen, restriktives Essverhalten bis hin zu Essstörungen wie Magersucht und Orthorexia nervosa	Bevormundung statt Empowerment, mangelnder Alltagsbezug, Vernachlässigung der adipogenen Umwelt, Schwarz-Weiß-Malerei, Furchtappelle, Verbote
Verwirrung, Verunsicherung, Hysterisierung, Glaube an Mythen und Falschmeinungen, Desensibilisierung	Informationsflut, skandalisierende Beiträge, widersprüchliche Aussagen und sich ändernde Empfehlungen
Finanzielle Verluste durch unnötige Einnahme von Mitteln zur Nahrungsergänzung und Gewichtsreduktion, durch Kauf von Superfood etc.	Alltagsferne oder bewusst falsche Ernährungsempfehlungen, irreführende (illegale) Werbeversprechen, Schlankheits- und Schönheitsideale in Werbung und Medien
Gesellschaftliche Ebene	
Gesundheitsschädigendes Schlankheitsideal	Einseitige Fixierung auf den BMI, Vorbilder in Werbung, Medien und Modeindustrie
Diskriminierung, Schuldzuweisungen, Stigmatisierung	Stigmatisierende Berichterstattung zum Thema Übergewicht und Diabetes, Überforderung bildungsferner Schichten, intransparenter Verantwortungsdiskurs

Beispiel

Der Großteil der US-Amerikaner isst deutlich weniger Gemüse als empfohlen und stufte bei einer Präferenzbewertung Gemüse äußerst niedrig bzw. variabel ein (Johnson et al. 2014). Die Autoren leiteten daraus ab, dass Empfehlungen für einen Mehrkonsum keine Erfolgschancen haben. Das bestätigt die Empirie: „Essen Sie mehr Obst und Gemüse" wird bereits seit den 1920er-Jahren promotet, nahezu ohne Effekt (Spiekermann 2006). Von zunehmendem Interesse sind daher Sensory Claims (► Abschn. 7.2) – die Kommunikation rund um bzw. die Auslobung von Geschmackseigenschaften.

1.5 Forschungsfeld Ernährungskommunikation

Von der rein zielgruppenorientierten Ansprache hat sich die Ernährungskommunikation in den vergangenen Jahrzehnten zu einer gesamtgesellschaftlichen Thematik im Sinne eines sozialen Totalphänomens gewandelt. Für die Forschung bedeutet das, den Grad der Interdisziplinarität entsprechend der Lebensrealität anzugleichen und das Feld aus vielen Perspektiven und Disziplinen zu bearbeiten: Ernährungswissenschaft, Diätologie, Medizin, Wirtschaft, Soziologie, Kulturwissenschaft, Ethnologie, Kommunikationswissenschaft, Psychologie etc. Spiekermann

(2006) fordert, eine „Ess-Wissenschaft" in die Ernährungswissenschaften zu integrieren, und begründet dies damit, dass sich eine Konkurrenz der wissenschaftlichen Teilgebiete in der Kommunikation an die Verbraucher abzeichnet und dies den geringen Wirkungsgrad bedingt. Brombach (2011) weist ebenfalls darauf hin, dass das Erforschen des Essens im Alltag und seiner Determinanten eine grundlegende Voraussetzung für das Verständnis der Lebensmittel- und Speisenauswahl bildet. Die Resultate sind wesentlich, um zu erkennen, wie Menschen in ihrer Kompetenz für eine vernünftige – im Sinne von bedarfs- und bedürfnisgerechter – Ernährungsweise gestärkt werden können.

1.5.1 Fragestellungen in der Ernährungskommunikationsforschung

Um Grundlagen für anschlussfähige – im Sinne von resonanz-induzierende – Botschaften zu erfassen, sind viele Fragestellungen im Zuge des gesellschaftlichen Wandels erneut zu beantworten (Godemann und Bartelmeß 2017):

- Analyse der kommunizierenden Akteure und deren Kanäle
- Referenzrahmen, Bilder, Bedeutungen, Metaphern von Ernährung und Essen
- Erfassung des Ernährungs- und Kulinarikwissens
- Stellenwert der Ernährung, des Essens und der Esskultur
- Motivationsfaktoren für die Lebensmittel- und Speisenauswahl
- Evaluierung bisheriger Kommunikationsinhalte: Was ist bis dato angekommen? Was wird umgesetzt? Warum?
- Analyse der Resonanzinduktion auf institutioneller und systemischer Ebene
- Erhebung der unterschiedlichen Verantwortungsträger und divergierenden Wahrnehmungen der Akteure in der öffentlichen Ernährungskommunikation.

1.6 Zukunftsweisende Ernährungskommunikation

Voraussetzungen für eine gelingende Ernährungskommunikation im Sinne eines erfolgreichen Verständigungsprozesses sind auf mehreren Ebenen zu schaffen.

Ebene 1: Politische Akteure sollten sich ihrer Gestaltungsmacht in diesem Kommunikationssegment bewusst werden und einen verantwortungsvollen Umgang pflegen. Rehaag schlug bereits 2005 einen „Codex Ernährungskommunikation" vor, der Anforderungen festlegen könnte, zum Beispiel die Evidenzbasierung in der Kommunikation.

Ebene 2: Die Perspektiven aller gesellschaftlichen Akteure sollten sich in den Massemedien widerspiegeln, und gemeinsame Ziele sollten entwickelt werden. Bereits in den 1970er-Jahren erachteten Payne und Thomson (1979) Konsensusprozesse als wesentliches Kriterium für erfolgreiche Ernährungspolitik und -kommunikation. Auch Goldberg wies 1992 darauf hin, dass die Kooperation zwischen Wissenschaft, Industrie, NGOs, Politik und Medien für erfolgreiche Ernährungskommunikation unausweichlich ist.

1

Ebene 3: Naturwissenschaftlichen Aspekte von Ernährung sollten mit den kulturellen, ökologischen und wirtschaftlichen Aspekten des Essens zusammengelegt werden. Bei der Strategieentwicklung für Ernährungskommunikation sollten demnach die sich überschneidenden Felder Gesundheit, Umwelt, Wirtschaft und Risikodiskurs berücksichtigt werden (Pearsons und Hawkes 2018; Rehaag 2005).

Ebene 4: Der Fokus ist vermehrt auf positive Aspekte zu legen und nicht stets auf Krankheiten oder Risikofaktoren, da sonst ein Großteil der Bevölkerung als Patienten oder Risikogruppe gelten (Lutz 2010; Rehaag 2005). Dies kann eine langfristige, effektivere und ethisch-moralisch unverfängliche Variante der Ernährungskommunikation sein. Durch das Aufgreifen der Aspekte der Esskultur lassen sich die Dissonanzen zwischen Ernährung und Essen auflösen und Menschen mit einem relevanten Theorie-Praxis-Bezug im Alltag erreichen.

Ebene 5: Eine digitale Ernährungskommunikationsstrategie sollte entwickelt werden, die einen interaktiven, dialogischen und nicht hierarchischen Austausch zwischen den Akteuren bzw. mit der Zielgruppe verfolgt. Dabei können Influencer und „Netzaktivisten" als Katalysatoren einbezogen werden. Bei der Festlegung der Ziele werden bisherige Player von dem Bild „richtig oder falsch" ein Stück weit abrücken und im Sinne der Partizipation weichere Ziele anstreben müssen. „Die Zeit der allgemeinen Ernährungsempfehlungen und Schautafeln mit Ernährungskreisen ist endgültig vorbei" (Hirschfelder 2018).

Literatur

Biltekoff C (2010) Consumer response: the paradoxes of food and health. Ann N Y Acad Sci 1190:174–178

Bisogni CA, Jastran M, Seligson M, Thompson A (2012) How people interpret healthy eating: contributions of qualitative research. J Nutr Educ Behav 44:282–301

Brombach C (2011) Soziale Dimensionen des Ernährungsverhaltens. Ernährungssoziologische Forschung. Ernähr Umsch 6:318–324

Buckton CH, Lean MEJ, Combet E (2015) 'Language is the source of misunderstandings'-impact of terminology on public perceptions of health promotion messages. BMC Public Health 15:579

Deutsche Gesellschaft für Ernährung (DGE) (2012) Neue Referenzwerte für Vitamin D. Presseinformation 01/2012

Deutsche Gesellschaft für Ernährung (DGE) (2017) Presseinformation: DGE aktuell 01/2017: DGE aktualisiert die Referenzwerte für Natrium, Chlorid und Kalium. ► www.dge.de/presse/pm/dge-aktualisiert-die-referenzwerte-fuer-natrium-chlorid-und-kalium/. Zugegriffen: 10. Okt. 2018

Godemann J, Bartelmeß T (2017) Ernährungskommunikation und Nachhaltigkeit. Perspektiven eines Forschungsfeldes. Ernähr Umsch 12:M692–M698

Goldberg JP (1992) Nutrition and health communication: the message and the media over half a century. Nutr Rev 50:71–77

Gruber M (2010) Genuss im Wort. ernähr heute 2:5–9

Gruber M (2017) Gesundheitsorientierte Verhaltenssteuerung in Überflussgesellschaften und der soziale Umgang mit Übergewicht und Adipositas. Differenzierte Aspekte der Ernährungskommunikation, Esskultur und Verantwortung. Dissertation, Universität Wien

Haselmair R, Pirker H, Kuhn E, Vogl CR (2014) Personal networks: a tool for gaining insight into the transmission of knowledge about food and medicinal plants among Tyrolean (Austrian) migrants in Australia, Brazil and Peru. J Ethnobiol Ethnomed 10:1

Hastall MR (2015) Furchtappelle: Stilmittel mit Potenzial. ernähr heute 3:14–15

Heindl I (2016) Essen ist Kommunikation. Esskultur und Ernährung für eine Welt mit Zukunft. uZv, Wiesbaden

Hirschfelder G (2018) Wege aus der Digitalisierungsfalle. Ernährungskommunikation und Ernährungsbildung. Ernähr Fokus 9–10:284–288

Johnson SL, Boles RE, Burger KS (2014) Using participant hedonic ratings of food images to construct data driven food groupings. Appetite 79:189–196

Kepplinger HM (2015) Die Theorie der Skandalisierung. In: Vortrag beim 6. f.eh-Symposium „Über Mythen, Widersprüche und Skandalisierung beim Essen" am 24.09.2015 in Wien

Kerschner B, Wipplinger J, Klerings I, Gartlehner G (2015) Wie evidenzbasiert berichten Print- und Online-Medien in Österreich? Eine quantitative Analyse. Z Evid Fortbild Qual Gesundheitswes 109:341–349

König J (2017) Wie viel Wissenschaft braucht Ernährung? Ernähr/Nutr 41(2):48–52

Levy RL, Finch EA, Crowell MD, Talley NJ, Jeffery RW (2007) Behavioral intervention for the treatment of obesity: strategies and effectiveness data. Am J Gastroenterol 102:2314–2321

Lutz R (2010) Die Bedeutung des Genießens in der Gesundheitsförderung. In: Vortrag beim f.eh-Symposium „Kulinarische Intelligenz – Genuss ist Lebensqualität" am 04.03.2010 in Wien

Lutz R, Sundheim D (2002) Das Euthyme Konzept: Genuss zum Wohle der Gesundheit – Psychologische Aspekte gesundheitsfördernder Ernährung. Internationaler Arbeitskreis für Kulturforschung des Essens – Mittelungen 9:14–24

Maschowski G, Büning-Fesel M (2010) Ernährungskommunikation in Deutschland – Definition, Risiken und Anforderungen. Ernähr Umsch 12:676–679

Mauss M (1990) Die Gabe. Die Form und Funktion des Austauschs in archaischen Gesellschaften. Suhrkamp, Frankfurt a. M.

Neumann G (1999) Eßgewohnheiten im kulturellen Wandel. Einige Thesen zum Verhältnis zwischen naturwissenschaftlicher und kulturwissenschaftlicher Diagnose des Nahrungsgeschehens. In: Wierlacher A, Wild R (Hrsg) Internationaler Arbeitskreis für Kulturforschung des Essens. Mitteilungen 4:2–10

Paquette MC (2005) Perceptions of healthy eating: state of knowledge and research gaps. Can J Public Health 96(Suppl 3):15–19, 16–21

Payne P, Thomson A (1979) Food health: individual choice and collective responsibility. R Soc Health J 99(5):185–189

Pearsons K, Hawkes C (2018) Connecting food systems for co-benefits: how can food systems combine diet-related health with environmental and economic policy goals? Policy brief #31 (WHO, Hrsg). ISNN 1997-8073

Pudel V (2002) Prävention und Ernährungsverhalten. In: Höfling S (Hrsg) Neue Wege der Prävention. Argumente und Materialien zum Zeitgeschehen. Hans-Seidel-Stiftung e. V., München, 36, S 55–59

Pudel V (2003) 50 Jahre Ernährungsaufklärung. In: DGE (Hrsg) 50 Jahre DGE – Ernährungswissen im Wandel der Zeit. DGE, Bonn, S 46–49

Pudel V, Ellrott T (2004) 50 Jahre Ernährungsaufklärung. Anmerkungen und Zukunftsperspektiven. Bundesgesundheitsblatt – Gesundheitsforschung – Gesundheitsschutz 47:780–794

Rehaag R (2005) Ernährungskommunikation. Ökol Wirtsch 1:15–16

Rehaag R, Waskow F (2005) Der BSE-Diskurs als Beispiel öffentlicher Ernährungskommunikation. Unter Mitarbeit von Barlösius E. Diskussionspapier Nr 10, Ernährungswende, Köln

Rehaag R, Waskow F (2006) Ernährungskommunikation aus der Sicht der Wissenschaft. Rahmenbedingungen von Ernährungskommunikation. In: Barlösius E, Rehaag R (Hrsg) Skandal oder Kontinuität. Anforderungen an eine öffentliche Ernährungskommunikation. Wissenschaftszentrum Berlin für Sozialforschung, Berlin

Remick AK, Pliner P, McLean KC (2009) The relationship between restrained eating, pleasure associated with eating, and well-being re-visited. Eat Behav 10:42–44

Rössler P (2006) Ernährung im (Zerr-)Spiegel der Medienberichterstattung? Einige Befunde zur Ernährungskommunikation aus kommunikationswissenschaftlicher Sicht. In: Barlösius E, Rehaag R (Hrsg) Skandal oder Kontinuität. Anforderungen an eine öffentliche Ernährungskommunikation. Wissenschaftszentrum Berlin für Sozialforschung, Berlin

Schwabl T (2018) Reizüberflutung im Alltag der Österreicher. 17. Oktober 2018, Wien, ▶ Marketagent. com

Spiekermann U (2006) Warum scheitert die Ernährungskommunikation? Eine Antwort aus kulturwissenschaftlicher Perspektive. In: Barlösius E, Rehaag R (Hrsg) Skandal oder Kontinuität. Anforderungen an eine öffentliche Ernährungskommunikation. Wissenschaftszentrum Berlin für Sozialforschung, Berlin

Steinberg A (2011) Scheitert die Ernährungskommunikation? Qualitative Inhaltsanalyse von Printratgebern. VS Verlag & Springer Fachmedien, Wiesbaden, S 21–50

Templ M (2015) Essen in den Schlagzeilen: Sound Science vs. Sounds Like Science. In: Vortrag beim f.eh-im-Dialog am 11.06.2015 in Wien „Ernährungsstudien: Kritik zwischen den Zeilen". ► http://www.forum-ernaehrung.at/events/feh-dialog-ernaehrungsstudien-kritik-zwischen-den-zeilen/

TNS Opinion & Social, EFSA, European Commission (Hrsg) (2010) Special Eurobarometer 354. Food related risks. ► http://ec.europa.eu/public_opinion/archives/ebs/ebs_354_en.pdf

U.S. Department of Health and Human Services and U.S. Department of Agriculture (2015) 2015–2020 Dietary guidelines for Americans. 8th Edition. December 2015. ► http://health.gov/dietaryguidelines/2015/guidelines

Vierboom C, Härlen I, Simons J (2007) Acrylamid in Lebensmitteln – Ändert Risikokommunikation das Verbraucherverhalten? In: Epp A, Hertel R, Böl GF (Hrsg) BfR Wissenschaft, 1/2007, Berlin

Wansink B (2004) Environmental factors that increase the food intake and consumption volume of unknowing consumers. Annu Rev Nutr 24:455–479

Wilhelm R (2011) Ernährungskommunikation zur Förderung nachhaltiger Ernährungsstile. Dissertation, TU München

Wilhelm R, Kustermann W, von Koerber K et al (2005) „Nachhaltige Ernährung" in der Ernährungskommunikation ausgewählter Institutionen. Diskussionspapier Nr 8, Konsumwende. Sozial-ökologische Forschung, Bundesministerium für Bildung und Forschung

Wippersberg J (2015) Futter für die Medien? ernähr heute 3:7

Zielgruppendefinition

Die Empfänger der Botschaft kennenlernen

© Springer-Verlag GmbH Deutschland, ein Teil von Springer Nature 2019
A. Mörixbauer, M. Gruber, E. Derndorfer, *Handbuch Ernährungskommunikation*,
https://doi.org/10.1007/978-3-662-59125-3_2

Der Köder muss dem Fisch schmecken, nicht dem Angler.

Ernährungskommunikation geht immer noch zu häufig am Empfänger vorbei, weil Botschaften mit dem „Gießkannenprinzip" an „die Allgemeinheit" gesendet werden. Ein zentraler Erfolgsfaktor für gelungene Ernährungskommunikation ist die Identifizierung, Beschreibung und Segmentierung der Zielgruppe. Nur wer seine Adressaten kennt, kann Themen, Inhalte, Ton und Darstellung der Botschaften passgenau planen sowie anhand des Mediennutzungsverhaltens der Zielgruppe die geeigneten Kommunikationskanäle auswählen.

2.1 An der Zielgruppe orientieren

2.1.1 Nicht mit der Gießkanne

Bruhn (2014) definiert Zielgruppen als die mit einer Kommunikationsbotschaft anzusprechenden Empfänger (Rezipienten) der Kommunikation. Ernährungskommunikation scheitert jedoch immer wieder (► Abschn. 1.3.1). Nicht zuletzt daran, weil sie zu wenig auf die Zielgruppen ausgerichtet ist. Ernährungsexperten orientieren sich in ihrer Kommunikation zu sehr an ihren eigenen Werten und Lebenssituationen und gehen kaum auf den Alltag der Menschen, also auf deren Einstellungen, Werte und Lebensstile ein (Spiekermann 2006a, b). Oder sie fokussieren zu sehr auf rein sachliche Informationsvermittlung (► Abschn. 3.4; van Dillen 2006). Die Frage in der Ernährungskommunikation lautet immer noch zu oft „Was will *ich* vermitteln?" und zu selten „Was will meine Zielgruppe?" (Kleinhückelkotten und Wegner 2008).

> ❯ Wichtig ist, was die Zielgruppe interessiert, nicht, was den Sender der Botschaft interessiert!

„Die" Öffentlichkeit gibt es nicht

Viele Akteure der Ernährungskommunikation wollen „alle" erreichen. Sie kommunizieren mit „der Öffentlichkeit", ähnlich dem Gießkannenprinzip. Doch „die allgemeine Öffentlichkeit" als homogene Zielgruppe gibt es nicht. Menschen haben unterschiedliche Einstellungen und Lebensziele. Sie besitzen einen unterschiedlichen Informationsstand, sind medial und zeitlich unterschiedlich erreichbar und haben unterschiedliche Bedürfnisse. Durch eine unspezifische Ansprache „der Allgemeinheit" entstehen so erhebliche Streuverluste. Diese lassen sich vermeiden, indem man eine professionelle Zielgruppenanalyse durchführt, damit die Kommunikation anschließend auf einzelne, vorher gut definierte Zielgruppen zugeschnitten werden kann. Kommunikationsmaßnahmen können so an den differenzierten Motiven und Orientierungen der Menschen ansetzen, um sie dort abzuholen, wo sie anschlussfähig sind (Grünewald-Funk 2013).

> ❯ *„Know your audience!"* – „Kenne deine Zielgruppe!" – gilt als wichtigster Leitsatz in der Kommunikation von Gesundheits- und Ernährungsthemen (Schiavo 2007).

Das kommerzielle Marketing nutzt für die Zielgruppenanalyse bereits seit den 1950er-Jahren sogenannte Lebensstile (► Abschn. 2.2.3), da einfache Klassen- oder Schichtmodelle durch die zunehmende Vielfalt der Lebensformen nicht mehr der Realität entsprechen. Alltagshandeln, Einstellungen und Werte sind immer häufiger losgelöst von der sozialen Lage. Objektive Faktoren wie Beruf, Einkommen, Alter und Bildungsstand lassen immer weniger Rückschlüsse zu auf subjektive Faktoren wie Werte, Lebensziele, Einstellungen, Konsum- oder Freizeitverhalten. Experten der Gesundheits- und v. a. Nachhaltigkeitskommunikation wenden immer häufiger unterschiedliche Lebensmodelle und Herkunftsmilieus an, um Motive zu verstehen sowie Einstellungen und Verhaltensweisen zu erklären (z. B. Brunner et al. 2007; Kleinhückelkotten et al. 2006; Kleinhückelkotten und Wegner 2008; Wilhelm 2011; von Campenhausen 2014; Weitze und Heckl 2016).

2.1.2 Die Zielgruppe segmentieren

In der Gesundheitskommunikation besteht schon seit längerem die Forderung, die eigene Zielgruppe zu unterteilen und zu beschreiben (z. B. Mendelsohn 1973; Bauer und Bittlingmayer 2012; Roski 2009; Maschkowski und Bünig-Fesel 2010; Leppin 2014; Kleinhückelkotten et al. 2006). Mittlerweile gilt es als zentraler Erfolgsfaktor für gelungene Kommunikation im Gesundheitsbereich, die Zielgruppen zu segmentieren und sich an deren Bedürfnissen zu orientieren. Denn nur so können Sender die jeweilige Botschaft inhaltlich und im Ton auf die anzusprechenden Personengruppen abstimmen (z. B. Bonfadelli und Friemel 2006; Pott 2009; Hornik und Kelly 2007; Rowe und Alexander 2011). Im besten Fall schließt sich dadurch sogar eine merkbare Verhaltensänderung an (Snyder 2007). Schließlich spielen beim Essverhalten „kulturelle, soziale, emotionale, praktische, kurzum ganz persönliche Faktoren die Hauptrolle. Und genau diese müssen im Mittelpunkt aller Ernährungskommunikations-Wege stehen" (Seitz 2016).

Im Rahmen einer Zielgruppenstrategie empfiehlt sich ein dreistufiges Vorgehen. Auch Gruppen, die einen Einfluss auf die Entscheidungen der primär anzusprechenden Personen haben, sogenannte Meinungsbildner, dürfen dabei nicht außer Acht gelassen werden.

- **Drei Stufen zur Erarbeitung einer Zielgruppenstrategie (nach Bruhn 2014)**
1. **Zielgruppenidentifikation:** Personen oder Organisationen identifizieren, die angesprochen werden müssen, um die Kommunikationsziele zu erreichen
2. **Zielgruppenbeschreibung:** Möglichst detaillierte Informationen über die Zielgruppe einholen (z. B. Alter, sozioökonomischer Status, Lebensstile, Einstellungen) und relevante Merkmale des Verhaltens der jeweiligen Zielgruppen bestimmen. Dies ist Voraussetzung, um geeignete thematische Andockstellen zu erkennen.
3. **Zielgruppenerreichbarkeit:** Medien und Kanäle (► Kap. 3) analysieren, über welche man Zielgruppen am besten ansprechen kann.

2.1.3 **Wissenskluft verringern**

Menschen sind in der heutigen Zeit mit einer Informationsflut aus zahlreichen Kanälen konfrontiert, nicht nur im Ernährungsbereich. Selbst wenn der Empfänger eine Botschaft wahrnimmt, bedeutet dies noch lange nicht, dass er sie auch verarbeiten kann. Die Verarbeitung von Informationen ist abhängig vom Bildungsstatus. Es ist bekannt, dass Zielgruppen mit höherer Bildung und höherem sozioökonomischem Status Informationen besser und rascher rezipieren und verarbeiten als bildungsferne Gruppen mit niedrigerem sozioökonomischen Status. Als Folge vergrößert sich die Wissenskluft: Während es in der einen Gruppe zum Wissenszuwachs kommt, bleiben bildungsferne Schichten auf dem alten Stand des Wissens (Bonfadelli und Friemel 2006). Dem kann man entgegenwirken, indem Inhalte, Gestaltung und Kanäle der Botschaften an die jeweilige Zielgruppe angepasst werden.

2.1.4 **Schwellenmodell der Kommunikation**

Auch ein Mehr an Information führt nicht automatisch zur Umsetzung. Zuerst muss die Botschaft den Rezipienten erreichen und seine Aufmerksamkeit gewinnen. In der Kommunikationswissenschaft existieren dazu verschiedene Modelle, wobei ein treffendes das Schwellenmodell ist. Demnach muss die Botschaft auf dem Weg vom Sender zum Empfänger mehrere Hürden überwinden, damit sie akzeptiert wird und – im besten Fall – bis zur Handlung führen kann.

Schwellen der Kommunikation (Kleinhückelkotten und Neitzke 2010)**:**
— Wahrnehmungsschwelle,
— Aufnahmeschwelle,
— Verstehensschwelle,
— Wissensschwelle,
— Akzeptanzschwelle,
— Handlungsschwelle,
— Verhaltensschwelle.

Wie hoch diese Schwellen sind, hängt stark von den Lebenswelten der Zielgruppen und deren Kernbedürfnissen ab (◘ Abb. 2.1). Ernährungskommunikation kann nur dann gelingen, wenn die Sender diese Filter kennen und beachten. So kann man Barrieren voraussehen und umgehen (▶ Abschn. 2.1; Baums 2006; Kleinhückelkotten und Wegner 2008).

Wahrnehmungsschwelle

Als Erstes muss eine Botschaft die **Wahrnehmungsschwelle** überschreiten. Zentrales Element dafür ist die Auswahl der geeigneten Kommunikationskanäle. Dabei wählt der Sender für seine Botschaft jene Medien, die seine Zielgruppe auch tatsächlich konsumiert. Mediennutzungsdaten (▶ Abschn. 3.2) liefern Informationen darüber, welche Zeitungen, Zeitschriften, TV-Formate, Radiosendungen usw. die anzusprechende Gruppe an welchem Ort und zu welcher Zeit konsumiert. Berücksichtigt man die (ästhetischen)

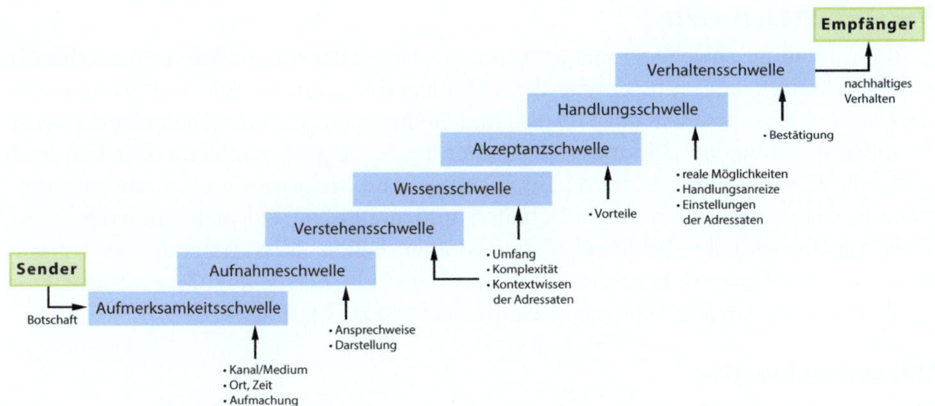

◻ Abb. 2.1 Schwellenmodell der Kommunikation. (Adaptiert nach Kleinhückelkotten und Neitzke 2010, S. 82.) (© ECOLOG – Institut für sozial-ökologische Forschung und Bildung)

Präferenzen der Zielgruppe, wählt also geeignete Stilmittel wie Musik, Humor, emotionale Bilder oder erotische Darstellungen steigert dies die Wahrnehmung.

> **Damit die Empfänger eine Botschaft überhaupt wahrnehmen können, muss das Mediennutzungsverhalten der Zielgruppe bekannt sein.**

Wesentlichen Einfluss auf die Wahrnehmung hat zudem der Absender der Botschaft. Ist er für die Zielgruppe glaubwürdig (▶ Abschn. 3.3)? Passt sein Image in die Lebenswelt der Rezipienten? Informationen erscheinen für den Rezipienten dann glaubwürdig, wenn er sie als neutral wahrnimmt bzw. sie mit den eigenen Interessen übereinstimmen und der vermuteten Kompetenz des Informationsträgers entsprechen (Bergmann 2000; Fischer 2016). In manchen Fällen kann es sinnvoll sein, sich Kooperationspartner für seine Botschaft zu suchen, die für die Zielgruppe relevant sind. Vertreter von Konsumentenschutzvereinen sprechen andere Gruppen an als etwa Extremsportler, die als Testimonials agieren (Kleinhückelkotten und Neitzke 2010).

Aufnahmeschwelle

Um die **Aufnahmeschwelle** zu überwinden, muss man die Zielgruppe durch geeignete Form in Ton, Stil, Sprache und Gestaltung ansprechen. Hier geht es darum, die Rezipienten zum Lesen, Zuhören oder Betrachten zu motivieren. Die Aufmachung bestimmt die Wahrnehmung. Farben, Formen, Bildauswahl, Schrifttypen u. Ä. vermitteln auch unterschwellig Informationen, die in die Lebenswelt der Zielgruppe passen oder eben daran vorbeigehen.

> **Die Sprache der Zielgruppe sprechen!**

Die gewählte Ansprechweise beeinflusst, ob sich der Rezipient mit der Botschaft auseinandersetzen will. Sie kann höflich, sachlich-neutral, provozierend oder aufwühlend sein. Je nach sozialem Milieu präferieren die Empfänger andere Sprachstile – einfach, anschaulich, anspruchsvoll usw. (Kleinhückelkotten und Neitzke 2010).

Verstehensschwelle

Ist die Aufnahmeschwelle einmal genommen, geht es darum, die **Verstehensschwelle** zu überschreiten. Hier müssen vor allem Umfang und Komplexität der Botschaft zum spezifischen Wissen sowie der Lebens- und Bildungssituation der Zielgruppe passen. Gruppen mit höherem Bildungsgrad können in der Regel komplexere Darstellungen und Inhalte verarbeiten, während für bildungsferne Zielgruppen eine einfache Darstellung, handlungsorientierte Botschaften und praktische Beispiele sinnvoller sind. Zielgruppenorientierte Schlüsselwörter können helfen Missverständnisse zu vermeiden. Eine Mischung aus Bekanntem und Neuem ist für die kognitive Verarbeitung ideal (► Abschn. 4.3; Kleinhückelkotten und Neitzke 2010).

Wissensschwelle

Das Verstehen der Botschaft reicht allerdings noch nicht aus. Der Rezipient muss die Botschaft als für ihn persönlich relevant einstufen, damit er sie in seinen aktiven Wissensschatz aufnimmt und so die **Wissensschwelle** überwunden wird. Hier gilt es, den Nutzen der Information für den Rezipienten klar darzustellen. Positive, glaubwürdige Appelle oder Vorbilder setzen dabei gezielt Anreize für Verhaltensänderungen (► Abschn. 3.4.2; Kleinhückelkotten und Neitzke 2010; Bonfadelli und Friemel 2006).

Akzeptanzschwelle

Geändertes Wissen verändert nicht automatisch Einstellungen, dies ist jedoch Voraussetzung für eine Verhaltensänderung (► Abschn. 3.4.1). Zuerst muss der Rezipient die Botschaft akzeptieren, sie muss also die **Akzeptanzschwelle** überwinden. Möglich ist das dann, wenn Botschaft und Einstellungen des Rezipienten übereinstimmen. Deshalb ist es so wichtig, die Einstellungen der Zielgruppe zu einem bestimmten Thema zu kennen. So kann man bereits im Vorfeld mögliche Gegenargumente entkräften oder Vorteile herausstreichen (Kleinhückelkotten und Neitzke 2010).

Handlungsschwelle

Geht es in der Botschaft nicht nur darum, Einstellungen zu ändern, sondern tatsächlich Verhaltensänderungen zur erreichen, muss auch noch die **Handlungsschwelle** genommen werden. Hier steht die Kosten-Nutzen-Abwägung (► Abschn. 3.4.2) des Adressaten im Zentrum. Erst wenn der Rezipient – bewusst oder unbewusst – im Falle der Verhaltensänderung mehr Nutzen als Aufwand empfindet, ist er bereit, sein Verhalten zu ändern. Nützlich sind dabei konkrete Bewertungshilfen wie etwa Checklisten oder Handlungsempfehlungen wie Rezepte, Einkaufs- und Zubereitungstipps. Letztlich muss man auch berücksichtigen, ob der Rezipient aufgrund der Rahmenbedingungen überhaupt in der Lage ist, sein Verhalten zu ändern. Wenn z. B. keine Betriebskantine vorhanden ist, nutzen die besten Tipps zur Wahl des geeigneten Menüs nichts (Kleinhückelkotten und Neitzke 2010).

Verhaltensschwelle

Für eine dauerhafte Verhaltensänderung, muss die Verhaltensschwelle überwunden werden. Positive Rückmeldungen unterstützen hier (Kleinhückelkotten und Neitzke 2010).

2.2 Zielgruppensegmentierung

2.2.1 Zentraler Erfolgsfaktor

Bereits 2003 hat Leppin in der verstärkten Zielgruppenorientierung eine der Zukunftsaufgaben der Gesundheitskommunikation erkannt. Zahlreiche Experten aus der Gesundheits- und Ernährungskommunikation bestätigen, dass eine durch Zielgruppensegmentierung maßgeschneiderte Botschaft deutlich erfolgversprechender und wirksamer ist (Naidoo und Wills 2003; Dutta-Bergmann 2004; Weitkunat und Moretti 2007; Sachverständigenrat zur Begutachtung der Entwicklung des Gesundheitswesens in Deutschland 2007). Besonders im angloamerikanischen Raum orientiert sich die Gesundheitskommunikation bereits seit längerem an der Zielgruppe und arbeitet mit Methoden des klassischen Marketings. Daher bezeichnet man den systematischen und geplanten Prozess, ein bestimmtes, sozial erwünschtes Verhalten als attraktiv darzustellen, auch als Social Marketing (▶ Abschn. 4.1). Denn in der Regel erreichen allgemeine, unsystematisch geplante präventive Botschaften und Maßnahmen nur jene gut, die sich ohnehin bereits für Gesundheits- bzw. Ernährungsthemen interessieren, was wiederum die Wissenskluft vergrößert (Jordan und Lippe 2012; Kowalski et al. 2008).

> ❯ „Wenn Wirtschaftsunternehmen es schaffen, die Bevölkerung dazu zu bringen ihre Produkte zu kaufen (…) dann sollte auch die Gesundheitsförderung in der Lage sein, die Menschen zu gesünderen Verhaltensweisen zu bewegen" (Naidoo und Wills 2003).

Eine professionelle Zielgruppensegmentierung ist besonders dann wichtig, wenn man größere Bevölkerungsgruppen ansprechen will. In manchen Fällen kann die Zielgruppe aufgrund der Aufgabe der Institution bzw. aus inhaltlichen Gründen allerdings bereits vorgegeben sein (s. Beispiel). Doch selbst dann unterstützt das Hintergrundwissen zu einzelnen Lebensstilen die Planung der Ernährungskommunikation.

Beispiel Zielgruppensegmentierung

Ein Beauftragter der betrieblichen Gesundheitsförderung hat als Zielgruppe die Arbeitnehmer des Unternehmens. Ist es ein Großunternehmen mit mehreren Hundert Mitarbeitern, können diese allerdings durchaus in Anlehnung an die sozialen Milieus unterteilt werden. Die Arbeiter am Hochofen erreicht man sicherlich anders als die Ingenieure in der Planungsabteilung oder die Lehrlinge im Betrieb.

Die Leiterin für das Urban-Gardening-Projekt einer Kleinstadt hat als Zielgruppe z. B. die Einwohner der Stadt, Schüler der ortsansässigen Schulen, die politischen Entscheidungsträger der Stadt, vielleicht auch noch lokale Gastronomen, Lieferanten des Wochenmarktes, die Mitarbeiter des Stadtgartenamtes usw.

2.2.2 Schritte der Zielgruppensegmentierung

Für den ersten Schritt der Zielgruppensegmentierung sind verschiedene Merkmale relevant. Bonfadelli und Friemel (2006) nennen vier Verfahren zur Unterteilung von möglichen Zielgruppen und empfehlen deren Kombination: Problembezug, Soziodemografie, Lebensstil und Mediennutzung (s. ▣ Tab. 2.1).

2

Tab. 2.1 Verfahren zur Zielgruppensegmentierung nach Bonfadelli und Friemel (2006)	
Merkmal	**Beschreibung**
Problembezug	Betroffen/nicht betroffen mit fünf möglichen Ausprägungen: – Nicht persönlich betroffen, aber als Bezugsperson involviert – Noch nicht betroffen, aber Risikoperson – Betroffen, jedoch desinteressiert – Sensibilisiert, aber noch nicht handelnd – Sensibilisiert und handelnd
Soziodemografie	Alter, Geschlecht, Bildung, sozioökonomischer Status
Lebensstil	Psychografische und soziale Aspekte des Lebensstils, Wertehaltungen
Mediennutzung	Welche Medien und Formate nutzt die Zielgruppe?

Praxisbeispiel: Identifikation von Adipositas-Risikomilieus (Grünewald-Funk 2013)

2013 hat Grünewald-Funk erstmals Zielgruppen für die Prävention von Übergewicht und Adipositas anhand eines Lebensstilmodells erstellt. Bis dahin haben Zielgruppen-Segmentierungsverfahren in Deutschland zwar den Problembezug und soziodemografische Daten berücksichtigt, jedoch nicht die mediale Erreichbarkeit, Einstellungen und Werte. Dies hat eine Voraussage der Erreichbarkeit und der Bereitschaft zur Verhaltensänderung erschwert.

Die Adipositas-Risikoeinstufung hat die Autorin anhand folgender Merkmalkategorien vorgenommen:

- Übergewicht (BMI ab 25 kg/m^2) (> Merkmal Problembezug)
- Ernährungsbewusstsein unterdurchschnittlich (> Merkmal Lebensstil)
- Bewegungsverhalten unterdurchschnittlich (> Merkmal Lebensstil)
- TV-Dauer überdurchschnittlich (> Merkmal Mediennutzung)

Daraus entstanden vier verschiedene Adipositas-Risikotypen in der deutschen Bevölkerung:

- Typ 1 – hohes Risiko: Übergewicht überdurchschnittlich und zwei oder mehr Merkmale im Bereich hohes Risiko.
- Typ 2 – Risiko: Übergewicht überdurchschnittlich und ein weiteres Merkmal im Risikobereich.
- Typ 3 – potenzielles Risiko: Übergewicht überdurchschnittlich und kein weiteres Merkmal im Risikobereich *oder* Übergewicht unterdurchschnittlich plus mindestens zwei weitere Merkmale mit hohem oder mittlerem Risiko.
- Typ 4 – kein Risiko: Übergewicht unterdurchschnittlich und kein weiteres Merkmal im Risikobereich.

Aufgrund der vier identifizierten Risikotypen und dem typischen Risikoprofil ordnet die Autorin im nächsten Schritt die Lebensstiltypen zu.

2.2.3 Lebensstiltypologien

In der Soziologie bezeichnet man die Art und Weise, wie der Einzelne seinen Alltag gestaltet als Lebensstil. Darin kommen Werte und Einstellungen eines Menschen in Form seiner Handlungen zum Ausdruck. Die soziologische Sichtweise geht über die medizinische hinaus und zählt gesundheitliches Handeln, Ernährungsgewohnheiten, Freizeitgewohnheiten aller Art – etwa Sportaktivitäten oder Medienkonsum – aber auch ästhetische Präferenzen wie Musikgeschmack, Wohnungseinrichtung u. Ä. dazu (Bruhn 2008).

Ein Lebensstil steht nicht nur für sich selbst, sondern erfüllt konkrete Funktionen (Burzan 2005; Postel 2005):

- Er verleiht Personen **Routine** in ihren Handlungen und vereinfacht Alltagsentscheidungen, indem sie nicht jedes Mal aufs Neue die Entscheidung durchdenken müssen. So überlegen etwa ökologisch orientierte Menschen nicht bei jedem Einkauf aufs Neue, ob sie zu Milch aus konventioneller oder biologischer Landwirtschaft greifen.
- Er demonstriert eine bestimmte **Grundhaltung.** Der Einzelne zeigt damit seine Zugehörigkeit zu einer sozialen Gruppe, gleichzeitig grenzt er sich dadurch von anderen ab. Zum Beispiel können Energy Drinks einer bestimmten Marke bei Jugendlichen als Statussymbol fungieren.
- Er dient der **Selbstdarstellung,** ob bewusst oder unbewusst. Die Einladung der Nachbarn zu einem Sous-vide-Steak drückt etwas anderes aus, als die Einladung zu einem Hühnereintopf.
- Er zeigt nicht nur die soziale, sondern auch die persönliche **Identität.** Veganer drücken mit ihrer Ernährungsweise eine Wertehaltung aus.

Die empirische Lebensstilforschung ist die Grundlage für alle Art von Marketingaktivitäten. Seit Ende der 1970er-Jahre forschen insbesondere private Marktforschungsinstitute intensiv zu Einstellungen, Motiven, Interessen, Bedürfnissen und Verhaltensweisen von Menschen. Sie fassen diese in Lebensstilgruppen zusammen, die sich in ihren Eigenschaften ähnlich sind, sozusagen „Gruppen Gleichgesinnter".

Praxisbeispiel: In die Zielgruppe einfühlen
Um sich in die Gedanken, Gefühls- und Lebenswelt einer durchschnittlichen Kleinfamilie zu versetzen, hat die Werbeagentur Jung von Matt in den Räumlichkeiten ihrer Agentur 2004 erstmals „Deutschlands häufigstes Wohnzimmer" eingerichtet. Dabei haben die Werber nichts dem Zufall überlassen. Alles in diesem Raum ist das Ergebnis von Daten des Statistischen Bundesamtes und der Konsumforschung (Laudenbach 2017; Jenner 2015; Matthäus 2004). Das Wohnzimmer wird laufend angepasst, das aktuellste ist derzeit WoZi 3.0.

Die Müllers von nebenan
Um sich „reale" Personen vorstellen zu können, hat Jung von Matt diese einfach „erschaffen" (◘ Abb. 2.2 und ◘ Abb. 2.3). Das Wohnzimmer der fiktiven Familie von Sabine Müller (38 Jahre), ihrem Mann Thomas (41 Jahre) und dem 11-jährigen Sohn Alexander misst 22 m². 2004 bedeckte eine Raufasertapete die Wände, der Boden war mit

2

◘ Abb. 2.2   So sah Deutschlands „Durchschnittswohnzimmer" bei Jung von Matt 2004 aus. (© Jung von Matt AG)

◘ Abb. 2.3   So sah Deutschlands „Durchschnittswohnzimmer" bei Jung von Matt 2016 aus. (© Jung von Matt AG)

einem Veloursteppich ausgelegt, eine helle Schrankwand samt beleuchteter Vitrine in mediterranem Design und Flachbildschirm prägte den Raum, das terrakottafarbene Sofa vor dem gardinenumrankten Dreifachfenster lud zum Lümmeln ein, auf dem Glastisch davor lag der Kölner Stadtanzeiger – jeweils die tagesaktuelle Ausgabe – und eine TV-Zeitschrift. Dieses Durchschnittswohnzimmer passen die Werber laufend an die sich ändernden Einrichtungs- und Lebensgewohnheiten an. Mittlerweile haben sie den Veloursbelag durch Laminat getauscht, farblich dominiert statt Apricot ein nüchternes Dunkelgrau, CD-Turm und Videorecorder sind dem Laptop gewichen, und die Schrankwand wurde durch eine sachlichere, leichtere Sideboard-Kombination ersetzt (Laudenbach 2017).
Auch zahlreiche persönliche Dinge der „Durchschnittsfamilie" befinden sich im Raum, Fotos, Andenken, Ziergegenstände, Geschirr – und natürlich Pflanzen, die die

Agenturmitarbeiter regelmäßig gießen müssen. Hin und wieder ärgern sie sich auch, wenn „die Kinder" – Kollegen aus anderen Abteilungen – das Wohnzimmer verrauchen oder in Unordnung bringen. Wie im echten Leben.

Bundeskanzler am „Durchschnittssofa"

In der Zwischenzeit gibt es auch „Österreichs häufigstes Wohnzimmer" in dem Franz (43), Maria (40) und Michael (13) Gruber leben, sowie ein Schweizer Pendant. Mit Hilfe von Augmented Reality (AR) und einer 3D-Brille kann man sich mittlerweile sogar ins Wohnzimmer einer rüstigen 68-jährigen Pensionistin oder eines 30-jährigen Hipsters begeben (ORF 2006; Günter und Herzog 2016).

Die Agenturmitarbeiter halten ihre Besprechungen regelmäßig in diesen „Durchschnittswohnzimmern" ab, sie sind zu beliebten Konferenzräumen und „Denkstuben" für die Kreativen geworden. Sogar ein ehemaliger deutscher Bundeskanzler nahm schon am Sofa „der Müllers" Platz, um der Durchschnittsbevölkerung näherzukommen.

Heute existiert eine fast unüberschaubare Zahl von Lebensstiltypologien. Zu den bekanntesten zählen etwa der AIO-Ansatz *(Activities, Interests Opinions)* von Wells und Tigert (1971), die v. a. in den USA gebräuchliche VALS-Typologie *(Values and Lifestyles)* des Stanford Research Institutes (SRI International 2018), das Semiometrie-Modell von TNS Infratest (Kantar TNS 2018), die Markt-Media-Studie b4p „best for planning" der Gesellschaft für integrierte Kommunikationsforschung (GIK 2018), die 18 Lebensstile des Zukunftsinstituts (Zukunftsinstitut 2018) oder die Sinus-Milieus® der Sinus Markt- und Sozialforschung GmbH (Sinus 2017). Darüber hinaus gibt es eine Reihe von Lebensstiltypologien mit spezifischem Gesundheits- und Ernährungsbezug.

Die Methodik der Typenbildung ist heterogen und meist „Betriebsgeheimnis" der privaten Institute, sodass sie kaum vergleich- und reproduzierbar sind. Außerdem liefern viele davon keine Daten zum Mediennutzungsverhalten und sind daher für die Planung zielgruppenorientierter medialer Ernährungskommunikation nur in Ausnahmefällen geeignet. Zwei davon – der *food-related lifestyle* (FRL) sowie die Sinus-Milieus® – werden im Folgenden detaillierter beschrieben. Der FRL-Ansatz wegen seines Lebensmittel- und Ernährungsbezugs, die Sinus-Milieus®, weil sie im deutschsprachigen Raum als besonders wichtiges Zielgruppenmodell gelten.

2.2.4 Food-related-lifestyle-Ansatz

Das *Centre for research on customer relations in the food sector* (MAPP) in Aarhus, Dänemark, hat Anfang der 1990er-Jahre ein umfassendes Instrument zur Analyse von Lebensmittelpräferenzen speziell für die Belange der Ernährungsindustrie entwickelt – den Food-related-lifestyle-Ansatz (FRL) mit 69 Elementen (Grunert et al. 1993; Scholderer et al. 2004; Ryan et al. 2004). Dieser erlaubt die Ableitung von Verbrauchersegmenten, die sich dadurch beschreiben lassen, wie sie mittels Lebensmitteln und Ernährungsverhalten Lebenswerte realisieren. Der FRL hat länder- und kulturübergreifend Gültigkeit. Im Hinblick auf eine gesundheitsbewusste Ernährungsweise hat sich der FRL als aussagekräftig erwiesen (O'Sullivan et al. 2005; Pérez-Cueto et al. 2010).

2

> **Der Food-related-lifestyle-Ansatz (FRL) ist ein umfassendes Instrument zur Analyse von Lebensmittelpräferenzen und charakterisiert sechs psychologische lebensmittelbezogene Lebensstile.**

Der Grundgedanke des FRL-Ansatzes ist, dass sich die Bestimmungsgründe des Konsumverhaltens in fünf Bereiche unterteilen lassen: Kaufmotive, Konsumsituationen, Qualitätsaspekte, Einkaufsweisen und Kochmethoden. Auf deren Basis haben Grunert et al. (1993) sechs psychologische Profile charakterisiert, die sich in ihren Einstellungen zu Lebensmitteln und unterschiedlichen soziodemografischen Eigenschaften unterscheiden (s. ◘ Tab. 2.2). Sie können dabei helfen, die Entscheidungen in der Lebensmittelauswahl zu verstehen und geeignete Botschaften für die Ernährungskommunikation zu formulieren (Connors et al. 2001).

Um Empfänger von Kampagnen nicht zu überfordern, muss man an das Verhaltensrepertoire der jeweiligen Zielgruppe anknüpfen. Die genannten sechs Profile kann man als Ausgangspunkt heranziehen, um zielgruppenspezifischer Präventionskampagnen zu entwickeln (Bruhn 2008). So zeigt etwa eine Studie in fünf europäischen Ländern, dass bestimmte Parameter des FRL eine Vorhersage des Übergewichtsrisikos ermöglichen (Pérez-Cueto et al. 2010). Dennoch hat sich der FRL-Ansatz in der Praxis im deutschsprachigen Raum offenbar nicht wirklich durchgesetzt. In manchen Ländern findet er

◘ **Tab. 2.2**   Kurzbeschreibung der sechs Profile des *food-related lifestyle* (FRL). (Nach Bruhn 2008)

FRL-Verbrauchertyp	Kurzbeschreibung
Enthusiastisch	Produktinformation, Preis und Fachgeschäfte haben höchste Bedeutung ebenso Gesundheit, Neuigkeitsgrad, Bio und Frische; großes Interesse am Kochen, das meist geplant wird
Abenteuerlustig	Neuigkeitsgrad und Geschmack sind besonders wichtig; höchstes Kochinteresse mit Suche nach neuen Wegen; höchste Bedeutung der Kaufmotive Selbsterfüllung und soziale Beziehungen
Interessiert	Produktinformation, Fachgeschäfte und Einkaufslisten haben hohe Bedeutung ebenso die Aspekte Gesundheit und Frische, besonders hohe Bedeutung haben Bioprodukte; ist der Ansicht, dass Kochen nicht Aufgabe der Frau ist
Konservativ	Preis und Einkaufslisten haben hohe bzw. höchste Bedeutung; unwichtig sind Neuigkeitsgrad und die Suche nach neuen Wegen; sehr wichtig ist die Planung beim Kochen; ist der Ansicht, dass Kochen Aufgabe der Frau ist; das Kaufmotiv Sicherheit hat höchste Bedeutung
Nicht involviert	Geringe Bedeutung haben Produktinformation, Preis und Fachgeschäfte sowie Aspekte der Gesundheit, Bio und Frische; Kochen wird nicht geplant, es muss v. a. bequem sein; stark ausgeprägtes Snack-Verhalten
Extrem uninvolviert	Geringste Bedeutung von Produktinformationen, Fachgeschäften und Einkaufslisten sowie der Aspekte Gesundheit, Preis-Leistungs-Verhältnis, Neuigkeitsgrad, Bio und Frische; haben das geringste Kochinteresse, es muss v. a. bequem sein; stärkste Ausprägung des Snack-Verhaltens

aber durchaus im klassischen Agrar- und Lebensmittelmarketing Anwendung (z. B. Torrissen und Onozaka 2017; Escriba-Perez et al. 2017; Choi 2016; Schnettler et al. 2013; Szakály et al. 2012; Nie und Zepeda 2011; Sorenson et al. 2011; Hoek et al. 2004).

2.2.5 Sinus-Milieus®

Als eines der bekanntesten und einflussreichsten Zielgruppenmodelle in Europa gelten die Sinus-Milieus®, welche die Sinus Markt- und Sozialforschung GmbH seit Ende der 1970er-Jahre kontinuierlich beforscht und weiterentwickelt. Die Sinus-Milieus® gruppieren Menschen, die sich in ihrer Lebensauffassung und Lebensweise ähneln. Dabei gehen grundlegende Werteorientierungen ebenso in die Analyse ein wie Alltagseinstellungen zu Arbeit, Familie, Freizeit, Geld und Konsum wie die soziale Lage. Die Sinus-Milieus® sind mittlerweile Teil zahlreicher Markt-Media-Studien, wie b4p oder AGF/GfK-Fernsehpanel in Deutschland, Mediapulse Fernsehpanel in der Schweiz sowie TELETEST-Panel in Österreich (Integral 2017; Flaig und Barth 2018).

„Kartoffeln" geben Orientierung

Die grafische Darstellung der Sinus-Milieus® ist auch als „Kartoffelgrafik" bekannt. ◖ Abb. 2.4 zeigt als Beispiel die Verteilung der Sinus-Milieus® in Österreich. Entsprechende

▪ IM ÜBERBLICK:
▪ DIE SINUS-MILIEUS® IN ÖSTERREICH

Soziale Lage und Grundorientierung

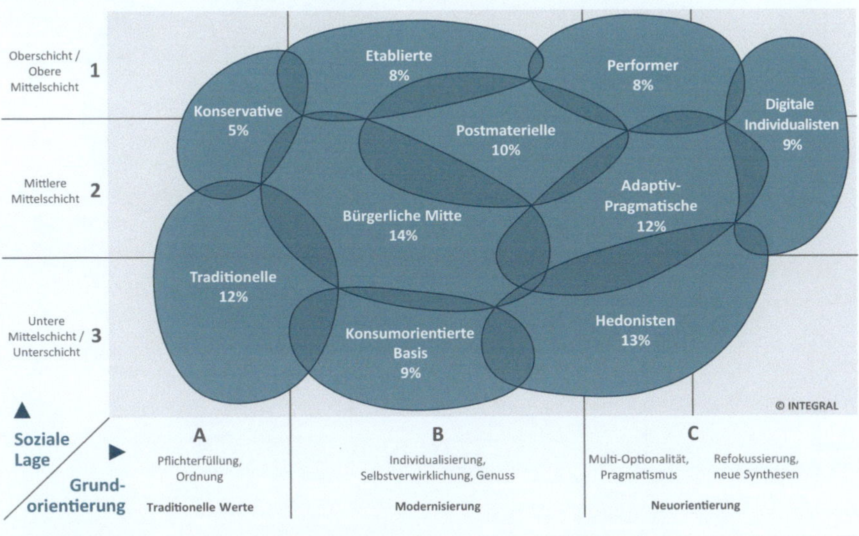

◖ **Abb. 2.4**   Die Sinus-Milieus® in Österreich – soziale Lage und Grundorientierung. (© INTEGRAL Markt- und Meinungsforschungsges.m.b.H)

Darstellungen gibt es auch für Deutschland, die Schweiz und andere Länder. Jede „Kartoffel" auf der Sinus-Landkarte entspricht dabei einem Sinus-Milieu®. Je weiter oben das Milieu angesiedelt ist, desto gehobener ist die soziale Lage, also etwa Bildung, Einkommen und Berufsgruppe; je weiter rechts es sich erstreckt, desto moderner im soziokulturellen Sinn ist die Grundorientierung des jeweiligen Milieus. Die Grenzen zwischen den Milieus sind naturgemäß fließend, und es gibt Berührungspunkte, weil Lebenswelten nicht so exakt eingrenzbar sind, wie etwa Schichten nach Einkommen oder Bildungsstatus (Integral 2017).

Zum Beispiel zeigt ◨ Abb. 2.5 dass v. a. für die Konsumorientierte Basis, Adaptiv-Pragmatischen und Hedonisten in erster Linie zählt, dass Essen schmeckt, unabhängig davon, was drinnen ist.

Die österreichischen, deutschen und Schweizer Sinus-Milieus® stimmen zwar im Koordinatensystem und einem Teil der Bezeichnungen überein, dennoch gibt es einige wesentliche Unterschiede. So ist die österreichische Gesellschaft konservativer als die deutsche. Daher gibt es in Österreich nach wie vor die Konservativen als Leitmilieu und die Etablierten behalten ihre führende Rolle als klassische Leistungselite. In Deutschland wurden diese beiden Milieus 2010 zu den Konservativ-Etablierten zusammengefasst. Die konservativere Grundhaltung in Österreich erklärt auch, weshalb die Postmateriellen weiterhin existieren und sich nicht, wie in Deutschland,

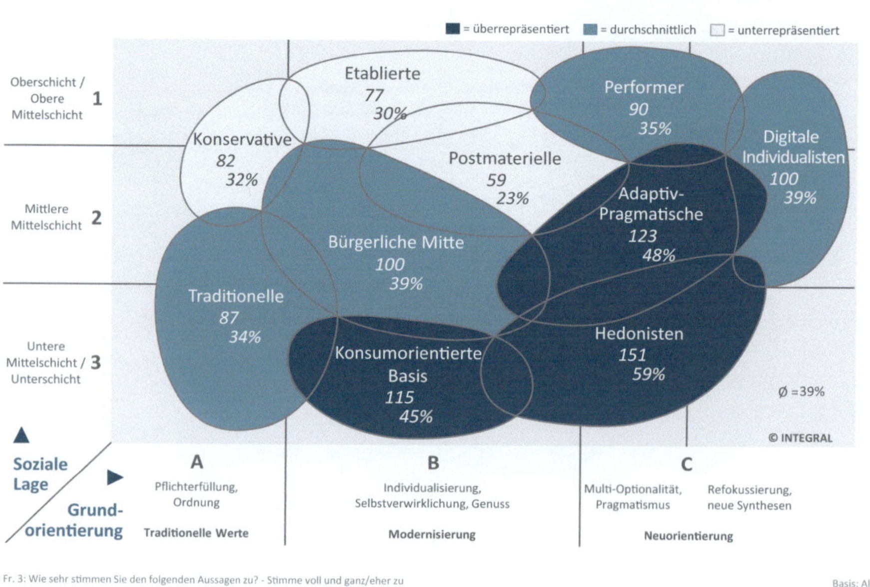

◨ **Abb. 2.5**   Sinus-Milieus® in Österreich mit Bezug zur Wichtigkeit von Geschmack und Inhaltsstoffen von Lebensmitteln. (© INTEGRAL Markt- und Meinungsforschungsges.m.b.H)

in Liberal-Intellektuelle und Sozialökologische gespalten haben. Zudem ist das Werteverständnis in Österreich stärker von Hedonismus und weniger von Strukturen, Regeln und Disziplin als jenes in Deutschland geprägt – mit der Folge, dass die Adaptiv-Pragmatischen in Österreich deutlich stärker auf Genuss und Spaß ausgerichtet sind. Die Digitalen Individualisten in Österreich ähneln den Expeditiven in Deutschland, sind aber hedonistischer, individueller und unabhängiger gepolt, doch zugleich weniger weltoffen. Die Wohlstandspolarisierung fand in Deutschland in höherem Maße statt, sodass es in Österreich keine Prekären gibt (◘ Tab. 2.3; Flaig und Barth 2018).

Die Daten der Sinus-Milieu®-Erhebungen liefern eine Fülle an Informationen, etwa zu Konsumgewohnheiten in unterschiedlichen Produktbereichen oder zu relevanten Einstellungen und Verhaltensweisen u. a. in den Bereichen Ernährung, Freizeit, Natur, Sprache/Wording und Mediennutzung (Sinus 2017; Flaig und Barth 2018).

Abhängig von der Problemstellung können Einzelmilieus auch zusammengefasst werden, Beispiele (Flaig und Barth 2018):

- Zukunftsmilieus (Digitale Individualisten, Adaptiv-Pragmatische),
- gehobene Milieus (Etablierte, Performer, Postmaterielle),
- Milieus der Mitte (Bürgerliche Mitte, Adaptiv-Pragmatische),
- traditionelle Milieus (Konservative, Traditionelle).

Die Veränderung des Milieugefüges im Zeitablauf spiegelt zudem langfristige Veränderungstendenzen in unserer Gesellschaft wider (Sinus 2017):

- **Modernisierung und Individualisierung:** Öffnung des sozialen Raumes durch höhere Bildungsqualifikationen, steigende Mobilität, Kommunikation und Vernetzung und dadurch erweiterte Entfaltungsspielräume und Wahlmöglichkeiten
- **Überforderung und Regression:** Wachsende Überforderung und Verunsicherung durch den technologischen, soziokulturellen und ökonomischen Wandel, durch die Vielfalt der Möglichkeiten (Multioptionsgesellschaft) und die Entstandardisierung von Lebensläufen – mit der Folge von Orientierungslosigkeit und Sinnverlust, Suche nach Entlastung, Halt und Vergewisserung (Regrounding)
- **Entgrenzung und Segregation:** Durch Globalisierung und Digitalisierung getriebenes Auseinanderdriften der Lebens- und Wertewelten, sozialhierarchische Differenzierung und wachsende soziale Deklassierungsprozesse, Erosion der Mitte, Entstehen einer kosmopolitischen Elite (One-World-Bewusstsein).

Praxisbeispiel: Segmentierung von Adipositasrisikogruppen anhand der Sinus-Milieus® (nach Grünewald-Funk 2013)
Nachdem Grünewald-Funk in Praxisbeispiel 1a die Adipositasrisikotypen identifiziert hat, hat sie diese anschließend den entsprechenden Sinus-Milieus® zugeordnet.[1] So

---

1 Anmerkung: Die Arbeit von Grünewald-Funk bezog sich auf die Daten der Sinus-Milieus in Deutschland von 2007. Mittlerweile hat das Sinus Institut die Milieus überarbeitet. Dabei ging z. B. das Milieu der DDR-Nostalgischen in den benachbarten Milieus auf und andere kamen dazu. In diesem Beispiel wurde versucht, den Ergebnissen von Grünewald-Funk die aktuellen Sinus-Milieus so zuzuordnen, wie es am wahrscheinlichsten erscheint.

◘ Tab. 2.3 Sinus-Milieus® in Österreich, Deutschland und der Schweiz (Flaig und Barth 2018, ©SINUS). Die Kurzbeschreibungen der Milieus sind zwar oft sehr ähnlich, unterscheiden sich aber durch ländertypische Akzente

Österreich	Deutschland	Schweiz
Sozial gehobene Milieus		
Etablierte Die leistungsorientierte Elite mit starkem Traditions- und Standesbewusstsein	**Konservativ-Etablierte** Das klassische Establishment mit Verantwortungs- und Erfolgsethik und Führungsansprüchen	**Arrivierte** Die wohlsituierte, souveräne und genussfreudige gesellschaftliche Elite mit distinguiertem Lebensstil
Konservative Leitmilieu im traditionellen Bereich mit christlich geprägter Verantwortungsethik		
Postmaterielle Die weltoffenen, sozial engagierten Gesellschaftskritiker mit ausgeprägten kulturellen Interessen	**Liberal-Intellektuelle** Die aufgeklärte Bildungselite mit liberaler Grundhaltung, postmateriellen Wurzeln und starkem Wunsch nach Selbstentfaltung	**Postmaterielle** Die links-liberale, stark postmateriell geprägte obere Mitte mit weltbürgerlich-kosmopolitischer Orientierung
Performer Die flexible, global orientierte moderne Elite, bei der Eigenverantwortung und individueller Erfolg oberste Priorität haben	**Performer** Die multioptionale, effizienzorientierte Leistungselite, die sich als Konsum- und Stil-Avantgarde versteht	**Performer** Die flexible, global orientierte Leistungselite mit Einsatzbereitschaft, Ehrgeiz und hohem Ich-Vertrauen
Digitale Individualisten Die individualistische Lifestyle-Avantgarde, die mobil und vernetzt und ständig auf der Suche nach neuen Erfahrungen ist	**Expeditive** Die ambitionierte kreative Avantgarde, die – online und offline vernetzt – auf der Suche ist nach neuen Grenzen und neuen Lösungen	**Digitale Kosmopoliten** Die experimentierfreudige, weltoffene, digital geprägte Avantgarde auf der Suche nach Selbstverwirklichung und beruflichen Herausforderungen

(Fortsetzung)

◻ Tab. 2.3 (Fortsetzung)

Österreich	Deutschland	Schweiz
Milieus der Mitte		
Bürgerliche Mitte Der leistungs- und anpassungsbereite Mainstream, der nach gesicherten und harmonischen Verhältnissen sowie nach Halt und Orientierung strebt	**Bürgerliche Mitte** Der leistungs- und anpassungsbereite bürgerliche Mainstream mit Wunsch nach sozialer Etablierung und wachsenden Abstiegsängsten	**Bürgerliche Mitte** Die gesellschaftliche Mitte mit ausgeprägter Status-quo-Orientierung und Wunsch nach einem harmonischen Familienleben und gesicherten materiellen Verhältnissen
		Gehoben Bürgerliche Die statusbewusste Mitte mit traditionell-bürgerlichem Lebensstil, starker Bodenhaftung und ausgeprägtem Nützlichkeitsdenken
Adaptiv-Pragmatische Die neue flexible Mitte, die nach Verankerung und Zugehörigkeit strebt, die leistungsbereit ist, aber auch Spaß und Unterhaltung sucht	**Adaptiv-Pragmatische** Die moderne junge Mitte mit ausgeprägtem Lebenspragmatismus und Nützlichkeitsdenken und einem starken Bedürfnis nach Verankerung und Zugehörigkeit	**Adaptiv-Pragmatische** Die junge pragmatische, anpassungsbereite Mitte, die materielle und emotionale Sicherheit sucht und sich gegenüber Verlierern und Randgruppen abgrenzt
	Sozialökologische Engagiert gesellschaftskritisches Milieu mit normativen Vorstellungen vom „richtigen" Leben und ausgeprägtem ökologischen Gewissen	

(Fortsetzung)

◘ Tab. 2.3   (Fortsetzung)

Österreich	Deutschland	Schweiz
Milieus der unteren Mitte/Unterschicht		
Traditionelle Das auf Sicherheit, Ordnung und Stabilität fokussierte Milieu, das in der kleinbürgerlichen Welt und im traditionell ländlichen Milieu verwurzelt ist	**Traditionelle** Die Sicherheit und Ordnung liebende ältere Generation, die sparsam und bescheiden sich an die Notwendigkeiten anpasst, aber in der modernen Welt zunehmend schlechter zurechtkommt	**Traditionelle** Die traditionelle Arbeiter- und Bauernkultur, die regional stark verwurzelt ist und an Werten wie Einfachheit, Bescheidenheit, Pflichterfüllung und Hilfsbereitschaft festhält
Konsumorientierte Basis Die um Teilhabe bemühte, konsumorientierte Unterschicht mit ausgeprägten Gefühlen der Benachteiligung, Zukunftsängsten und Ressentiments	**Prekäre** Die nach Orientierung und Teilhabe suchende Unterschicht, bei der sich soziale Benachteiligung und Ausgrenzungserfahrung häufen	**Konsumorientierte Basis** Die materialistisch geprägte, verunsicherte und resignierte Unterschicht mit starken Konsumsehnsüchten
Hedonisten Die momentbezogene, erlebnishungrige untere Mitte, die nach Fun & Action sucht und die Konventionen der Mehrheitsgesellschaft verweigert	**Hedonisten** Die spaß- und erlebnisorientierte moderne Unterschicht, die häufig angepasst im Beruf ist, aber in der Freizeit aus den Zwängen des Alltags ausbrechen will	**Eskapisten** Die junge, spaß- und freizeitorientierte untere Mitte, die Verpflichtungen und Verantwortung abwehrt und ein teilweise aggressives Underdog-Bewusstsein pflegt

zeigte sich, dass insbesondere die Traditionellen und Prekären ein hohes Adipositasrisiko aufweisen und auch die Bürgerliche Mitte mit einem Risiko einhergeht. Bei Konservativen, Expeditiven und Hedonisten beobachtet sie dagegen nur ein potenzielles Risiko. Bei Intellektuell-Liberalen, Postmateriellen und Performern ist kein signifikantes Adipositasrisiko sichtbar.

Daraus lassen sich u. a. folgende Erkenntnisse ableiten:

- Das Adipositasrisiko der Sinus-Milieus® unterscheidet sich signifikant; der bekannte Schicht- und Bildungsgradient tritt auf.
- Nicht alle Schichten sind gleich stark vom Adipositasrisiko betroffen; v. a. Sinus-Milieus® der Unter- und Mittelschicht, die gleichzeitig einfache bis mittlere Bildungsabschlüsse haben, sind betroffen.
- Innerhalb jeder Schicht variiert das Adipositasrisiko der jeweils zugehörigen Sinus-Milieus®. Daher ergibt die milieubezogene Darstellung gegenüber der schichtbezogenen eine differenzierte Zielgruppensegmentierung.
- Mit zunehmendem Alter steigt das Adipositasrisiko, sowohl in der gesamtgesellschaftlichen Betrachtung als auch in der schichtbezogenen Darstellung.

Bereits lange bekannt ist, dass sich das Mediennutzungsverhalten (▶ Abschn. 3.2) von Menschen mit gesundem bzw. ungesundem Essverhalten signifikant unterscheidet (Dutta-Bergmann 2004). Da die Sinus-Milieus® auch das Mediennutzungsverhalten analysieren, kann eine darauf basierende Mediaplanung u. a. jene Medienkanäle (▶ Abschn. 3.5) verwenden, die die anzusprechende Zielgruppe intensiv nutzt. Diaz-Bone (2004) bezeichnet die Sinus-Milieus® insbesondere für die zielgruppengenaue Medienansprache als einflussreichstes Marktforschungsmodell. In der Nachhaltigkeitskommunikation sind sie – v. a. in Deutschland – bereits ein verbreiteter Ansatz (Bonfadelli und Friemel 2006; Kleinhückelkotten und Wegner 2008; BMU 2018).

Praxisbeispiel: Ableitung einer medialen Kommunikationsstrategie anhand des Mediennutzungsverhaltens von Adipositas-Risikomilieus (Grünewald-Funk 2013)

Als Hauptzielgruppen für eine mediale Gesundheitskommunikation zur Prävention von Übergewicht und Adipositas hat Grünewald-Funk die Sinus-Milieus® mit dem höchsten Adipositasrisiko identifiziert: Traditionelle und Prekäre sowie die Bürgerliche Mitte. Sie zeigen den größten Problembezug, gleichzeitig gehören sie allerdings überwiegend jenen Zielgruppen an, die als schwer erreichbar gelten.

Die Daten zum Mediennutzungsverhalten zeigen, dass diese Sinus-Milieus® einen hohen täglichen TV-Konsum aufweisen und die klassischen Medien wie Zeitung, Radio und Zeitschriften/Illustrierte nutzen. Bücher werden im Vergleich zum Durchschnitt deutlich weniger genutzt. Da sich die Daten zu Internet- und Social-Media-Nutzung seit der Datenerhebung dieser Studie deutlich verändert haben, wird darauf in diesem Beispiel nicht eingegangen.

Im Detail zeigen sich in den einzelnen Milieus signifikante Unterschiede zum durchschnittlichen Mediennutzungsverhalten, was hier anhand der Prekären illustriert wird:

- TV-Vielseher mit regelmäßigem und andauerndem TV-Konsum; bevorzugen Unterhaltungsformate, Nachrichten, Show/Unterhaltung und die Sportberichterstattung; weniger aktive Rezeption von Gesundheits- und Ernährungsthemen als im Durchschnitt der Bevölkerung:

- nutzen Zeitung, Radio und Zeitschriften/Illustrierte zu einem hohen Prozentsatz, allerdings geringer als in anderen Milieus; überdurchschnittliche Nutzungswerte für TV-Programme und Horoskope;
- kurze Lese- bzw. Hördauer:
- lesen selten Bücher.

Ableitungen für die mediale Strategie, um diese Gruppe zu erreichen:
- Leitmedien für eine zielgruppenorientierte Kommunikation sind Fernsehen, Zeitung, Radio und Zeitschriften/Illustrierte.
- Die Gruppe scheint am besten via Fernsehen erreichbar zu sein. Bis dahin ungenutztes Potenzial haben auch Zeitungen, Radio, TV-Magazine und regionale Medien.
- Bücher sind als primäres Ansprechmedium ungeeignet.
- Das Themeninteresse dieses Milieus unterscheidet sich von anderen Adipositas-risikomilieus. Das Interesse muss über andersgelagerte Themen geweckt werden, etwa Sport oder Erotik.

Anmerkung der Autoren: In den Jahren nach Erstellung dieser Studie haben redaktionelle Gesundheits- und Ernährungsthemen auch in TV-Programmen zusehends an Bedeutung gewonnen.

2.2.6 Ernährungstypologien

Im Ernährungs- und Lebensmittelkontext werden laufend Lebensstiltypologien von unterschiedlichen (Marktforschungs-)Unternehmen veröffentlicht.

- **Beispiele für Ernährungstypologien**
- **GfK Ernährungstypen Österreich:** figurbewusste Gelegenheitsköche, Lifestyle Ökologen, qualitätsbewusste Frischeköche, lebenserfahrene Gourmets, gemütliche Couch-Potatoes, unkritische Fast-Fooder (GfK 2016)
- **GfK Kochtypen Deutschland:** Edelkoch, Alltagskoch, Gelegenheitskoch, Wochenendkoch, Aufwärmer, Snacker, Rohkostbereiter, Außer-Haus-Esser (GfK 2017)
- **Nielsen Food-Studie:** Pragmatiker, Unbekümmerte, Naturnahe, Trendige, Körperbewusste, Gewissensentscheider (Nielsen 2017; Lübbert 2017)
- **Nestlé Ernährungstypen:** leidenschaftslose Pragmatiker, Problembewusste, sorglose Sattesser, Gehetzte, Gesundheitsidealisten, Nestwärmer, moderne Multi-Optionale (Nestlé 2016, 2018)
- **Foodies: Zielgruppenanalyse** Foodies, Light-Foodies, Ernährungsinteressierte, Gewohnheitsköche, Kochmuffel, Ernährungsfunktionalisten (Hemmerling et al. 2016a, b)
- **KeyQUEST Ernährungstypen:** Ernährungsbewusste, Conveniencetyp, Genussesser, Sattesser (KeyQUEST 2018).

Literatur

Bauer U, Bittlingmayer UH (2012) Zielgruppenspezifische Gesundheitsförderung. In: Hurrelmann K, Razum O (Hrsg) Handbuch Gesundheitswissenschaften. Beltz Juventa, Weinheim, S 693–727

Baums J (2006) Ernährungskommunikation und Marketing. In: Barlösius E, Rehaag R (Hrsg) Skandal oder Kontinuität – Anforderungen an eine öffentliche Ernährungskommunikation. Wissenschaftszentrum für Sozialforschung, Berlin, S 111–117

Bergmann K (2000) Der verunsicherte Verbraucher: Neue Ansätze zur unternehmerischen Informationsstrategie in der Lebensmittelbranche. Springer, Berlin

Bonfadelli H, Friemel T (2006) Kommunikationskampagnen im Gesundheitsbereich. Grundlagen und Anwendungen. UVK, Konstanz

Bruhn M (2008) Lebensstilbasierte Segmentierung der Bevölkerung zur Ableitung zielgruppenspezifischer Verbraucherinformationskampagnen. Ernähr Umsch 55(1):20–27

Bruhn M (2014) Marketing – Grundlagen für Studium und Praxis. Springer Gabler, Wiesbaden

Brunner KM, Geyer S, Jelenko M, Weiss W, Astleithner F (2007) Ernährungsalltag im Wandel – Chancen für Nachhaltigkeit. Springer, Wien

Bundesministerium für Umwelt, Naturschutz und nukleare Sicherheit (BMU), Bundesamt für Naturschutz (BfN) (Hrsg) (2018) Naturbewusstsein 2017 – Bevölkerungsumfrage zu Natur und biologischer Vielfalt. BMU & BfN, Berlin

Burzan N (2005) Soziale Ungleichheit. Eine Einführung in die zentralen Theorien. Hagener Studientexte zur Soziologie. VS Verlag, Wiesbaden

Choi J (2016) Who cares for nutrition information at a restaurant? Food-related lifestyles and their association to nutrition information conscious behaviors. Br Food J 118(7):1625–1640

Connors M, Bisogni CA, Sobal J, Devine CM (2001) Managing values in personal food systems. Appetite 36(3):189–200

Diaz-Bone R (2004) Milieumodelle und Milieuinstrumente in der Marktforschung. Forum: Qualitative Social Research 5(2), Art. 28

Dutta-Bergmann MJ (2004) Reaching unhealthy eaters: applying a strategic approach to media vehicle choice. Health Commun 16(4):493–506

Escriba-Perez C, Baviera-Puig A, Buitrago-Vera J, Montero-Vicente L (2017) Consumer profile analysis for different types of meat in Spain. Meat Sci 129:120–126

Fischer S (2016) Vertrauen in Gesundheitsangebote im Internet. Medien + Gesundheit, vol 11. Nomos, Baden-Baden

Flaig B, Barth B (2018) Hoher Nutzwert und vielfältige Anwendung: Entstehung und Entfaltung des Informationssystems Sinus-Milieus®. In: Barth B et al (Hrsg) Praxis der Sinus-Milieus®. Springer, Wiesbaden, S 3–21

GfK (2016) Würstelstand oder Haubenlokal – die Ernährungsgewohnheiten & Vorlieben der Österreicher. ► http://www.gfk.com/fileadmin/user_upload/dyna_content/AT/PM_2016/GfK_Ernaehrungsgewohnheiten_2016_info.pdf. Zugegriffen: 11. Jan. 2018

GfK (2017) Mahlzeit, Deutschland! ► http://www.gfk-verein.org/compact/fokusthemen/mahlzeit-deutschland. Zugegriffen: 11. Jan. 2018

GIK (2018) b4p – best for planning. Gesellschaft für integrierte Kommunikationsforschung (GIM). ► http://www.b4p.media/studienkonzept/. Zugegriffen: 29. Jan. 2018

Grunert KG, Brunso K, Bisp S (1993) Food-related life style: development of a cross-culturally valid instrument for market surveillance. MAPP working paper no 12

Grünewald-Funk D (2013) Zielgruppensegmentierung für die Gesundheitskommunikation im Handlungsfeld Ernährung – ein innovativer Ansatz am Beispiel von Adipositas-Risikogruppen. Dissertation, Justus-Liebig-Universität Gießen

Günter M, Herzog A (2016) Zu Hause beim Durchschnittsschweizer. SRF. ► https://www.srf.ch/sendungen/dok/zu-hause-beim-durchschnittsschweizer. Zugegriffen: 6. Febr. 2018

Hemmerling S, Schütz K, Krestel N, Zühlsdorf A, Spiller A (2016a) Trendsegment Foodies. Die neue Leidenschaft für Lebensmittel. Ergebnisse einer Zielgruppenanalyse für den deutschen Lebensmittelmarkt (kommentiertes Chartbook), Georg-August-Universität Göttingen. ► http://www.agrarmarketing.uni-goettingen.de. Zugegriffen: 11. Jan. 2018

Hemmerling S, Schütz K, Krestel N, Zühlsdorf A, Spiller A (2016b) Trendsegment Foodies. Die neue Leidenschaft für Lebensmittel. Ergebnisse einer Zielgruppenanalyse für den deutschen Lebensmittelmarkt (Textfassung der Studie), Georg-August-Universität Göttingen. ► http://www.agrarmarketing.uni-goettingen.de. Zugegriffen: 11. Jan. 2018

Hoek AC, Luning PA, Stafleu A, de Graf C (2004) Food-related lifestyle and health attitudes of Dutch vegetarians, non-vegetarian consumers of meat substitutes, and meat consumers. Appetite 42(3):265–272

Hornik R, Kelly B (2007) Communication and diet: an overview of experience and principles. J Nutr Educ Behav 39(2 Suppl):5–12

Integral Marktforschung (2017) Die Sinus-Milieus® in Österreich. ► https://www.integral.co.at/downloads/Sinus-Milieus/2018/10/Folder_Sinus_Oesterreich.pdf. Zugegriffen: 28. Dez. 2018

Jenner J (2015) Ort der Ideen. Wie Büros gestaltet sein sollten, damit Mitarbeiter kreativ und leistungsfähig sind. Tagesspiegel Online. ► http://www.tagesspiegel.de/wirtschaft/arbeitsraeume-ort-der-ideen/11340740.html. Zugegriffen: 6. Febr. 2018

Jordan S, von der Lippe E (2012) Angebote der Prävention – wer nimmt teil? In: Robert-Koch-Institut (Hrsg) GBE kompakt 3(5):1–9

Kantar TNS (2018) SemiometrieTM Inside. ► https://www.tns-infratest.com/kernkompetenzen/brand-communication_semiometrie.asp. Zugegriffen: 21. Jan. 2018

KeyQUEST (2018) Ernährungs-MTU. ► http://www.keyquest.at/produkte-services/lebensmittel/ernaehrungs-mtu.html. Zugegriffen: 21. Jan. 2018

Kleinhückelkotten S, Neitzke H-P (2010) Umfrage Naturbewusstsein. Abschlussbericht. ECOLOG-Institut, Hannover

Kleinhückelkotten S, Wegner E (2008) Nachhaltigkeit kommunizieren – Zielgruppen, Zugänge, Methoden. ECOLOG-Institut. ► http://21kom.ecolog-institut.de/fileadmin/user_upload/PDFs/Nachhaltigkeit_kommunizieren.pdf. Zugegriffen: 10. Jan. 2018

Kleinhückelkotten S, Wippermann C, Behrendt D, Fiedrich G, Schürzer de Magalhaes I, Klär K, Wippermann K (2006) Kommunikation zur Agro-Biodiversität. Voraussetzungen für und Anforderungen an eine integrierte Kommunikationsstrategie zu biologischer Vielfalt und genetischen Ressourcen in der Land-, Forst-, Fischerei- und Ernährungswirtschaft (einschließlich Gartenbau). Studie im Auftrag des Bundesministeriums für Ernährung, Landwirtschaft und Verbraucherschutz. ECO-LOG-Institut/Sinus Sociovision, Hannover

Kowalski C, Steinhausen S, Pfaff H, Janßen C (2008) Sozioökonomische Ungleichheit erfordert zielgruppenspezifische Präventionsprogramme. Public Health Forum 16(59). ► https://doi.org/10.1016/j.phf.2008.04.017

Laudenbach P (2017) Wie verändert sich das deutsche Wohnzimmer? brand eins online. ► https://www.brandeins.de/archiv/2017/fortschritt/wozi-deutschlands-haeufigstes-wohnzimmer-jvm-wie-veraendert-sich-das-deutsche-wohnzimmer/. Zugegriffen: 7. Febr. 2018

Leppin A (2003) Gesundheitskommunikation: Ein (nicht mehr ganz so) neues Forschungsfeld. impu!se 39(2):3–4

Leppin A (2014) Konzepte und Strategien der Prävention. In: Hurrelmann K, Klotz T, Haisch J (Hrsg) Lehrbuch Prävention und Gesundheitsförderung. Huber, Bern, S 36–44

Lübbert F (2017) So ticken die sieben Ernährungstypen in Deutschland – neue umfassende Typologie. ► http://www.nielsen.com/de/de/press-room/2017/new-comprehensive-typology.print.html. Zugegriffen: 11. Jan. 2018

Maschkowski G, Büning-Fesel M (2010) Ernährungskommunikation in Deutschland – Definition, Risiken und Anforderungen. Ernähr Umsch 57(10):676–679

Matthäus C (2004) Deutschlands häufigstes Wohnzimmer. Spiegel Online. ► http://www.spiegel.de/wirtschaft/werbeagenturen-deutschlands-haeufigstes-wohnzimmer-a-288099-druck.html. Zugegriffen: 6. Febr. 2018

Mendelsohn H (1973) Some reasons why information campaigns can succeed. Public Opin Q 37(1):50–61

Naidoo J, Wills J (2003) Lehrbuch der Gesundheitsförderung. Bundeszentrale für gesundheitliche Aufklärung BZgA (Hrsg.), Köln

Nestlé (2016) Die Nestlé Studie 2016 – So is(s)t Deutschland. ► https://www.nestle.de/verantwortung/nestle-studie/2016. Zugegriffen: 21. Jan. 2018

Nestlé (2018) Ernährungstypen – Welchen Stellenwert hat Ernährung in Ihrem Leben? ► https://www.nestle.de/verantwortung/nestle-studie/2011/ernaehrungstypen. Zugegriffen: 21. Jan. 2018

Nie C, Zepeda L (2011) Lifestyle segmentation of US food shoppers to examine organic and local food consumption. Appetite 57(1):28–37

Nielsen (2017) Der deutsche Konsument isst bewusst – die Nielsen Ernährungstypologie. ► http://www.nielsen.com/de/de/insights/news/2017/bewusste-esser-2017-11.print.html.   Zugegriffen: 21. Jan. 2018

ORF (2006) Grubers Wohnzimmer. ORF Ö1. ► http://oe1.orf.at/artikel/203149. Zugegriffen: 6. Febr. 2018

O'Sullivan C, Scholderer J, Cowan C (2005) Measurement equivalence of the food related lifestyle instrument (FRL) in Ireland and Great Britain. Food Qual Prefer 16(1):1–12

Pérez-Cueto FJ, Verbeke W, de Barcellos MD, Kehagia O, Chryssochoidis G, Scholderer J, Grunert KG (2010) Food-related lifestyles and their association to obesity in five European countries. Appetite 54(1):156–162

Postel B (2005) Charakterisierung von Lebensstilen durch Wertorientierungen. Wirtschafts- und Sozialwissenschaftliche Fakultät Universität Potsdam, Potsdamer Beiträge zur Sozialforschung, Potsdam

Pott E (2009) Social Marketing und Kampagnen in der Prävention und Gesundheitsförderung. In: Roski R (Hrsg) Zielgruppengerechte Gesundheitskommunikation – Akteure – Audience Segmentation – Anwendungsfelder. VS Verlag, Wiesbaden, S 199–217

Roski R (2009) Zielgruppengerechte Gesundheitskommunikation. Akteure – Audience Segmentation – Anwendungsfelder. VS Verlag, Wiesbaden

Rowe S, Alexander N (2011) The 7 cardinal sins in nutrition communication. Nutr Today 46(6):276–280

Ryan I, Cowan C, McCarthy M, O'Sullivan C (2004) Segmenting Irish food consumers using the food-related lifestyle instrument. J Int Food Agribusiness Mark 16(1):89–114

Sachverständigenrat zur Begutachtung der Entwicklung im Gesundheitswesen (2007) Kooperation und Verantwortung. Voraussetzungen einer zielorientierten Gesundheitsversorgung – Kurzfassung. ► http://www.svr-gesundheit.de/index.php?id=79. Zugegriffen: 28. Jan. 2018

Schiavo R (2007) Health communication: from theory to practice. Jossey-Bass, San Francisco

Schnettler B, Pena JP, Mora M, Miranda H, Sepúlveda J, Denegri M, Lobos G (2013) Food-related lifestyles and eating habits inside and outside the home in the Metropolitan Region of Santiago, Chile. Nutr Hosp 28(4):1266–1273

Scholderer J, Brunso K, Bredahl L, Grunert KG (2004) Cross-cultural validity of the food-related lifestyles instrument (FRL) within Western Europe. Appetite 42(2):197–211

Seitz H (2016) Vom Wissen zum Tun – Grundlagen der Ernährungskommunikation. Tagungsband zur VEÖ Jahrestagung 2016 am 19. Mai 2016 in Wien. Verband der Ernährungswissenschafter Österreichs

Sinus Markt- und Sozialforschung GmbH (2017) Informationen zu den Sinus-Milieus® 2017. Sinus Markt- und Sozialforschung GmbH. ► https://www.sinus-institut.de/veroeffentlichungen/downloads/. Zugegriffen: 12. Jan. 2018

Snyder LB (2007) Health communication campaigns and their impact on behavior. J Nutr Educ Behav 39:32–40

Sorenson D, Henchion M, Marcos B, Ward P, Mullen AM, Allen P (2011) Consumer acceptance of high pressure processed beef-based chilled ready meals: the mediating role of food-related lifestyle factors. Meat Sci 87(1):81–87

Spiekermann U (2006a) Warum scheitert Ernährungskommunikation? Eine Antwort aus kulturwissenschaftlicher Perspektive. In: Barlösius E, Rehaag R (Hrsg) Skandal oder Kontinuität – Anforderungen an eine öffentliche Ernährungskommunikation. Wissenschaftszentrum für Sozialforschung, Berlin, S 39–51

Spiekermann U (2006b) Warum scheitert Ernährungskommunikation? In: Weißen E, Evers B (Hrsg) Ernährungskommunikation – neue Wege – neue Chancen? Tagungsband zum 8. aid-Forum am 11. Mai 2005 in Bonn. aid, Bonn, S. 11–20

SRI International (2018) VALSTM Market Research. ► https://www.sri.com/sites/default/timeline/timeline.php?timeline=business-entertainment#!&innovation=vals-market-research. Zugegriffen: 21. Jan. 2018

Szakály Z, Szente V, Kövér G, Polereczki Z, Szigeti O (2012) The influence of lifestyle on health behavior and preference for functional foods. Appetite 58(1):406–413

Torrissen JK, Onozaka Y (2017) Comparing fish to meat: perceived qualities by food lifestyle segments. Aquaculture Econ Manage 21(1):44–70

van Dillen SM (2006) Identification of nutrition communication styles and strategies: a qualitative study among Dutch GPs. Patient Educ Couns 63(1–2):74–83

von Campenhausen J (2014) Wissenschaft vermitteln – Eine Anleitung für Wissenschaftler. Springer, Wiesbaden

Weitkunat R, Moretti M (2007) Gesundheit und Verhalten. In: Kerr J, Weitkunat R, Moretti M (Hrsg) ABC der Verhaltensänderung – Der Leitfaden für erfolgreiche Prävention und Gesundheitsförderung. Elsevier, München, S 17–21

Weitze MD, Heckl WM (2016) Wissenschaftskommunikation – Schlüsselideen, Akteure, Fallbeispiele. Springer, Heidelberg

Wells WD, Tigert DJ (1971) Activities, interests and opinions. J Advertising Res 11(4):27–35. Zitiert nach: Kroeber-Riel W, Weinberg P, Gröppel-Klein A (Hrsg) Konsumentenverhalten. Vahlen, München, S. 586–587

Wilhelm R (2011) Ernährungskommunikation zur Förderung nachhaltiger Ernährungsstile. Dissertation, Technische Universität München

Zukunftsinstitut (2018) Dossier: Lebensstile. ▶ https://www.zukunftsinstitut.de/dossier/dossier-lebensstile/. Zugegriffen: 6. Febr. 2018

Kommunikationskanäle

Massenmedien sind für die öffentliche Ernährungskommunikation unverzichtbar

© Springer-Verlag GmbH Deutschland, ein Teil von Springer Nature 2019
A. Mörixbauer, M. Gruber, E. Derndorfer, *Handbuch Ernährungskommunikation*,
https://doi.org/10.1007/978-3-662-59125-3_3

Massenmedien sind Mittel – für die Zwecke derer, die sie beherrschen.
(Prof. Querulix, dt. Aphoristiker und Satiriker)

Öffentliche Ernährungskommunikation kommt ohne Massenmedien mit ihrer hohen Reichweite nicht aus. Ernährungsinhalte können über unterschiedlichste Kanäle verbreitet werden. Doch nicht jedes Medium ist für jede Zielgruppe geeignet. Menschen unterscheiden sich in ihrer Mediennutzung, ihrem Informationsverhalten, und sie bewerten die Glaubwürdigkeit einzelner Medien unterschiedlich. Dazu haben Medien unterschiedliche Reichweite, Informationstiefe, Themensetzungspotenzial und Zielgruppenspezifität. Nicht zuletzt hängt die Wahl des Mediums für Maßnahmen der Ernährungskommunikation auch von der Zielsetzung ab.

3.1 Massenmedien gezielt einsetzen

(Ernährungs-)Kommunikation über Massenmedien stellt Information bereit, vermittelt Wissen, Wahrnehmungen, Einstellungen und Verhaltensempfehlungen an breite Bevölkerungsgruppen. Darüber hinaus ist massenmediale Kommunikation auch ein interaktiver Prozess, der in weiterer Folge zu Einstellungs- und Verhaltensänderung führen kann, wenn sich Menschen aktiv mit den erhaltenen Botschaften beschäftigen (Stead et al. 2018).

> **Definition**
>
> Nach Burkhart (2003) sind (Massen-)Medien „Kommunikationsmittel, die durch technische Vervielfältigung und Verbreitung mittels Schrift, Bild oder Ton Inhalte an eine unbestimmte (weder eindeutig festgelegte, noch quantitativ begrenzte) Zahl von Menschen vermitteln und somit an ein anonymes, räumlich verstreutes Publikum".
>
> Laut Lücke (2006) fallen „unter Massenmedien Zeitungen und Zeitschriften, Fernsehen, Radio sowie das (…) Internet. Diese Massenmedien sind grundsätzlich für jedermann zugänglich, richten sich an ein großes, anonymes, räumlich getrenntes Publikum und fungieren nicht explizit als Mittel der Ernährungsaufklärung wie ernährungsbezogene Bücher oder Direktmedien (Broschüren, Mailings, Videos)".
>
> Anm. der Autoren: Zum Internet zählen heute auch die sozialen Medien (Stead et al. 2018) und damit auch der große und immer wichtiger werdende Bereich der Onlinevideos.

3.1.1 Mediale Vielfalt ermöglicht zielgruppenspezifische Ansprache

Die große Anzahl und damit verbundene Differenzierung der Angebotsformen und -kanäle erlaubt einerseits eine gezielte Ansprache einzelner Gesellschaftsgruppen. Sie erfordert jedoch andererseits, v. a. bei bevölkerungsweiten Kampagnen

(▶ Abschn. 4.2), eine detaillierte Kenntnis des Mediennutzungsverhaltens diverser Zielgruppen und der Eigenschaften relevanter Medienkanäle, über die diese Gruppen erreicht werden können. Damit ist eine fundierte Mediaplanung zu einem wesentlichen Bestandteil gesundheitskommunikativer Maßnahmenplanung geworden, die sich über verschiedene Mediensparten erstreckt (Nöcker 2016). Manche Autoren gehen davon aus, dass mittlerweile der Großteil der Verbraucherkommunikation online stattfindet und speziell die sozialen Medien einer der Zukunftsbereiche der Ernährungskommunikation sein wird (▶ Abschn. 3.5.3; Maschkowski und Büning-Fesel 2010; Endres 2018).

3.1.2 Was sollen massenmediale Botschaften erreichen?

Die Wahl des Mediums für Maßnahmen der Ernährungskommunikation hängt u. a. von der Zielsetzung ab. Ziele von Kommunikationsmaßnahmen im Vorfeld konkret zu definieren gehört zu jeder guten Planung.

Mögliche Ziele der Verbreitung von Ernährungsinformationen (nach Rossmann et al. 2018):
- Aufmerksamkeit für ein Thema erzeugen,
- Informationen und Wissen vermitteln,
- Selbstbezug herstellen,
- Einstellungen verstärken oder verändern,
- Verhalten verändern.

3.1.3 Wenig Evidenz für Verhaltensänderung, aber eine wichtige Basis

Der Einfluss massenmedialer Kommunikation auf das Gesundheitsverhalten der Menschen wird eher zurückhaltend beurteilt (Nöcker 2016). Man geht davon aus, dass sich eine evidente Einstellungs- oder Verhaltensänderung nicht allein aufgrund einer einzigen Botschaft oder Kampagne durchsetzt. Vielmehr sind dazu Gespräche mit Familie, Freunden oder in der Schule von Bedeutung. Als Input solcher Gespräche dürften aber Gesundheitsbotschaften und Kampagnen (▶ Abschn. 4.1) eine wichtige Rolle spielen (Pfister 2012).

Die Evidenz für die Wirkung von Ernährungskommunikation über Massenmedien ist daher schwach (Stead et al. 2018). Nicht zuletzt deshalb, weil Ernährungskommunikation über Massenmedien schwer evaluiert werden kann, da es keine Kontrollgruppe gibt, an der man den Erfolg messen kann (Klotter 2011). Allerdings bilden massenmedial vermittelte Ernährungsinformationen einen wichtigen ersten Schritt zur Verhaltensänderung (Lücke 2006). Sie setzen v. a. auf den ersten Stufen der Verhaltensänderung an (▶ Abschn. 3.4.1).

Massenmediale Gesundheitsbotschaften scheinen außerdem auch nur dann langfristig Erfolg zu haben, wenn sowohl das soziale als auch das politische Umfeld die Verhaltensänderung fördert bzw. die Voraussetzungen dafür bereitstellt (Verhältnisprävention) (Pfister 2012).

3.1.4 Die richtige Medienauswahl

Kommunikation ist kein einfacher, linearer Übertragungsprozess von Information, sondern ein interpretativer Vorgang. Dieser wird wesentlich von den Rezipienten selbst bestimmt, sodass das Kommunikationsergebnis in der Regel ungewiss ist. Kommunikation beginnt demnach erst mit dem Verstehen und nicht, wie oft angenommen, bereits mit der Verbreitung einer Mitteilung (Nöcker 2016).

Aus der kognitiven Psychologie ist bekannt, dass das Format der präsentierten Botschaft dafür mitverantwortlich ist, ob eine Botschaft verstanden und erinnert wird. Daher ist die konkrete Auswahl der Medienkanäle für Ernährungsbotschaften eine wichtige Entscheidung und sollte folgende drei Faktoren berücksichtigen (Slater 2007, zit. nach Pfister 2012, S. 180):

- die Phase der Veränderung nach dem Stages-of-Change-Modell (Transtheoretisches Modell; ▶ Abschn. 3.4.1),
- das Mediennutzungsverhalten, also die Vorlieben und Neigungen der Zielgruppe(n) bezüglich bestimmter Medien (▶ Abschn. 3.2),
- die verfügbaren Ressourcen (Zeit, Geld, Kompetenz).

Mögliche wünschenswerte Wirkungsbereiche der Kommunikation durch Massenmedien (nach Nöcker 2016 und Lücke 2006):

- Sie wecken die Aufmerksamkeit (▶ Abschn. 3.4.3) für ein Thema und schaffen ein günstiges Klima für gesundheitsförderliches Verhalten.
- Sie bieten Gesprächsstoff im Familien-, Freundes- und Bekanntenkreis, was zu einer verstärkten Auseinandersetzung mit Ernährungsthemen und einer Schärfung des Problembewusstseins führt.
- Sie können Aktivitäten und präventive Angebote bekannt machen, die ohne diese Aufmerksamkeit von den Rezipienten gar nicht in Anspruch genommen würden. Sie tragen damit zur verbesserten Ressourcenwahrnehmung bei.
- Massenkommunikativ verbreitete Botschaften können bestehendes Verhalten absichern bzw. verstärken.
- Massenmedial verbreitete Informationen können Wissenslücken verringern oder falsche Informationen korrigieren.
- Medien sind eine Quelle für Beobachtungslernen. Dort präsentierte Vorbilder (Testimonials) sind Lernmodelle, die über Identifikation nachgeahmt werden können (▶ Abschn. 4.8).

Abgesehen von diesen intendierten Wirkungen, besteht jedoch auch das Risiko unerwünschter Wirkungen, wie in ▶ Abschn. 1.4 beschrieben.

Insgesamt wird der Markt an Ernährungsinformationen immer unüberschaubarer und die Medienabdeckung dieses Themas ist enorm (u. a. Bleicher und Lampert 2003; Baumann 2003; Fernández-Celemin und Jung 2006; Rossmann et al. 2018). Die folgenden Abschnitte geben daher einen Überblick über das Mediennutzungs- und Informationsverhalten von Menschen, die Medienwirkung sowie einzelne Kanäle.

3.2 Mediennutzungsverhalten

Wenn Menschen Massenmedien nutzen, wählen sie zuerst das Medium selbst und dann innerhalb dessen ein bestimmtes Angebot. Diese Auswahl kann gewohnheitsmäßig oder bewusst, also inhaltlich geleitet und selektiv, erfolgen. Die Motivation, ein bestimmtes Medienangebot auszuwählen, kann unterschiedlich sein: Entspannung, Unterhaltung oder Information. Abhängig davon ist dann, welche Inhalte man wie wahrnimmt (Lücke 2006).

Trotz des Wandels von der Offline- zur Onlinekommunikation spielen die „klassischen" Angebotsformen wie lineares Fernsehen und Radio, gedruckte Zeitungen und Zeitschriften im täglichen Medienkonsum der Gesamtbevölkerung nach wie vor eine große Rolle (◘ Abb. 3.1). Doch die digitale Nutzung entsprechender Onlineangebote steigt. Ermöglicht hat dies der Siegeszug von Smartphones und Tablets, die vermehrt unterwegs und nicht mehr nur in den eigenen vier Wänden genutzt werden (◘ Abb. 3.2).

Fernsehen erzielt in Bezug auf die Gesamtbevölkerung immer noch die höchste Reichweite. Insgesamt ist das Fernseh- bzw. Smart-TV-Gerät – gefolgt von Radio und Smartphone – das meistgenutzte Gerät (◘ Abb. 3.3). Die Zuschauerzahlen steigen in allen Altersgruppen ab mittags an und erreichen zwischen 20 und 22 Uhr ihren Höhepunkt. Generell nimmt der Fernsehkonsum zu, je älter die Menschen sind. Jugendliche und junge Erwachsene verabschieden sich gerade vom linearen Fernsehen und nutzen immer häufiger nonlineare Angebote, die sie zeit- und ortsunabhängig konsumieren, wie Onlineangebote der Sender, Streamingdienste, Mediatheken oder YouTube-Kanäle. Dementsprechend ist in dieser Altersgruppe mittlerweile das Smartphone das am häufigsten genutzte Gerät, gefolgt von Fernseher/Smart-TV und Radiogeräten (Wirtz 2013; Engel et al. 2018; Frees und Koch 2018; Feierabend et al. 2018; Heinzlmaier et al. 2018).

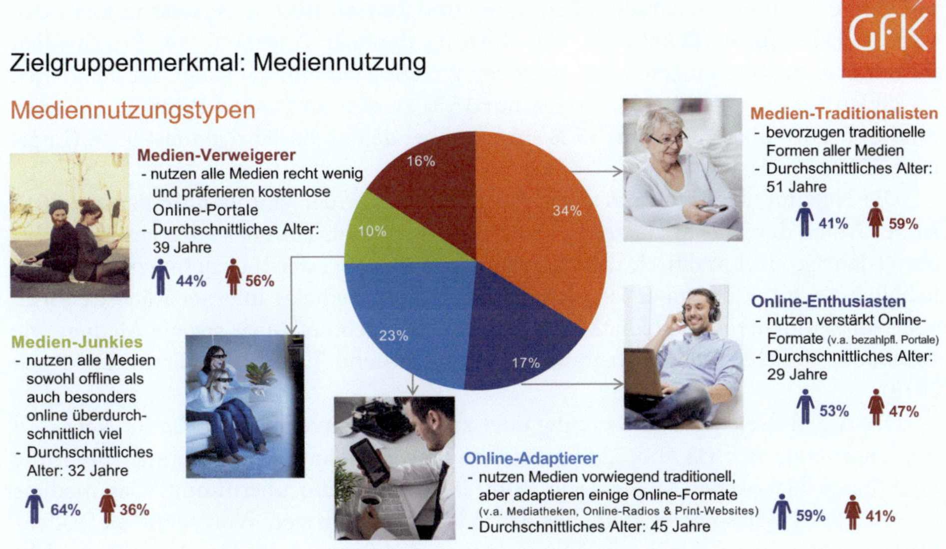

◘ **Abb. 3.1** Mediennutzungstypen. (© GfK Austria GmbH 2018)

3

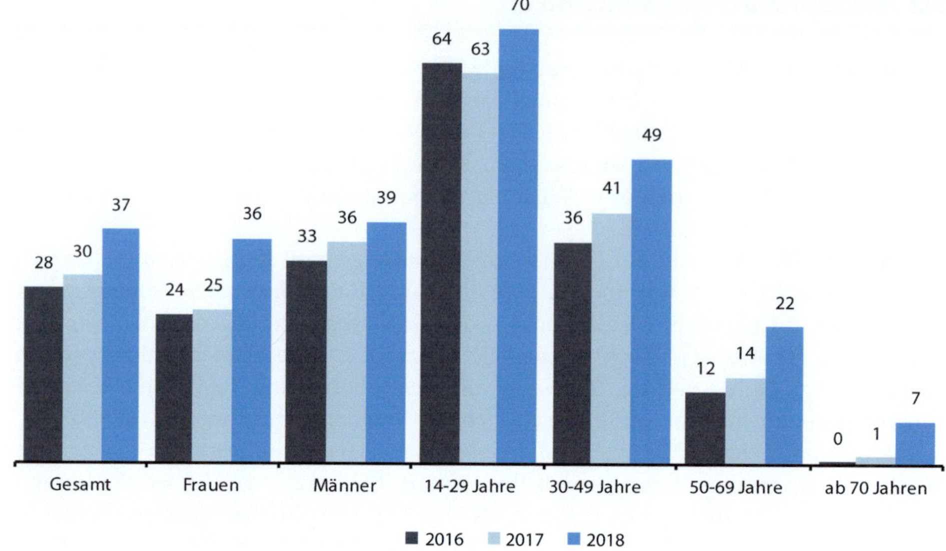

Frage "Wie häufig gehen Sie unterwegs ins Internet?"
Basis: Deutschspr. Bevölkerung ab 14 Jahren in Deutschland (2018: n=2 009; 2017: n=2 017; 2016: n=1 508)

Quellen: ARD/ZDF-Onlinestudien 2016-2018

Abb. 3.2 Internetnutzung der Gesamtbevölkerung unterwegs 2016 bis 2018 – täglich genutzt, in %. (Quelle: Frees und Koch 2018. © ARD/ZDF)

Radio wird als typisches Begleitmedium eher nebenbei gehört und erreicht insbesondere die ältere Generation. **Zeitungen und Zeitschriften** lesen zwar immer noch viele in Papierform (■ Abb. 3.4), die Nutzung digitaler Angebote von Printmedien nimmt aber bei den jüngeren Generationen zu. Die Printaffinität steigt mit dem Alter. So zählen bei den 14- bis 29-Jährigen nur 15 % zu den umfassend Printaffinen, während es bei 30- bis 59-Jährigen 35 % sind und bei den ab 60-Jährigen fast 50 % (Engel et al. 2018).

Die Nutzung des **Internets** steigt seit Ende der 1990er-Jahre kontinuierlich. 2018 ist der Anteil der Internetnutzer in Deutschland erstmals auf über 90 % gestiegen. 14- bis 39-Jährige sind praktisch täglich online. Potenzial bei der Internetnutzung besteht lediglich noch bei den über 70-Jährigen. Vor allem mediales Internet wächst enorm: Videostreamingdienste, Mediatheken und Audioangebote. Auch soziale Medien wie Facebook, YouTube oder Instagram bieten zunehmend TV-Inhalte (Frees und Koch 2018).

Der Anteil derjenigen, die ständig oder zumindest mehrmals am Tag im Netz sind steigt kontinuierlich (■ Abb. 3.5). Es ist eine Universalplattform, die immer mehr die Funktionen klassischer Medien wie Print, TV und Radio übernimmt. Das mediale Internet boomt besonders stark bei den 14- bis 29-Jährigen. Vor allem die Video-Plattform YouTube verdrängt bei Jugendlichen zunehmend das klassische Fernsehen

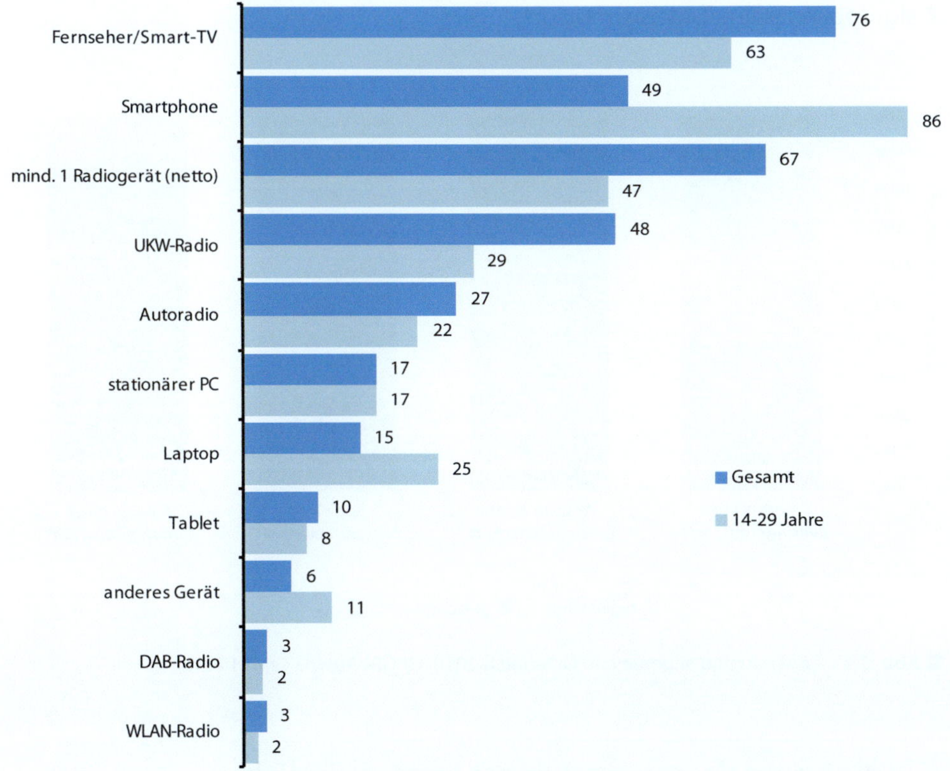

■ Abb. 3.3 Gerätenutzung 2018, Nutzung gestern, in %. (Quelle: Frees und Koch 2018. © ARD/ZDF)

(Frees und Koch 2018; Education Group GmbH 2017). Zusätzlich besitzt das Internet ganz spezifische Möglichkeiten, allen voran jene der Interaktivität. Langfristig wird die Internetnutzung in allen Altersgruppen flächendeckend und ein selbstverständlicher Lebensraum und Teil der Kultur sein (Endres 2018; Heinzlmaier et al. 2018).

Warum welches Medium gewählt wird, hängt auch von den Nutzungsmotiven ab. Anhand des Vergleiches der beiden folgenden Abbildungen (■ Abb. 3.6 und 3.7) lässt sich gut erkennen, dass in allen Generationen v. a. Fernsehen und Radio für Spaß, Entspannung und Ablenkung sorgen. Für Jugendliche ist das Internet als Unterhaltungs- und Ablenkungsmedium aber ebenso wichtig. Als Informationsmedium ist für ältere Zielgruppen das Fernsehen am wichtigsten, während dies bei Menschen unter 30 Jahren das Internet ist (Breunig und Engel 2015).

Zielgruppenmerkmal: Mediennutzung

Print-Nutzung allgemein

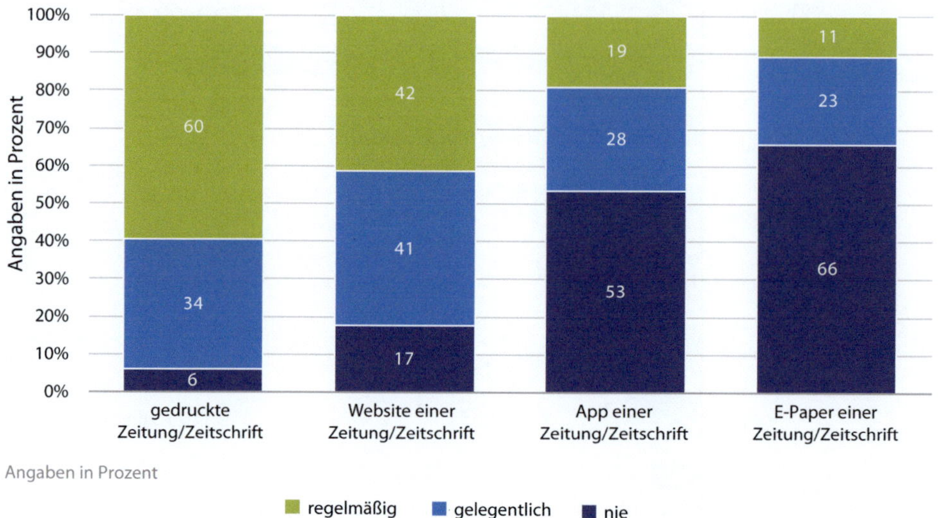

◼ Abb. 3.4   Printnutzung allgemein in Österreich 2018. (© GfK Austria GmbH 2018)

Die Nutzungsfrequenz wächst kontinuierlich

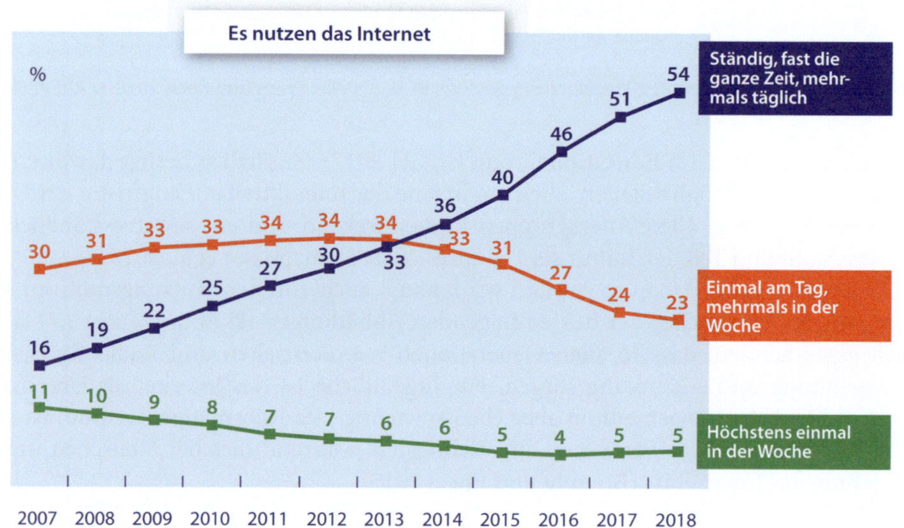

◼ Abb. 3.5   Die Internetnutzung steigt kontinuierlich. (Quelle: Köcher 2018. © IfD Allensbach)

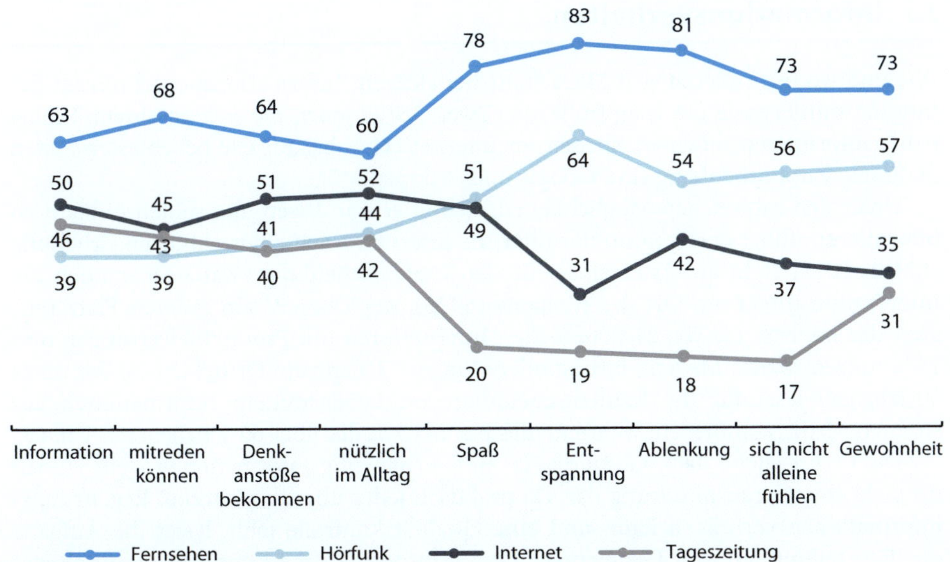

Befragte, die mindestens zwei Medien mehrmals im Monat nutzen, n=4 120 (gewichtet)
Quelle: ARD/ZDF-Langzeitstudie Massenkommunikation

◨ Abb. 3.6 Nutzungsmotive für die Medien im Direktvergleich, Personen ab 14 Jahre, „trifft am meisten/an zweiter Stelle zu auf", in %. (Quelle: Breunig und Engel 2015. © ARD/ZDF)

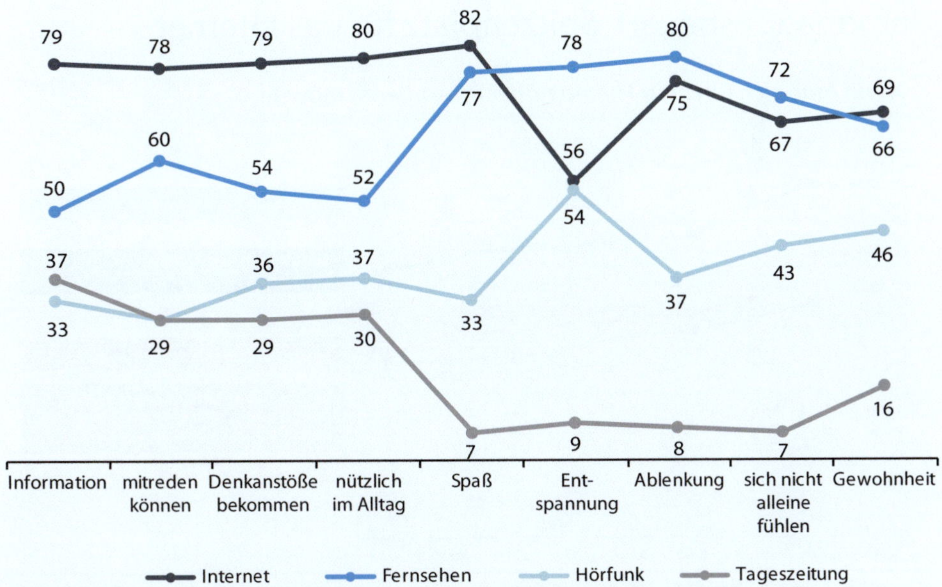

Basis: Befragte, die mindestens zwei Medien mehrmals im Monat nutzen, n=837 (gewichtet)
Quelle: ARD/ZDF-Langzeitstudie Massenkommunikation

◨ Abb. 3.7 Nutzungsmotive für die Medien im Direktvergleich – junge Zielgruppe, Personen 14–29 Jahre, „trifft am meisten/an zweiter Stelle zu auf", in %. (Quelle: Breunig und Engel 2015. © ARD/ZDF)

3.3 **Informationsverhalten**

Wie und wo informieren sich Menschen? Bei aktivem Informationsbedarf nimmt das Internet mittlerweile die Hauptrolle ein. Zwei Drittel jener, die sich zu einem Thema näher informieren möchten, suchen im Internet (◨ Abb. 3.8). Die beliebtesten Seiten in diesem Zusammenhang sind Google und Wikipedia.

Unter den zahlreichen Möglichkeiten, sich über sein Essen und seinen Einkauf zu informieren, führt der Weg immer öfter ins Internet. Nach einer aktuellen Erhebung (BMEL 2017) steht an erster Stelle für die Kaufentscheidung zwar immer noch die Information direkt am Ort des Einkaufs (69 %), doch bereits am zweiten Platz rangiert das Internet (42 %), 21 % besuchen Internetforen mit Produktbewertungen und 14 % nutzen soziale Medien, insbesondere Jüngere. Knapp ein Drittel (31 %) der unter 30-Jährigen lässt für die Kaufentscheidung von Lebensmitteln Informationen aus sozialen Medien einfließen, während dies nur bei 4 % der über 60-Jährigen der Fall ist.

Die Onlinesuche nach Gesundheits- und Ernährungsinformationen stellt jedoch für viele eine Herausforderung dar. Da praktisch jeder über das Internet Ernährungsinformationen verbreiten kann und eine Qualitätskontrolle fehlt, lastet die Aufgabe der Beurteilung auf den Rezipienten. Dies erfordert Aufmerksamkeit, Gesundheits- bzw. Ernährungs- und Medienkompetenz. Die Nutzer müssen entscheiden, ob sie einer Quelle vertrauen. Ein grundlegender Mechanismus dabei ist die Einschätzung

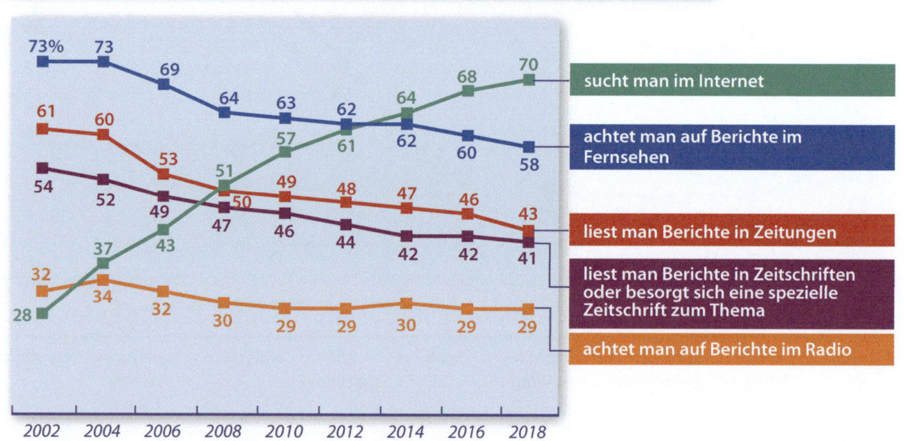

◨ **Abb. 3.8** Informationsverhalten bei aktiviertem Informationsbedarf. (Quelle: Köcher 2018. © IfD Allensbach)

der Interessen und Motive des Informationsanbieters. Sobald Nutzer einer Quelle vertrauen, verwenden sie diese immer wieder. Damit erhält eine Onlinequelle, der Rezipienten vertrauen, großen Einfluss auf deren Entscheidungen und Handlungen (Rossmann et al. 2018; Fischer 2016).

Im Vergleich der Massenmedien untereinander liegt jedoch das Internet im Glaubwürdigkeitsranking weit hinter Print und TV. Hier attestieren viele nach wie vor dem öffentlich-rechtlichen Fernsehen und Tageszeitungen die höchste Glaubwürdigkeit (◘ Abb. 3.9). Das bedeutet, Mediennutzer schreiben diesen Kanälen und Absendern die höchste Verlässlichkeit zu.

3.3.1　Faktoren für das Informationsverhalten

Wie sich Menschen auf der Suche nach Informationen verhalten, hängt von verschiedensten Faktoren ab. Rossmann et al. (2018) fassen verschiedene Modelle der **Gesundheitsinformationssuche im Internet** zusammen und nennen folgende vier Determinanten:

1. situationsübergreifende individuelle Faktoren (z. B. Alter, Geschlecht, sozioökonomischer Status, gesundheitsbezogene Merkmale),
2. situative individuelle Faktoren (z. B. Gesundheitszustand),
3. das Umfeld und Kontextfaktoren,
4. die Eigenschaften des Mediums bzw. der Botschaft.

Im Glaubwürdigkeitsranking liegen soziale Netzwerke und generell das Internet weit hinter TV und Print

Es haben Vertrauen in die Glaubwürdigkeit der Informationen durch –

öffentlich-rechtliches Fernsehen	70 %
Lokalzeitungen	64
öffentlich-rechtliche Radiosender	64
überregionale Tageszeitungen	61
Fachzeitschriften	55
Nachrichtenmagazine wie DER SPIEGEL, FOCUS	53
Wochenzeitungen	42
Wirtschaftszeitungen und -zeitschriften	37
Onlineangebote von Zeitungen	26
Onlineangebote von Zeitschriften (Spiegel.de, Stern.de)	20
Privatfernsehen (RTL, SAT1 usw.)	15
Onlineangebote von Radio- oder Fernsehsendern	14
Internetseiten von Onlinediensten	8
Blogs, Internetforen	8
soziale Netzwerke	7

Basis: Bundesrepublik Deutschland, Bevölkerung ab 16 Jahre
Quelle: Allensbacher Archiv, IfD-Umfrage 11077

© IfD-Allensbach

◘ **Abb. 3.9**　Glaubwürdigkeitsranking verschiedener Medien. (Quelle: Köcher 2018. © IfD Allensbach)

Situationsübergreifende individuelle Faktoren: Für Menschen ab 50 Jahren ist Gesundheit das interessanteste Thema. Online und eHealth-Angebote nutzen jedoch eher Jüngere. Generell beschäftigen sich Frauen mehr mit Gesundheitsthemen. So ist laut BMEL-Ernährungsreport 2018 etwa für 96 % der Frauen wichtig, dass ihr Essen gesund ist, für Männer gilt dies nur zu 88 % (BMEL 2017). Vergleicht man diese Daten mit ◘ Abb. 2.5 erscheinen sie allerdings sehr optimistisch. Aufgrund fehlender Suchfähigkeiten suchen Menschen mit niedrigem sozioökonomischen Status im Internet seltener nach Gesundheitsinformationen. Je größer das Gesundheitsbewusstsein ist, desto höher ist tendenziell auch die Zahl der genutzten Informationsquellen.

Situative individuelle Faktoren: Ausgangspunkt für eine aktive Suche ist oft ein wahrgenommenes Informationsdefizit. Allerdings kann der emotionale Zustand nach einer Diagnose die Informationssuche auch blockieren. Ängste oder Schuldgefühle können hier Vermeidungsstrategien auslösen.

Umfeld und Kontextfaktoren: Stimmt das Informationsbedürfnis mit jenem des persönlichen Umfelds, z. B. der Familie, überein, erhöht dies die Wahrscheinlichkeit für eine aktive Informationssuche, da die Ergebnisse mit anderen besprochen werden können. Hier spielen auch Onlineangebote wie Foren eine wichtige Rolle für den Austausch.

Eigenschaften des Mediums bzw. der Botschaft: Ob die Informationssuche vorangetrieben wird, hängt u. a. damit zusammen, wie nützlich die Information erscheint, wie glaubwürdig das Medium ist und ob man sich beeinflusst oder manipuliert fühlt.

Auch die Ziele der Informationssuche können differieren (Rossmann et al. 2018):

- Informiertheit (z. B. eine Krankheit verstehen, Therapiemöglichkeiten ausloten),
- Empowerment (die eigene Kontrolle im Umgang mit der Krankheit oder dem Ernährungszustand steigern),
- Austausch mit anderen (z. B. in Abnehm- oder Patientenforen).

3.4 Medienwirkung

Aus der Empirie ergeben sich laut Kroeber-Riel et al. (2009) drei verschiedene Wirkarten von Medien: Informationswirkung (Wissensvermittlung), Beeinflussungswirkung (Meinungsverstärkung) und Überzeugungswirkung (Einstellungsänderung). Eine Verhaltensänderung ist über Massenmedien zwar grundsätzlich möglich, aber gerade im Ernährungsverhalten bei weitem am schwierigsten (Hamadeh 2017). Gemäß der Wirkungshierarchie der Kommunikation (◘ Abb. 3.10) haben Massenmedien ihre Stärke v. a. darin, bei möglichst vielen Menschen Aufmerksamkeit für ein Thema oder eine Botschaft zu wecken.

Zur Erklärung der Wirkung von Medien existieren zahlreiche theoretische Modelle. Deshalb seien hier nur Schlüsselkonzepte genannt. Etwa das Transtheoretische Modell der Verhaltensänderung (Stages-of-Change), die Selektivität, die u. a. anhand des Uses-and-Gratification-Approachs und von Agenda-Setting erklärt werden kann, sowie die Bedeutung des Involvements der Rezipienten (Lücke 2006; Schenk 2007).

◘ Abb. 3.10   Wirkungshierarchie der Kommunikation. (Quelle: Lücke 2006, S. 43)

3.4.1 Transtheoretisches Modell der Verhaltensänderung (Stages-of-Change)

Das Transtheoretische Modell (TTM) der Verhaltensänderung (Prochaska et al. 1992, 1994; Prochaska und Velicer 1997) ist das weltweit bewährteste Interventionsmodell zur Änderung des Gesundheitsverhaltens. Es ist umfassend evaluiert (Klotter 2009). Im Hinblick auf die Integration verschiedener Zielgruppen scheint deshalb eine Verknüpfung mit dem TTM äußerst sinnvoll.

Nach dem TTM findet eine Verhaltensänderung nicht von einem Tag auf den anderen statt, sondern sie ist ein Prozess, der in sechs typischen Phasen abläuft (◘ Abb. 3.11). Die Zuordnung richtet sich nach der motivationalen Ausgangslage, nach Absichten hinsichtlich zukünftigen Verhaltens und auch nach vergangenen Erfahrungen (Prochaska und Velicer 1997). Kommunikationskampagnen im Gesundheitsbereich, die auf eine Verhaltensänderung der Rezipienten zielen, beachten noch immer zu selten, dass viele Zielgruppen noch weit von dem Gedanken an eine Änderung ihrer Gewohnheiten entfernt sind. Darum ist es sinnvoller, die Zielsetzung in mehrere Teilschritte zu untergliedern und Kommunikationsstrategien auf das jeweilige Stadium der Verhaltensänderung abzustimmen. Personen in unterschiedlichen Stadien des Verhaltensänderungsprozesses benötigen unterschiedliche Botschaften, um zu handeln (Pfister 2012).

Verhaltensänderungen sind immer mit einer gewissen Anstrengung verbunden. Insbesondere eine Ernährungsumstellung ist, etwa im Vergleich zu einer Grippeschutzimpfung, mit deutlich mehr Aufwand verbunden, weil sie sich auf weitere Gewohnheiten wie Einkaufen, soziales Miteinander, Zubereitung usw. auswirkt (DiClemente 2007).

Die sechs Stufen zur Verhaltensänderung nach dem Transtheoretischen Modell (Prochaska und Velicer 1997; Nuber 2003):

1. **Stufe Abwehren (Precontemplation):** Menschen auf dieser Stufe sehen keine Notwendigkeit, sich zu verändern, obwohl Familie und Freunde häufig bereits erkennen, dass der Betroffene ein Problem hat. Doch dieser will nichts lesen, nichts hören und nichts sehen, was ihn zum Nachdenken bringen könnte. Gründe für das Abwehrverhalten können sein, dass diese Personen zu wenig

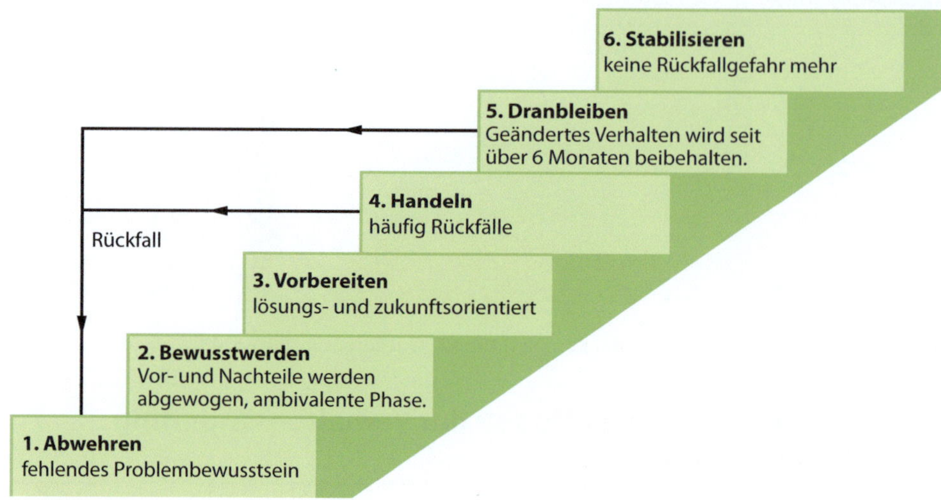

◼ **Abb. 3.11**   Die sechs Stufen zur Verhaltensänderung. (Nach Prochaska und Velicer 1997)

wissen und die Folgen ihres gesundheitsschädlichen Verhaltens nicht kennen. Oder sie sind demotiviert, weil frühere Veränderungsversuche fehlgeschlagen sind. Oft reagieren sie auf sozialen Druck mit einer Trotzreaktion („Jetzt erst recht nicht!"). Vor allem Männer verhalten sich abwehrend, wenn es um Selbstveränderung geht. Frauen sind offener für Informationen.

2. **Stufe: Bewusstwerden (Contemplation):** Menschen in dieser Phase haben erkannt, dass sie ein problematisches Gesundheitsverhalten zeigen und etwas passieren muss. In dieser Phase wägen sie die Vor- und Nachteile einer Verhaltensänderung ab, wobei die Nachteile in der individuellen Betrachtung (noch) überwiegen oder sich beides die Waage hält. In dieser ambivalenten Phase können Menschen sehr lange verharren, sie fühlen sich wie gelähmt. Die Betroffenen lesen Bücher und Internetseiten, besuchen Seminare und Vorträge. Zwar ist der Wunsch nach Veränderung groß, für handlungsorientierte Maßnahmen sind sie aber (noch) nicht bereit.

3. **Stufe: Vorbereiten (Preparation):** Diese unterscheidet sich in zwei wesentlichen Punkten von Stufe zwei. a) Die Betroffenen konzentrieren sich nun mehr auf die Lösung als auf das Problem. b) Sie denken mehr an die Zukunft als an die Vergangenheit. Menschen in dieser Phase haben den festen Vorsatz, bald aktiv zu werden. Sie haben bereits einen Handlungsplan, lesen z. B. Selbsthilfebücher oder -broschüren, nehmen Beratung in Anspruch oder schreiben sich im Fitnessstudio ein. Personen in dieser Phase sind empfänglich für handlungsorientierte Maßnahmen. Oft fühlen sich Menschen in dieser Phase am wohlsten, weil allein der Entschluss für eine Veränderung ein positives Gefühl verursacht. Dabei ist noch nichts in die Tat umgesetzt.

4. **Stufe: Handeln (Action):** Der Schritt von der Vorbereitungs- in die Handlungsphase gelingt am besten, wenn ein handlungsbezogener Plan vorliegt. Doch Handeln bedeutet noch nicht Veränderung. Ohne möglichst konkrete Vorbereitung bleibt neues Verhalten instabil. Daher kommt es in dieser Phase oft zu Rückfällen in alte Handlungsmuster.

5. **Stufe: Dranbleiben (Maintenance):** Gelingt es Personen über rund sechs Monate lang, eine Verhaltensänderung beizubehalten, kommen sie in das Stadium der Aufrechterhaltung. Nun arbeiten sie intensiv daran, die Veränderung beizubehalten und Rückfälle zu vermeiden. Diese Stufe kann bis zu fünf Jahre dauern. Der Großteil erleidet immer wieder Rückfälle in frühere Stadien, meist auf die Stufen Bewusstwerden oder Vorbereiten. Die größten Gefahren auf dieser Stufe sind sozialer Druck, Überschätzung der eigenen Willenskraft und Stresssituationen. Die Studien von Prochaska zeigen, dass Rückfälle nicht die Ausnahme, sondern die Regel sind. Wichtig ist es, darauf vorbereitet zu sein und zu wissen, dass Erfolgreiche im Durchschnitt fünf Anläufe hinter sich haben, ehe sie ihr Ziel erreichen.

6. **Stufe: Stabilisieren (Termination):** Hier sind die alten Gewohnheiten endgültig überwunden, und die Betroffenen unterliegen keinen Versuchungen mehr, die sie in alte Verhaltensmuster zurückwerfen, sie empfinden hohe Selbstwirksamkeit. Allerdings ist dies ein Ideal, das nicht alle Menschen erreichen. Realistisch verweilen viele lebenslang im fünften Stadium der Aufrechterhaltung.

Auf den Stufen Bewusstwerden und Vorbereiten sind Menschen offen für Informationen. Hier gilt es, in der Ernährungskommunikation v. a. Aufmerksamkeit für Ursachen, Konsequenzen und Maßnahmen in Bezug auf das problematische Verhalten zu schaffen und weiterführende Informationen anzubieten. Medienkampagnen sind dafür eine geeignete Maßnahme. Bei Menschen, die sich in der Abwehrphase befinden, werden diese dagegen kaum Erfolg zeigen. Für Zielgruppen auf den Stufen Handeln und Dranbleiben sind Unterstützung durch andere Menschen und konkrete Strategien eine wesentliche Hilfe. Hier sollten massenmediale Kampagnen unbedingt mit anderen Maßnahmen personeller Art (Beratungsangebote, Trainings, Verhältnisänderung u. Ä.) kombiniert werden.

3.4.2 Uses-and-Gratification-Approach

Aus dem Uses-and-Gratification-Ansatz (Nutzen- und Belohnungsansatz) bzw. handlungsorientierten Nutzenansatz von Rencksdorf (1989, 1992) ergibt sich eine sehr selektive Medienzuwendung und -verarbeitung. Diese Theorie geht davon aus, dass Menschen Medien konsumieren, weil sie sich davon eine Art von Belohnung, einen Nutzen, erwarten. Der Nutzen kann sehr unterschiedlich sein, etwa Information, Entspannung oder Unterhaltung. Die Rezeption von Medien wird dabei als aktives, sinnhaftes und zielorientiertes Handeln verstanden. Die Mediennutzer nehmen somit eine aktive Rolle im Prozess der Massenkommunikation ein.

Inhalte und Botschaften in Medien sind immer interpretationsbedürftige Objekte. Je nach aktueller Bedürfnislage, psychologischer Struktur, sozialer Position und individuellen

Lebenserfahrungen können Mediennutzer damit sehr subjektiv umgehen. Nach Burkhart (2003) gilt: Nahezu jeder Inhalt kann vom Rezipienten auf nahezu beliebige Weise interpretiert und benutzt werden. Grund ist, dass sich Menschen bei der Auswahl von Medien und Kontexten von ihren eigenen Normen, Wünschen und Werten leiten lassen (Burkhart 2003).

So suchen Rezipienten nach der Verstärkerhypothese eher nach Informationen, die ihr Verhalten bestätigen. Informationen, die ihrem Verhalten, ihren Meinungen oder Einstellungen widersprechen, erzeugen eine innere Spannung. Sie werden eher vermieden und führen daher zu einer selektiven Wahrnehmung. Dazu kommt das Phänomen der Reaktanz: Merken Rezipienten, dass sie beeinflusst werden sollen, zeigen sie eher gegenteiliges Verhalten, als das mit dem Medieninhalt intendierte (Bonfadelli und Friemel 2006; Burkhart 2003).

> **Einstellungen, die auf rationalen Überlegungen und nützlichen Erwägungen beruhen, lassen sich eher durch rationale Argumente verändern. Während Einstellungen, die auf Emotionen beruhen, eher durch emotionale Botschaften veränderbar sind (Fabrigar und Petty 1999).**

All das ergibt, dass die Zuwendung zu Medien und die Verarbeitung der Inhalte sehr selektiv und individuell erfolgt. Deshalb gilt auch in diesem Zusammenhang die Orientierung an der Zielgruppe. Die Botschaften müssen sich an den Bedürfnissen, der sozialen Lage, dem Bildungsniveau und den Meinungen und Einstellungen orientieren. In Kombination mit zielgruppenspezifischen Mediennutzungs- sowie Markt- und Meinungsforschungsdaten und der Berücksichtigung von sozialen Milieus (▶ Abschn. 2.2.5) können Inhalte sowie die Wahl der konkreten Medien an die Zielgruppe angepasst werden (Schenk 2007).

Beispielsweise sind Kinder und Jugendliche besonders empfänglich für Ernährungsbotschaften und Produktinformationen, die in Massenmedien von Prominenten unterstützt oder beworben werden. Insbesondere Mädchen aus Familien unterer sozioökonomischer Schichten sind dafür empfänglich. Diese Motivations- und Vorbildwirkung solcher Celebrities könnte daher auch in der Ernährungskommunikation eine wichtige Rolle spielen (Maheshwar et al. 2018). Voraussetzung ist allerdings, dass die für die jeweilige Gruppe relevanten und gerade aktuell beliebten Medienvorbilder bekannt sind und einbezogen werden können. Hier helfen Jugendkulturstudien, die u. a. regelmäßig Kinder- und Jugendidole erheben (◘ Abb. 3.12).

Auch einschneidende Lebensereignisse wie Schwangerschaft und Elternschaft fördern die Auseinandersetzung mit Ernährungsthemen und die Reflexion des eigenen Ernährungsverhaltens. Höhn und Voigt (2019) zeigen, dass bei Paaren mit Kinderwunsch, Schwangeren und Eltern von Kindern ein hohes normatives Ernährungsbewusstsein vorhanden ist – 98 % der 751 Befragen ist Essen und Trinken sehr wichtig oder wichtig. Sechs von zehn Befragten hatten aufgrund der Medienberichterstattung ihr Ernährungsverhalten überdacht bzw. geändert. Gleichzeitig wird aber in Ernährungsfragen das Vertrauen in Medien gering eingeschätzt. Die Autoren erklären dies damit, dass Massenmedien professionellen Selektions- und Präsentationslogiken folgen und sich an Nachrichtenwerten orientieren, die nicht zwingend mit dem Informationsziel der Verbraucher übereinstimmen. Diese erhoffen sich durch den

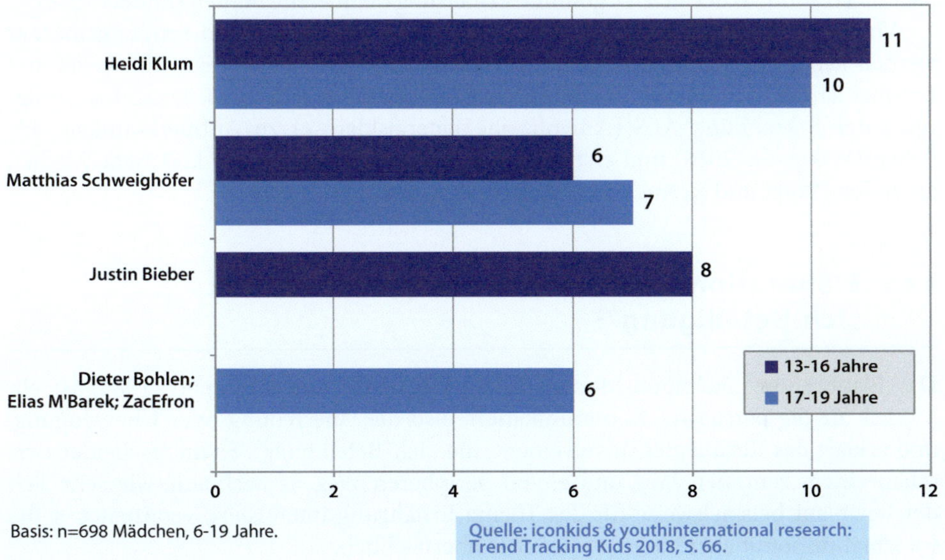

Abb. 3.12 Medienidole der Mädchen 2018. (Vom Orde und Durner 2018. © Internationales Zentralinstitut für Jugend- und Bildungsfernsehen [IZI])

Medienkonsum u. a. Gratifikationen in Form von konkretem Handlungsinformationen, um daraus Ableitungen für ihren Alltag zu treffen.

3.4.3 Agenda Setting

Reichweitenstarke Medien können durch die Auswahl und Gewichtung der Themen (mit-)bestimmen, was für die Öffentlichkeit relevant ist. Sie beeinflussen somit, welche Themen wir auf unsere „Tagesordnung" (Agenda) nehmen. Massenmedien zählen, neben Ernährungsspezialisten und Ausbildungseinrichtungen, zu den Gatekeepern der Ernährungskommunikation, weil sie zu einem großen Teil bestimmen, was Menschen hören, lesen oder schauen und damit über Ernährung wissen oder glauben. Falls die Informationen und Meinungen in Medien mit jenen der sozialen Umgebung des Rezipienten wie Familie und Freundeskreis übereinstimmen, können sogar sehr starke Medienwirkungen entstehen (Burkart 2003; Baumann 2003; Fernández-Celemín und Jung 2006; Hahne 2008; Grünewald-Funk 2013).

> **„Der Kerngedanke der Agenda Setting-Funktion von Massenmedien besteht in der Annahme, dass Massenmedien nicht so sehr beeinflussen, *was* wir denken, sondern *worüber* wir nachdenken" (Burkart 2003).**

Allerdings verlieren klassische Massenmedien diese Gatekeeper-Funktion und das Agenda-Setting-Monopol gerade. Denn bis vor kurzem herrschte hier das One-to-many-Prinzip: Einer verteilt Informationen an viele. In sozialen Medien herrscht dagegen das Many-to-many-Prinzip, sodass die Rolle der professionellen Medienmacher als Gatekeeper immer weniger Einfluss nimmt. Auch Experten verlieren ihre privilegierte Position, in der sie z. B. gesunde Ernährung definieren konnten (Endres 2018).

Von den sozialen Medien, in denen jeder Laie zum Autor und Sendungsmacher werden kann, gehen mittlerweile viele Trends und neue Themen aus. Ein bekanntes Beispiel ist die „Ice Bucket Challenge" auf Facebook im Jahr 2014. Diese hat erfolgreich der Erkrankung ALS (Amyotrophe Lateralsklerose) zu Aufmerksamkeit verliehen (Wikipedia 2018) und erst über soziale Medien den Weg in klassische Medien gefunden (Voigt und Kreiml 2011; Watson et al. 2008; Endres 2018).

3.4.4 Elaboration-Likelihood-Modell (Involvement – „Ich-Beteiligung")

Das Elaboration-Likelihood-Modell (ELM) von Petty und Cacioppo (1984) ist ein Modell für die persuasive Kommunikation, also die Überredung oder Überzeugung, und erklärt das Rezipienten-Involvement, die „Ich-Beteiligung". Es unterscheidet zwischen einem zentralen Weg und einem peripheren Weg. Je nachdem, wie sehr sich der Rezipient beispielsweise für das Thema Ernährung interessiert, verarbeitet er die Information somit eher intensiv oder eher oberflächlich.

Der zentrale Weg erfolgt, wenn Rezipienten am Thema interessiert sind und daher den Inhalten mit Aufmerksamkeit und Motivation folgen. Je nachdem, wie gut die Botschaften zu den eigenen Überzeugungen passen, können sie zu einer Einstellungsänderung oder -verstärkung führen, die dann sehr stabil ist. Hier geschieht die Überzeugung v. a. kognitiv durch die Qualität der Argumente (Lücke 2006).

Den peripheren Weg nehmen Informationen, wenn Rezipienten Medieninhalten wenig oder keine Aufmerksamkeit entgegenbringen, sie nehmen diese dann nur am Rande wahr. Hier sind kognitive Argumente wirkungslos, es wirken dann eher emotionale Reize, wie die Sympathie, Attraktivität oder Glaubwürdigkeit der Informationsquelle, Prominente als Testimonials, oder wenn Botschaften in angenehmem Ambiente oft genug wiederholt werden. Erfolgt eine Einstellungsänderung via peripherer Route, ist diese weniger stabil, kann aber durchaus verhaltensrelevant werden (Lücke 2006).

Rezipienten beschäftigen sich umso intensiver mit bestimmten Medieninhalten, je stärker sie innerlich beteiligt sind. Das Interesse an einem Thema ist dann groß, wenn sich die Person persönlich betroffen fühlt, sie komplexe Entscheidungen treffen muss und/oder wenn die Inhalte für die Person sehr wichtig sind. Das ist z. B. der Fall, wenn durch eine Erkrankung eine Ernährungsumstellung nötig ist. Oder wenn sich die Lebenssituation ändert, wie bei Schwangeren und jungen Eltern, die sich dann für das Thema Säuglings- und Kinderernährung interessieren (Grünewald-Funk 2013).

Stimmen die vermittelten Botschaften mit den Einstellungen und Meinungen der Rezipienten überein, kann eine dauerhafte Meinungs- und Einstellungsänderung stattfinden (Persuasion). Ist allerdings das Gegenteil der Fall, kann die Medienwirkung sogar kontraproduktiv ausfallen (Bumerangeffekt) (Grünewald-Funk 2013).

3.5 Medienkanäle

Wie Mediennutzer Informationen verarbeiten, hängt also von vielen Einflussgrößen ab. Einzelne Medien haben außerdem je nach Zielgruppe, Gestaltung und Inhalt unterschiedliche Möglichkeiten. So können Printmedien mit einer meist hohen Informationstiefe auch komplexe Zusammenhänge vermitteln. Fernsehen kann seine Zuseher durch die akustische und visuelle Vermittlung (▶ Abschn. 6.1.7) auch emotional erreichen. Radio besitzt seinen Vorteil in der raschen Streuung von kurzen Informationen. Und im Internet sind zusätzlich interaktive Elemente möglich (Hahne 2008).

■ **Auch Unterhaltungsangebote sind für Ernährungskommunikation geeignet**

Fiktionale und unterhaltende Medieninhalte wie in Daily Soaps, Quizshows oder Arztserien können Ernährungsinformationen beiläufig vermitteln und zusätzlich in einen Alltagskontext einbetten (▶ Abschn. 4.8). So haben sie das Potenzial, von den Rezipienten besser verarbeitet und in das eigene Leben eingeordnet zu werden. Ein weiterer Vorteil ist, dass man damit auch Zielgruppen erreicht, die nicht aktiv nach Ernährungsinformationen suchen, sondern Medien eher zur Unterhaltung nutzen. Ernährungskommunikation sollte daher nicht ausschließlich aufklärende oder gesundheitsfördernde Medieninhalte fokussieren (Baumann 2003; Bleicher und Lampert 2003).

■ **Orientierungskriterien für die Wahl der Kanäle**

In Bezug auf ihre Potenziale für die öffentliche Ernährungskommunikation lassen sich Medien anhand folgender Eigenschaften – mehr oder weniger gut – unterscheiden:

— **Reichweite:** Anzahl jener Personen, die mit dem jeweiligen Kanal potenziell erreicht werden können.
— **Zielgruppenspezifität:** Potenzielle Fokussierbarkeit auf klar definierte Personengruppen durch einen Kanal.
— **Informationstiefe:** Umfang, in dem potenziell Informationen über den Kanal bereitgestellt werden können.
— **Glaubwürdigkeit:** Potenzielle Zuschreibung der Verlässlichkeit an den Kanal und Absender.
— **Themensetzungspotenzial:** Möglichkeit, Aufmerksamkeit für ein Thema zu wecken.

3.5.1 Printmedien

Die Rezeptionsbedingungen von Printmedien fördern, dass Ernährungsbotschaften eher intensiv aufgenommen werden. Sie besitzen nicht nur Themensetzungspotenzial, sondern haben die Möglichkeit, Themen auch in einer hohen Informationstiefe mit detaillierten Informationen darzustellen. Voraussetzung ist allerdings, dass die Leser über ein Mindestmaß an Interesse verfügen und dem Thema persönliche Relevanz zuschreiben. Die Einstellungs- und Verhaltensrelevanz ist, etwa im Vergleich zum Fernsehen, höher (Lücke 2006).

Zeitungen und Zeitschriften sind die wichtigsten Printmedien, wenn eine große Zielgruppe angesprochen werden soll. Dennoch lesen weniger als die Hälfte täglich eine Tageszeitung oder Zeitschrift; rund ein Fünftel liest diese überhaupt nicht (Heinzlmaier et al. 2018). Generell gilt: Je älter die Personen, desto printaffiner sind sie (◘ Abb. 3.13; Köcher 2018).

Der wesentlichste Unterschied zwischen Zeitungen und Zeitschriften ist die Periodizität. Zeitungen erscheinen in der Regel täglich. Sie können daher sehr aktuell auf das Zeitgeschehen eingehen. Zeitschriften erscheinen wöchentlich, monatlich oder zumindest vierteljährlich. Das Themenspektrum von Zeitungen ist eher offen, während jenes von Zeitschriften oft deutlich geringer ist und sie aufgrund ihrer Erscheinungsweise einen geringeren Aktualitätsgrad als Zeitungen aufweisen (Wirtz 2013).

Zeitungen und Zeitschriften besitzen eine hohe Glaubwürdigkeit (◘ Abb. 3.9). Besonders Regionalzeitungen sind durch ihre starke Verankerung in der Region häufig sehr einflussreich und sollten in der Ernährungskommunikation bewusst einbezogen werden. So präferieren in einer Erhebung unter Paaren mit Kinderwunsch, Schwangeren und Familien mit Kindern bei Zeitungen die regionale Tageszeitung (Höhn und Voigt 2019). Special-Interest-Zeitschriften sind gut geeignet, um Themen detailliert zu behandeln und spezielle Zielgruppen ohne große Streuverluste zu erreichen. Zeitungen nutzen Leser v. a. als Informationsmedium, Zeitschriften dienen daneben auch der Unterhaltung (Wirtz 2013; Schulz-Bruhdoel und Fürstenau 2013; Breunig und Engel 2015; Rossmann et al. 2018; Heinzlmaier et al. 2018).

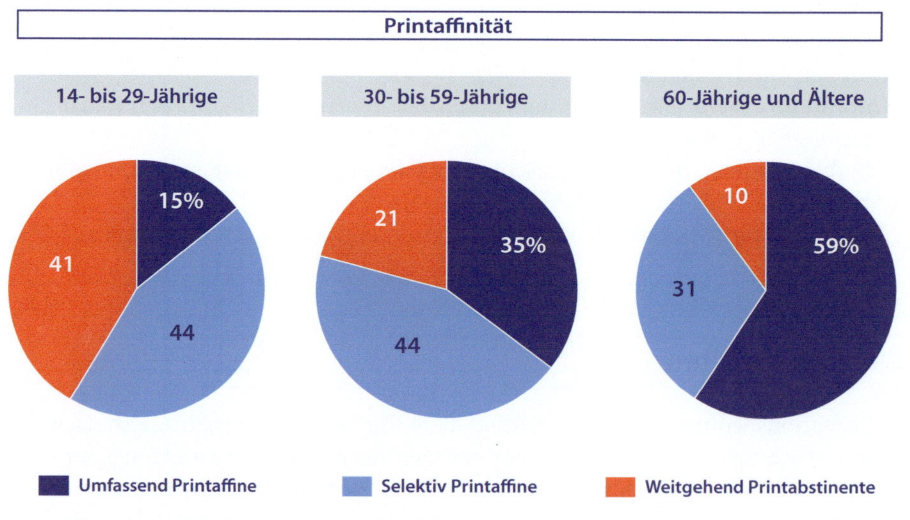

◘ **Abb. 3.13**   Printaffinität in den verschiedenen Generationen. (Quelle: Köcher 2018. © IfD Allensbach)

Trotz der hohen Glaubwürdigkeit, die Printmedien entgegengebracht wird, ist die Qualität (▶ Kap. 8) der darin enthaltenen ernährungsbezogenen Artikel häufig mangelhaft. So hat beispielsweise eine Analyse von 141 Ernährungsartikeln in den Printausgaben britischer Zeitungen (Kininmonth et al. 2017) ergeben, dass 44 % von schlechter Qualität waren, u. a. hinsichtlich Signifikanz von Studienergebnissen, Vertrauenswürdigkeit der Quellen oder Generalisierbarkeit von Empfehlungen. Besonders jene Artikel, die ohne Angabe eines Autors veröffentlicht wurden, waren mangelhaft. Frühere Studien haben zudem gezeigt, dass Ernährungsthemen häufig mit Sensationsmeldungen aufgemacht waren, die nicht den beschriebenen Studienergebnissen entsprachen. Oft wurden auch vorläufige Studienergebnisse als „Durchbruch" gefeiert. In der Erhebung von Cooper et al. (2012) entsprachen die Ernährungsempfehlungen in rund drei Viertel aller Artikel nicht den evidenzbasierten, offiziellen Empfehlungen anerkannter Institutionen (Kininmonth et al. 2017).

Flyer und Broschüren sind gedruckte Medien, die kostenlos an die Zielgruppen verteilt werden. Obwohl sie nicht zu den klassischen Massenmedien zählen, soll ihnen hier dennoch Platz geschenkt werden, weil sie immer noch beliebte Bestandteile von Medienkampagnen sind. Broschüren sollen die Aufmerksamkeit der Rezipienten auf bestimmte Aspekte lenken und deren Wissen, Einstellungen, Intentionen und Verhalten beeinflussen. Einer ihrer Vorteile besteht darin, dass sie auf wenigen Seiten Inhalte mit hoher Informationstiefe vermitteln können. Sie sind insbesondere in Kombination mit bzw. nach einem Beratungsgespräch als Ergänzung sinnvoll, da Informationen besser behalten werden, wenn sie zusätzlich schriftlich vorliegen. Die Produktion von Flyern und Broschüren ist jedoch relativ teuer. Oft wird – trotz der möglichen Informationstiefe – ihr zu geringes Platzangebot kritisiert, wodurch es kaum möglich ist, komplexe Gesundheitsinformationen zu vermitteln. Dazu kommt, dass sie oft von den Empfängern nicht angenommen werden, weil sie als schwer verständlich, irrelevant und unwichtig wahrgenommen werden. Letztlich sind sie v. a. für gesundheitsbewusste und interessierte Zielgruppen geeignet (Pfister 2012).

Auch **Bücher** werden immer weniger gelesen (◘ Abb. 3.14). Der Medienkonsum geht hin zu kürzeren Texten und mehr Bildern.

3.5.2 Audiovisuelle Medien

Fernsehen – klassisch und nonlinear

Fernsehen erreicht praktisch jeden Haushalt. Klassisches Fernsehen ist in der Gesamtbevölkerung nach wie vor mit Abstand das wichtigste der Bewegtbildportale, obwohl die Nutzung von nonlinearen Angeboten wie Mediatheken, Social-Media-Plattformen, Videoportalen und Streamingdiensten zunimmt (Krause 2018). Es hat eine große Reichweite und hohes Themensetzungspotenzial. Der Informationstiefe sind jedoch enge Grenzen gesetzt, mit Ausnahme von ausführlichen Formaten wie Dokumentationen oder Themenschwerpunkten.

Die Rezeptionsbedingungen von Fernsehen bedingen, dass Ernährungsbotschaften eher oberflächlich aufgenommen werden. Das Medium ist daher v. a. dazu geeignet, einfache Botschaften oder Verhaltensweisen zu vermitteln und Aufmerksamkeit für ein

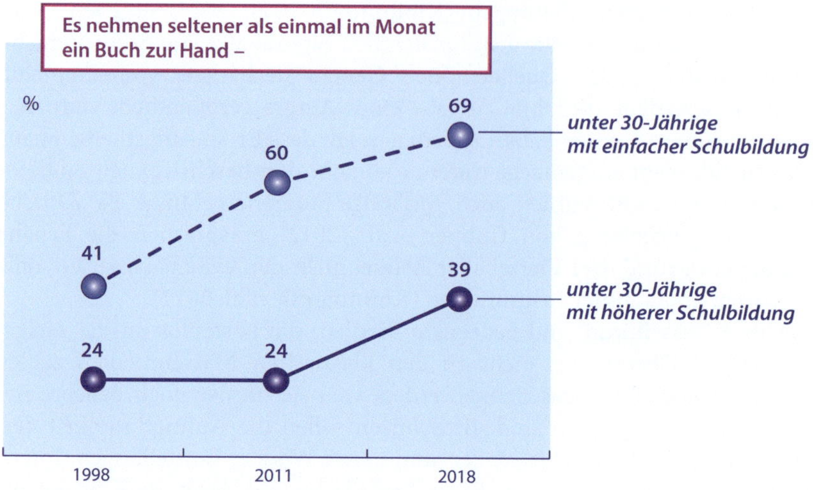

◙ Abb. 3.14   Abkehr von langen Texten: weniger Buchlektüre. (Quelle: Köcher 2018. © IfD Allensbach)

Thema zu schaffen. Dies gelingt z. B. durch auffällige Gestaltung, Einsatz von Prominenten oder viele Wiederholungen. Zwar ist die Einstellungs- und Verhaltensrelevanz im Vergleich zu Print und Internet eher gering, aber durchaus vorhanden (Lücke 2006).

Fernsehen unterhält und informiert

Für einige in der Ernährungskommunikation schwer zu erreichende Zielgruppen, wie Jugendliche oder niedrige soziale Schichten, bietet TV die Möglichkeit, diese über die Platzierung von Ernährungsthemen in (fiktionalen) Unterhaltungsangeboten (▶ Abschn. 4.8) zu erreichen. Insbesondere erreicht es solche Zielgruppen, die kein intrinsisch motiviertes Interesse an Ernährung haben und deren Aufmerksamkeit für dieses Thema eher durch persuasive Wege (▶ Abschn. 3.4.4) geweckt werden kann. Diesem Medium wird aufgrund der Art der Informationsvermittlung – eine Kombination aus Bild und Ton – und der dadurch ermöglichten emotionalen, personalisierten Ansprache sowie der ihm vom Publikum zugeschriebenen Glaubwürdigkeit (◙ Abb. 3.9) besonders hohes Wirkungspotenzial zugeschrieben (Lücke 2007).

❯ **Je niedriger der formale Bildungsgrad, desto eher wird Fernsehen als Informationsquelle genutzt (Breunig und Engel 2015). TV eignet sich zudem aufgrund der Unterhaltungsfunktion besonders für Zielgruppen, die kein intrinsisch motiviertes Interesse an Ernährungsinformationen haben, um bei ihnen überhaupt einmal ein grundsätzliches Bewusstsein für bestimmte Ernährungsthemen zu wecken (Lücke 2007).**

Dass Fernsehen sowohl ein Unterhaltungs- als auch Informationsmedium ist, unterstreichen die Hauptmotive für die TV- und Videonutzung. Diese sind bei 14- bis 29-Jährigen Spaß, Entspannung und Ablenkung, erst danach folgt Information. Das trifft auch auf Ernährungsratgeber-Formate zu (Kulovits 2011). Erst ab etwa 30 Jahren gewinnt die Informationsfunktion dieses Mediums an Bedeutung (Breunig und Engel 2015; Heinzlmaier et al. 2018).

Ernährungsthemen im TV

Aktuelle Daten zum Umfang, in dem Ernährungsthemen im deutschsprachigen TV präsent sind, liegen kaum vor. 2004 ergab eine umfassende Medienanalyse in Deutschland (Rössler und Willhöft 2004), dass in 12 % der untersuchten Gesamtsendezeit Ernährung dargestellt wurde. Überproportional trugen Werbung und Ratgebersendungen dazu bei. Es ist anzunehmen, dass Ernährungsinhalte im TV mittlerweile weiter zugenommen haben und deren Relevanz in diesem Medium weiter steigen wird (Ulrich 2004; Statista 2018; Krause 2018).

Eine Erhebung der deutschen Engel & Zimmermann AG (Borowsky 2018) untersuchte über das Jahr 2017 die ausgestrahlten Beiträge rund um die Lebensmittelindustrie. Von den insgesamt 655 Sendungen wurden am häufigsten Wissenssendungen gezählt, gefolgt von Qualitätschecks, Beiträgen zu gesunder Ernährung und solchen zu Verbrauchertäuschung (◘ Abb. 3.15).

Bunte Mischung aus Formaten und Protagonisten

Die Bandbreite an ernährungsbezogenen Sendeformaten ist hoch: Kochsendungen, Wissenschafts-, Familien-, Verbraucher- und Politmagazine, Servicesendungen, Talk- und Quizshows, Daily Soaps, Spielfilme und Werbung liefern unterschiedlichste Ernährungsinhalte auf unterschiedlichstem Niveau. Ebenso divers sind die damit

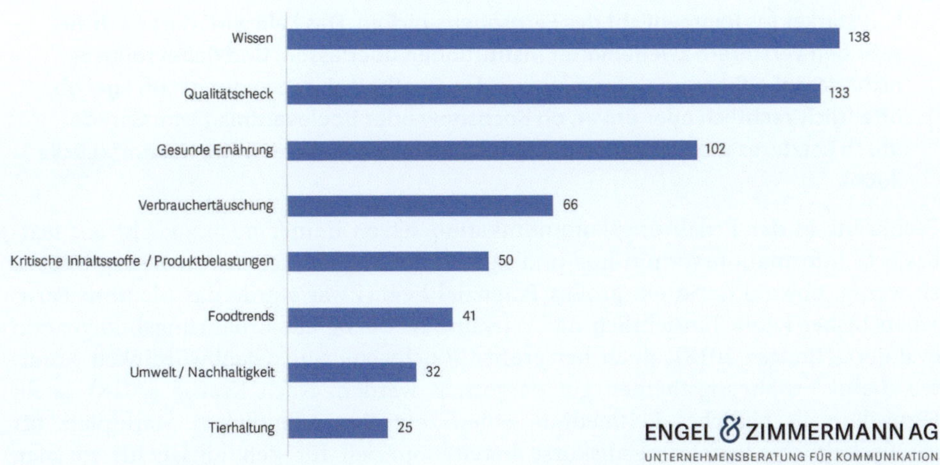

◘ **Abb. 3.15** Die häufigsten Sendungsthemen mit Bezug zur Lebensmittelindustrie. (Quelle: Borowsky 2018. © Engel & Zimmermann AG)

verbundenen Akteure: Köche, Wissenschaftler, TV-Moderatoren, Ernährungsentertainer und Laien bis hin zu Krimikommissaren (Krause 2018).

Kochsendungen – von Alltagstipps zur Unterhaltung

Insbesondere Kochsendungen (▶ Abschn. 4.5 und 4.8.6) treten mittlerweile massenhaft auf und sind fixer, wesentlicher Bestandteil des täglichen TV-Programms (Schmelz 2018). Alleine in Deutschland existieren derzeit rund 60 verschiedene Formate dieser Art (Geppert et al. 2019). Sie sind im Hinblick auf die Zubereitung und Ernährung wesentliche passive Informationsquellen.

Die Darstellung von Ernährungsthemen in Kochsendungen hat sich allerdings im Laufe der letzten Jahrzehnte stark verändert. Während in der Nachkriegszeit v. a. Kochsendungen mit praktischen Tipps für die Hausfrau und Informationen zum Nährwert ausgestrahlt wurden, zielen moderne Kochsendungen primär auf Unterhaltung und Lifestyle ab. Dementsprechend veränderten sich auch die Protagonisten – früher Köche mit Schürze und weißer Mütze, heute auch Promis, meist in modischer Alltagskleidung (Voigt 2008).

Neben Kochsendungen kommt der Großteil ernährungsbezogener Inhalte in verbraucherbezogenen, handlungsorientierten Ratgeberformaten sowie Medizinsendungen vor. Im fiktionalen Genre findet man in Daily Soaps überdurchschnittlich viele Ernährungsdarstellungen (Mehne 2018; Krause 2018).

Zu viel Text, zu wenig Bewegtbild im Fokus der Ernährungskommunikation

Ernährung ist ein Thema, das jedem Menschen vertraut ist. Daher scheinen Essen und Kochen ideal für narrative Spannungsbögen, ästhetische Bildsprache, sinnvolle Inhalte und inszenatorisch-dramaturgische Informations- und Unterhaltungswerte im Bewegtbildmedium (▶ Abschn. 4.7 und 4.8; Krause 2018).

> Ernährungsexperten „könnten sich (…) ‚aggressiver' vermarkten und sich selbst (…) stärker ins Rampenlicht des Fernsehens rücken. Das Feld wird dort noch zu sehr den Vertretern zweifelhafter Institutionen überlassen. Und dabei sollte es nicht darauf ankommen, was man von der ‚Qualität' einer Sendung hält. Egal ob öffentlich-rechtlich oder privat, ob Kochshow oder Boulevardmagazin: Gerade durch Letzteres werden genau die Menschen erreicht, die es nötig haben!" (Lücke 2006).

Fachkräfte in der Ernährungskommunikation setzen immer noch zu sehr auf textbasierte Informationsvermittlung und nutzen die Möglichkeiten von Bewegtbildern zu wenig, obwohl darin ein großes Potenzial liegt. Zwar wurde das Medium Fernsehen bisher kaum hinsichtlich der Wirkung in Bezug auf Ernährungsinformation evaluiert (Endres 2018), doch bei großer Reichweite und Glaubwürdigkeit könnten damit Ernährungsthemen gut dargestellt werden. Nach Krause (2018) „stellt Fernsehen als tägliches Leitmedium einen zentralen öffentlichen Marktplatz für gesellschaftliche Ernährungsdiskurse bereit". Speziell für den Einsatz in sozialen Medien lassen sich Videos heute vergleichsweise einfach und günstig produzieren und verbreiten (▶ Abschn. 4.4.6).

Radio ist ein flüchtiges Medium

Radio ist ein typisches Begleitmedium, das meist aus Gewohnheit konsumiert wird. Demnach sind die Hauptnutzungsmotive Spaß, Information und Entspannung. Für die Ernährungskommunikation ist es aufgrund der geringen Informationstiefe und fehlenden Bildwirkung v. a. als Medium zur Themensetzung (▶ Abschn. 3.4.3) interessant (Wirtz 2013; Breunig und Engel 2015).

Kino und Filmfestivals

Auch Kinofilme und Filmfestivals sind Bewegtbildformate, die Zielgruppen ansprechen könnten, die ansonsten schwer erreichbar sind. Es gibt heute eine Reihe von Kinofilmen oder Filmfestivals, die sich dem Themenschwerpunkt Ernährung widmen, z. B.:

- „Food Film Festival" in New York: ▶ https://www.thefoodfilmfestival.com
- „Agri-Food Filmfestival" der Universität Innsbruck (A) 2017: ▶ https://fian.at/de/artikel/agri-food-filmfestival/
- „Filme für die Erde – Essen global": ▶ https://filmsfortheearth.org/de/themen/essen-global
- „Hunger.Macht.Profite – Filmtage zum Recht auf Nahrung" 2018 in Österreich: ▶ http://www.hungermachtprofite.at
- „Science Film Festival" des Goethe-Instituts, Thema des Jahres 2018 „Die Lebensmittelrevolution": ▶ https://www.goethe.de/prj/sff/de/index.html
- „Food Film Festival" 2018 in Münster (D): ▶ https://www.food-filmfestival.de.

3.5.3 Internet

Klassische Webseiten eher für Erwachsene

Theoretisch besitzen Internetseiten ein hohes Themensetzungspotenzial, können zielgruppengenau und mit hoher Tiefe Informationen vermitteln und sehr glaubwürdig sein. All das hängt jedoch mit deren konkreter Gestaltung zusammen – Struktur, Orientierung, Informationsaufbereitung, Usability und die Glaubwürdigkeit der Webseitenanbieter. Voraussetzung, um diese Potenziale auszuschöpfen, ist, dass Webseiten gefunden und genutzt werden. Zielgruppen sind eher Erwachsene, Jugendliche nutzen klassische Webseiten weniger (Feierabend et al. 2018; Rossmann et al. 2018).

Medienkompetenz zur Qualitätsbeurteilung von Infos im Netz nötig

Obwohl das Internet und soziale Medien in der Glaubwürdigkeit weit hinter den klassischen Medien liegen, sind die beiden wichtigsten Nutzungsmotive (◘ Abb. 3.6 und 3.7) dennoch Information und Nützliches für den Alltag zu erfahren, auch für Jugendliche (Breunig und Engel 2015). Gleichzeitig finden aber fast zwei Drittel der Jugendlichen heutzutage – die als „Digital Natives" immerhin mit diesem Medium aufwachsen – die Informationsbewertung im Internet als große Herausforderung (saferinternet.at 2016; Seiche 2018; Education Group GmbH 2017). Dazu passt der Befund, dass die tägliche Internetnutzung mit steigendem Bildungsgrad signifikant zunimmt (Heinzlmaier et al. 2018). All dies verdeutlicht die Schwierigkeiten im

Umgang mit der Informationsflut, der fehlenden Qualitätsbeurteilung von Internetquellen sowie die Notwendigkeit einer adäquaten Medienbildung in allen Altersgruppen (Endres 2018; Heinzlmaier et al. 2018).

YouTuber und Vlogger helfen bei der Videoauswahl im Internet

Insgesamt befinden sich Jugendliche in einem Dilemma: Laut einer Umfrage von saferinternet.at (2016) sind soziale Netzwerke neben Fernsehen die beliebtesten Informationsquellen (jeweils 59 %). Gleichzeitig misstrauen sie diesem Medium aber auch immens: Nur 10 % halten soziale Medien für glaubwürdig. Junge Leute konsumieren also Informationen v. a. auf Plattformen, die sie für wenig vertrauenswürdig halten (Buchegger 2018).

Aufgrund der schwierigen Qualitätsbeurteilung übernehmen YouTuber und Vlogger (Video-Blogger) eine immer wichtigere Rolle für die Vorselektion und „Übersetzung" von Onlineinhalten. Ein Viertel aller Unter-30-Jährigen folgt diesen, sie gelten als glaubwürdig und authentisch. Onlinevideos, die komplexe Wissensgebiete einfach aufbereiten oder eine Art Lernhilfe bereitstellen, sind besonders beliebt. Als Beispiel wurde in Fokusgruppen häufig der „Simple-Club" genannt. Geben junge Befragte an, Videos mit wissenschaftlichem Inhalt zu konsumieren, scheinen häufig solche Angebote gemeint zu sein (Heinzlmaier et al. 2018).

Kochrezepte aus dem Internet unausgewogen

In Empfehlungen für eine gesunde Ernährung findet man häufig die Anregung, möglichst oft selbst zu kochen. Allerdings kommt es auch hier darauf an, was und wie gekocht wird. Rezepte aus dem Internet sind dabei für viele eine beliebte Anregung. Eine Analyse (Trattner et al. 2017) von über 5200 Rezepten für Hauptgerichte einer Onlinerezeptsammlung ergab allerdings, dass diese in Bezug auf offizielle Ernährungsrichtlinien (WHO, UK Food Standards Agency) wenig ausgewogen waren. Lediglich sechs (!) der analysierten Internetrezepte erfüllten die Ernährungsrichtlinien.

Wikis

Wikis sind ein von der Gemeinschaft kreiertes Nachschlagewerk im Internet. Jeder kann es lesen, jeder kann es bearbeiten. Das bekannteste Wiki ist die Onlineenzyklopädie Wikipedia, mit durchaus guter Informationsqualität, wie das Beispiel „Wikipedia schlägt Brockhaus" zeigt.

„Wikipedia schlägt Brockhaus"

Dass soziale Medien mit traditionellen Medien hinsichtlich der Qualität durchaus mithalten können, zeigt die Onlineenzyklopädie Wikipedia. 2007 ließ das Magazin Stern 50 Wikipedia-Artikel verschiedener Fachrichtungen von Experten des Wissenschaftlichen Informationsdienstes Köln auf Richtigkeit, Vollständigkeit, Aktualität und Verständlichkeit bewerten. Das Ergebnis: Wikipedia erzielte über alle Bereiche durchschnittlich die Schulnote 1,7. Die Einträge zu den gleichen Stichworten in der (kostenpflichtigen) Onlineausgabe der renommierten Brockhaus Enzyklopädie erhielten lediglich eine 2,7 – und das, obwohl der Brockhaus nach Verlagsangaben „permanent aktualisiert" wird (Stern 2007).

Die Entwicklung, dass mit dem Internet alle die Möglichkeit haben, etwas für ein weltweites Publikum zu publizieren, könnte aber auch dazu führen, dass die Qualität des Publizierens im Durchschnitt nachlässt. Daraus ergeben sich für Ernährungsexperten sowohl Herausforderungen als auch Chancen: Es braucht Menschen mit Expertise, die dieses Wissen koordinieren, filtern und optimieren (Endres 2018). In welcher Form dies möglich ist, gilt es zukünftig zu erarbeiten.

Soziale Medien

Soziale Medien können in der Ernährungskommunikation grundsätzlich gut zur Themenplatzierung genutzt werden. Die Informationstiefe ist allerdings sehr gering und Ernährungsexperten konkurrieren im Wettbewerb um Aufmerksamkeit und Vertrauen mit Laien. Denn User schreiben anderen Nutzern, die sie möglicherweise sogar persönlich kennen, hohe Glaubwürdigkeit zu (Rossmann et al. 2018).

Tatsächlich findet Ernährungskommunikation in sozialen Medien bereits in hohem Umfang statt, wie die ausführliche Arbeit von Endres (2018) eindrucksvoll belegt. Sie zeigt allerdings auch, dass Ernährungskommunikation dort in erster Linie durch Laien erfolgt. Die ernährungsbezogenen Inhalte sind dadurch weniger fundiert und teils sogar irreführend, dafür alltagsnah und praxisbezogen.

> „Soziale Medien bestehen im Wesentlichen aus webbasierten Anwendungen, die für Menschen den Informationsaustausch, den Beziehungsaufbau und deren Pflege, die Kommunikation und die kollaborative Zusammenarbeit in einem gesellschaftlichen oder gemeinschaftlichen Kontext unterstützen, sowie den Daten, die dabei entstehen und den Beziehungen zwischen Menschen, die diese Anwendungen nutzen" (Ebersbach 2011, S. 35, zit. nach Endres 2018, S. 38).

Soziale Netzwerke: Facebook immer noch in Poleposition

Facebook, Instagram & Co. gehören für Jugendliche und junge Erwachsene heute zum Alltag und sind nicht mehr wegzudenken. Sie dienen dem Aufbau und der Pflege von Kontakten und in weiterer Folge dem Erfahrungs- und Meinungsaustausch – aber auch oft der Unterhaltung, wie viele humorvolle Beiträge zeigen (◘ Abb. 3.16). Je jünger die Zielgruppe, desto eher verwendet sie diese Kanäle. Obwohl die Nutzung von Facebook stagniert, ist es immer noch unangefochten die Nummer eins in der Gesamtbevölkerung. Zulegen konnten v. a. Instagram und Snapchat. Je nach Altersgruppe unterscheiden sich aber die Präferenzen für einzelne Netzwerke. Die beliebtesten Netzwerke der Teens sind Instagram und Snapchat, jene der Twens Facebook und danach Instagram, die 30- bis 49-Jährigen nutzen ebenfalls bevorzugt Facebook. Twitter und Xing sind spezialisierte Nischencommunitys (◘ Tab. 3.1).

Foto- und Videosharing Plattformen immer beliebter

YouTube und Instagram sind aufstrebende Formate. Sie sollten in der Ernährungskommunikation verstärkt berücksichtigt werden, weil sie eine hohe Zielgruppenspezifität aufweisen. Interessant ist, dass Instagram in der Beliebtheit als Videokanal bereits an zweiter Stelle nach YouTube liegt. Das ist insofern erstaunlich, als diese

◼ **Abb. 3.16**   Humor ist auf Facebook & Co kein Nachteil. (Quelle: Screenshot Facebook-Seite der Bäckerei und Konditorei Piaty, Österreich. © Thomas Piaty, Piaty GmbH & Co KG)

Plattform ursprünglich als reine Fotocommunity startete (Education Group GmbH 2017; Feierabend et al. 2018; Frees und Koch 2018).

Ernährungsthemen in sozialen Medien

Was interessiert Social-Media-Nutzer im Zusammenhang mit Ernährung? Anhand einer umfangreichen Literaturrecherche hat Endres (2018) die wichtigsten Kategorien von Ernährungsthemen in sozialen Medien herausgefiltert:

◘ Tab. 3.1 Nutzung von Onlinecommunitys 2018 – mindestens einmal wöchentlich genutzt, Gesamtbevölkerung, in %. (Nach Frees und Koch 2018)

	2017 Gesamt	2018 Gesamt	Frauen	Männer	14–19 J.	20–29 J.	30–49 J.	50–69 J.	ab 70 J.
Facebook	33	31	31	31	50	63	38	17	6
Instagram	9	15	17	14	62	50	13	3	0
Snapchat	6	9	9	8	55	36	2	1	0
Twitter	3	4	3	4	9	7	5	2	0
Xing	2	4	3	4	3	5	8	1	1

Basis: Deutschspr. Bevölkerung ab 14 Jahren (2018: n = 2009; 2017: n = 2017), Quelle: ARD/ZDF-Onlinestudien 2017 und 2018

- **Gesunde Ernährung:** Inhalte, die sich mit einer „gesunden" Ernährung beschäftigen (z. B. *healthy food blogs*), wobei diese nach individueller Definition der Social-Media-Nutzer sehr unterschiedlich sein kann. Auffällig ist, dass das Thema in der Regel sehr normativ und rigide verbreitet ist. Nicht selten scheinen sich die Blogger, Instagrammer und YouTuber in diesem Zusammenhang am Rande einer Essstörung zu bewegen.
- **Übergewicht und Abnehmen:** In diesen Inhalten geht es v. a. um die Reduktion von Übergewicht (z. B. *weight loss blogs*). Diese sind weniger normativ, hier spielt v. a. die gegenseitige Unterstützung und Motivation in der Gemeinschaft eine Rolle.
- **Essstörungen:** Dazu zählen sowohl Communitys, die Anorexie und Bulimie verherrlichen (Pro-Ana- und Pro-Mia-Seiten), als auch entsprechende Hilfsangebote von Beratungseinrichtungen.
- **Ökologische Ernährung:** Inhalte, die sich mit einer naturnahen oder nachhaltigen Ernährung beschäftigen. In diesem Feld scheint sich eine neue Form der Moralisierung des Essens herauszubilden.
- **Foodies und Genuss:** Esskultur und Genuss stehen in diesen Netzwerken im Vordergrund, der Lebensstil von Foodies ist Inhalt und Thema. Zum Beispiel gibt es alleine in Deutschland weit mehr als 1500 aktive Blogs, die sich mit dem Thema Essen und Genuss beschäftigen.

Neupositionierung von Ernährungsexperten in sozialen Medien

Für soziale Medien ist es typisch, dass Information und Meinung vermischt werden. Weitze und Heckl (2016) geht daher davon aus, dass die Grenzen zwischen aufklärender und beeinflussender Information immer mehr verschwimmen werden. Im selben Zug verringert sich die Gatekeeper-Funktion von Ernährungsexperten mit und in den sozialen Medien. Während in den „klassischen" Massenmedien lange das One-to-many-Prinzip vorherrschte – einer verteilt Informationen an viele – und damit bestimmte, was veröffentlicht wird und was nicht, regiert in den neuen Kanälen das Many-to-many-Prinzip. Diese Rolle für Ernährungsfachkräfte in diesem neuen Kanal erlaubt weniger einen hierarchischen Dialog zwischen Experten und Laien, sondern eher eine Positionierung als Begleitung auf Augenhöhe, die verstärkt Alltags- statt Expertenwissen transportiert (Endres 2018).

Bruhn (2014) nennt folgende Strategieansätze für die Social-Media-Kommunikation:
- **Strategie der Beeinflussung:** Durch aktiven Dialog mit der Zielgruppe kann der Informationsaustausch vorangetrieben und ggf. sogar mitgesteuert werden.
- **Strategie des Mitredens:** Man ist für die Zielgruppe präsent, bekundet Interesse am gegenseitigen Informations- und Meinungsaustausch und vermittelt damit das Gefühl, dass die Bedürfnisse der Nutzer ernst genommen werden.
- **Strategie der Aktivierung:** Man kann eine positive Mundpropaganda (*electronic Word-of-Mouth*) der Nutzer untereinander stimulieren.

Bestehende Angebote nutzen

Professionell genutzt, könnten soziale Medien in der Ernährungs- und Gesundheitskommunikation zukünftig hohes Potenzial haben. So kann etwa der Einsatz sozialer Medien nachweislich das Interesse an Gesundheitsförderungsinitiativen steigern

(Sampogna et al. 2017) oder konkrete und günstige Hilfestellung durch Peer Groups in bestimmten Ernährungssituationen leisten (Gruver et al. 2016). Dabei ist es zielführender, bestehende digitale Angebote wie Facebook, YouTube oder Instagram zu nutzen, anstatt eigene Tools zu entwickeln. Denn User sind damit vertraut und können sie einfacher in ihre Alltagsroutine einbinden.

Influencer als „Ernährungsbotschafter" einsetzen

Dazu kommt, dass es für Menschen einfacher zu sein scheint, ihr Verhalten zu ändern, wenn sie jemanden kennen, der es bereits geschafft hat und mit dem sie über soziale Medien vernetzt sind. In diesem Zusammenhang dürften anerkannte, beliebte und gut vernetzte User in der Zielgruppe ein Schlüsselelement sein (Santarossa und Woodruff 2018). Im Marketingkontext heißen diese „Influencer", und sie arbeiten als Meinungsbildner („aus der Zielgruppe für die Zielgruppe") bereits intensiv und erfolgreich mit Unternehmen zusammen. Influencer sind insbesondere geeignet, um Emotionen zu transportieren, Geschichten zu erzählen (▶ Abschn. 4.7) und neue Produkte in der Community bekannt zu machen. Sie verleihen dem Produkt, dem Unternehmen, der Botschaft „ein Gesicht". Kritischer Punkt ist allerdings, dass der bzw. die Influencer zum Absender und zur Botschaft passen und authentisch sind (Schwabl 2018).

Maßschneidern für Zielgruppe UND Social-Media-Kanal

Ein zweites Schlüsselelement für den Kommunikationserfolg ist es, Botschaften und Inhalte nicht nur an die Zielgruppe, sondern zusätzlich an den jeweiligen Social-Media-Kanal anzupassen. Hier kann Ernährungskommunikation vom Lebensmittel- und Lifestyle-Marketing lernen. Denn derzeit sind Kommentare und Posts von Ernährungsexperten noch immer zu nüchtern, zu faktenlastig und zu belehrend. Dagegen werden humorvolle, positive, optimistische und motivierende Beiträge häufiger geteilt und geliked (Klassen et al. 2018; Endres 2018).

> ❯ „Social media is a space for intervention but also an opportunity for research and evaluation" (Dominic McVey 2011).

Soziale Medien als Datenquelle für die Ernährungskommunikation entdecken

Richtig genutzt, können soziale Medien für Ernährungsexperten ein wichtiger Datenpool für sozialwissenschaftliche Untersuchungen sein. Denn zum ersten Mal können sie „zuhören", wie sich Menschen online über Meinungen und Einstellungen zu Ernährung, Essen, Lebensmittel oder Lebensstil austauschen. Mittels passivem Media-Monitoring können soziale Medien daher zu Markt- und Meinungsforschungsinstrumenten werden (Endres 2018).

Aspekte, die Ernährungsexperten bei der Nutzung sozialer Medien berücksichtigen sollten (nach Endres 2018):
- Social-Media-Interventionen sind erfolgreicher, wenn sie in Theorien der Verhaltensänderung eingebettet sind (▶ Abschn. 3.4).
- Social-Media-Interventionen sind erfolgreicher, wenn sie zusätzlich andere Kommunikationsmittel nutzen, wie Face-to-Face-Beratung, Apps, Gruppentreffen usw., die eine kontinuierliche Partizipation der Teilnehmer anregen (▶ Abschn. 4.1).

- Durch soziale Medien lassen sich Effekte des sozialen Normverhaltens besser zu Nutze machen, denn sie begünstigen den Vergleich mit Peers. Ernährungskommunikatoren können durch entsprechende Kommunikation Nutzer in die richtige Richtung stupsen.
- Social Media sind gut geeignet, um „Geschichten" zu erzählen (▶ Abschn. 4.7). Denn das Bedürfnis nach einer Gemeinschaft oder die Verbindung mit „echten" Menschen ist auch in den „virtuellen" sozialen Medien dominant. Wohingegen wissenschaftliche, belehrende oder rein faktenbasierte Inhalte in diesen Netzwerken wenig Anklang finden.

Literatur

Baumann E (2003) Gesundheitskommunikation durch Medien. Impulse 39:2–3

Bleicher J, Lampert C (2003) Gesundheit und Krankheit als Themen der Medien- und Kommunikationswissenschaft. Medien & Kommunikation 51(3–4):347–352

BMEL (2017) Deutschland, wie es isst. Der BMEL-Ernährungsreport 2018. Bundesministerium für Ernährung und Landwirtschaft (Hrsg), Berlin. ▶ https://www.bmel.de/SharedDocs/Downloads/Broschueren/Ernaehrungsreport2018.pdf?__blob=publicationFile. Zugegriffen: 6. Jan. 2019

Bonfadelli H, Friemel T (2006) Kommunikationskampagnen im Gesundheitsbereich. Grundlagen und Anwendungen. UVK, Konstanz

Borowsky D (2018) TV-Berichterstattung in der Lebensmittelbranche: Die Frage nach der „richtigen" Ernährung wird immer wichtiger. Blog der Engel & Zimmermann AG vom 24.04.2018

Breunig C, Engel B (2015) Massenkommunikation 2015: Funktionen und Images der Medien im Vergleich. Media Perspekt 2015(7–8):323–341

Bruhn M (2014) Marketing. Grundlagen für Studium und Praxis, 12. Aufl. Springer Gabler, Wiesbaden

Buchegger B (2018) Google hat immer Recht. Blogeintrag auf www.digitalreport.at vom 15.02.2018. ▶ https://www.digitalreport.at/blog/2018/02/15/google-hat-immer-recht/. Zugegriffen: 6. Jan. 2019

Burkart R (2003) Medienwirkungsforschung – ein Einblick. In: Beiträge zur Medienpädagogik. Bundesministerium für Bildung, Wissenschaft und Kultur (bm.bwk) (Hrsg) Medienimpulse 12(46):5–8

Cooper BE, Lee WE, Goldacre BM, Sanders TA (2012) The quality of the evidence for dietary advice given in UK national papers. Public Underst Sci 21(6):664–673. ▶ https://doi.org/10.1177/0963662511401782

DiClemente R et al (2007) Interventionsstrategien. In: Kerr J, Weitkunat R, Morett M (Hrsg) ABC der Verhaltensänderung. Der Leitfaden für erfolgreiche Prävention und Gesundheitsförderung. Urban & Fischer, München, S 206–219

Education Group GmbH (2017) Oö. Jugend-Medien-Studie 2017. Das Medienverhalten der 11- bis 18-Jährigen. Education Group GmbH, Linz

Endres E-M (2018) Ernährung in Sozialen Medien. Inszenierung, Demokratisierung, Trivialisierung. Springer VS, Wiesbaden

Engel B, Mai L, Müller T (2018) Massenkommunikation Trends 2018: Intermediale Nutzungsportfolios. Media Perspekt 2018(7–8):330–347

Fabrigar LR, Petty RE (1999) The role of the affective and cognitive bases of attitudes in susceptibility to affectively and cognitively based persuasion. PSPB 25(3):363–381

Feierabend S, Plankenhorn T, Rathgeb T (2018) JIM 2017 – Jugend, Information, (Multi-)Media. Basisstudie zum Medienumgang 12- bis 19-Jähriger in Deutschland. Medienpädagogischer Forschungsverbund Südwest (LFK, LMK), Stuttgart

Fernández-Celemín L, Jung A (2006) What should be the role of the media in nutrition communication? Br J Nutr 96(Suppl 1):86–88

Fischer S (2016) Vertrauen in Gesundheitsangebote im Internet. Einfluss von Informationsquellen und wissenschaftlichen Unsicherheiten auf die Rezeption von Online-Informationen. Reihe Medien + Gesundheit. Nomos, Baden-Baden

Frees B, Koch W (2018) ARD/ZDF-Onlinestudie 2018: Zuwachs bei medialer Internetnutzung und Kommunikation. Media Perspekt 2018(9):398–413

Geppert J, Schulze Struchtrup S, Stamminger R, Haarhoff C, Koch S, Lohmann M, Böl G-F (2019) Food safety behavior observed in German TV cooking shows. Food Control 96(2):205–211. ► https://doi.org/10.1016/j.foodcont.2018.09.017

GfK Austria GmbH (2018) CAWIPRINT 2018. Die Reichweitenstudie der spezifischen Zeitschriften. Präsentation, 11. September 2018

Grünewald-Funk D (2013) Zielgruppensegmentierung für die Gesundheitskommunikation im Handlungsfeld Ernährung – ein innovativer Ansatz am Beispiel von Adipositas-Risikogruppen. Dissertation, Justus-Liebig-Universität Gießen

Gruver RS, Bishop-Gilyard CT, Lieberman A, Gerdes M, Virudachalam S, Suh AW, Kalra GK, Magge SN, Shults J, Schreiner MS, Power TJ, Berkowitz RI, Fiks AG (2016) A social media peer group intervention for mothers to prevent obesity and promote healthy growth from infancy: development and pilot trial. JMIR Res Prot 5(3):e159. ► https://doi.org/10.2196/resprot.5276

Hahne D (2008) Massenmedien: Neue Strategien für die Ernährungsaufklärung. Ernähr Fokus 8–9(2008):348–351

Hamadeh S (2017) Nutrition and physical activity communication in the 21st century: challenges and opportunities. EC Nutr 11(2):66–77

Heinzlmaier B, Tomaschitz W, Kohout R (2018) Kinder, Jugendliche und junge Erwachsene im VOD-Zeitalter. Rundfunk und Telekom Regulierungs-GmbH, Wien

Höhn TD, Voigt C (2019) Grundeinstellungen und Mediennutzungsverhalten zum Thema Ernährung. Eine Befragung unter jungen Familien in Deutschland. Ernähr Umsch 66(6), in Druck

Kininmonth AR, Jamil N, Almatrouk N, Evans CEL (2017) Quality assessment of nutrition coverage in the media: a 6-week survey of five popular UK newspapers. BMJ Open 7:e014633. ► https://doi.org/10.1136/bmjopen-2016-014633

Klassen KM, Borleis ES, Brennan L, Reid M, VcCaffrey TA, Lim MS (2018) What people „like": analysis of social media strategies used by food industry brands, lifestyle brands, and health promotion organizations on Facebook and Instagram. J Med Internet Res 20(6):e10227

Klotter C (2009) Warum Ernährungspsychologie in der Ernährungsberatung gebraucht wird. Ernähr Umsch 56(10):565–567

Klotter C (2011) Warum wir es schaffen, nicht gesund zu bleiben. In: aid Infodienst (Hrsg) Mehr als wir verdauen können: Strategien zum Umgang mit der Informationsflut. Tagungsband zum 13. aid-Forum. aid infodienst Ernährung, Landwirtschaft, Verbraucherschutz, Bonn, S 15–26

Köcher R (2018) Lost in Information? Die neuen Orientierungsmuster in der multioptionalen Medienwelt. Präsentation. Institut für Demoskopie Allensbach

Krause A (2018) TV-Food-Journalismus. Ernähr Umsch 65(10):M556–M564

Kroeber-Riel W, Weinberg P, Gröppel-Klein A (2009) Konsumentenverhalten. Vahlen, München

Kulovits K (2011) Infotainment im Fernsehen – Ratgebersendungen zum Thema gesunde Ernährung. Eine Befragung von Rezipienten und Rezipientinnen. Magisterarbeit, Institut für Publizistik- und Kommunikationswissenschaften der Universität Wien

Lücke S (2006) Ernährung in Massenmedien – neue Strategien für die Ernährungsaufklärung. In: aid Spezial (Hrsg) Ernährungskommunikation. Neue Wege – neue Chancen? aid, Bonn, S 42–58

Lücke S (2007) Ernährung im Fernsehen. Eine Kultivierungsstudie zur Darstellung und Wirkung. VS Verlag, Wiesbaden

Maheshwar M, Narender K, Balakrishna N, Rao DR (2018) Teenagers' understanding and influence of media content on their diet and health-related behaviour. J Clin Nutr Diet 4(2):9

Maschkowski G, Büning-Fesel M (2010) Ernährungskommunikation in Deutschland – Definition, Risiken und Anforderungen. Ernähr Umsch 57(12):676–679

McVey D (2011) Evaluating the impact of mass media campaigns. Präsentationsunterlagen, 9. Dezember 2011, Paris. ► http://inpes.santepubliquefrance.fr/30000/pdf/colloque-9dec/McVey.pdf. Zugegriffen: 6. Jan. 2019

Mehne J (2018) Medien machen Medizin!? Themenwahl und Präsentationsformen in TV-Ratgebersendungen. Dissertation, Medizinische Fakultät Charité – Universitätsmedizin Berlin

Nöcker G (2016) Gesundheitskommunikation und Kampagnen. Bundeszentrale für gesundheitliche Aufklärung (BZgA). ▶ https://www.leitbegriffe.bzga.de/bot_angebote_idx-155.html. Zugegriffen: 6. Jan. 2019

Nuber U (2003) So kann es nicht weitergehen! Psychol Heute 2003:20–25

Petty RE, Cacioppo JT (1984) Source factors and the elaboration likelihood model of persuasion. Adv Consum Res 11:668–672

Pfister T (2012) Mit Fallbeispielen und Furchtappellen zu erfolgreichen Gesundheitsbotschaften? Inaugural-Dissertation an der Ludwig-Maximilians-Universität, München

Prochaska J, DiClimente C, Norcross J (1992) In search of how people change: applications to addictive behaviors. Am Psychol 47(9):1102–1114

Prochaska J, Velicer WF, Rossi JS, Goldstein MG, Marcus BH, Rakowski W, Fiore C, Harlow LL, Redding CA, Rosenbloom D et al (1994) Stages of change and decisional balance for 12 problem behaviors. Health Psychol 13(1):39–46

Prochaska JO, Velicer WF (1997) The transtheoretical model of health behavior change. Am J Health Promot 12(1):38–48

Renckstorf K (1989) Mediennutzung als soziales Handeln. Zur Entwicklung einer handlungs-theoretischen Perspektive der empirischen (Massen-)Kommunikationsforschung. In: Kaase M, Schulz W (Hrsg) Massenkommunikation. Theorie, Methoden, Befunde. Wilhelm Braumüller, Wien

Renckstorf K (1992) Neue Perspektiven in der Massenkommunikationsforschung. In: Burkart R (Hrsg) Wirkungen von Massenkommunikation – Theoretische Ansätze und empirische Ergebnisse. Wilhelm Braumüller, Wien

Rössler P, Willhöft C (2004) Darstellung und Wirkung von Ernährungsinformationen im Fernsehen. Ernährungsbericht 2004. Deutsche Gesellschaft für Ernährung, Bonn, S 347–406

Rossmann C, Lampert C, Stehr P, Grimm M (2018) Nutzung und Verbreitung von Gesundheits-informationen. Ein Literaturüberblick zu theoretischen Ansätzen und empirischen Befunden. Bertelsmann Stiftung, Gütersloh

saferinternet.at (2016) Gerüchte im Netz – Wie bewerten Jugendliche Informationen aus dem Inter-net? ▶ https://www.saferinternet.at/fileadmin/redakteure/Footer/Presse/Infografik_Studie_Geru-echte_im_Netz_DE.pdf. Zugegriffen: 2. Jan. 2019

Sampogna G, Bakolis I, Evans-Lacko S, Robinson E, Thornicroft G, Henderson C (2017) The impact of social marketing campaigns on reducing mental health stigma: results from the 2009–2014 time to change programme. Eur Psychiatry 40:116–122

Santarossa S, Woodruff SJ (2018) #LancerHealth: using Twitter and Instagram as a tool in a campus wide health promotion initiative. J Public Health Res 7(1):1166

Schenk M (2007) Medienwirkungsforschung. Mohr Siebeck, Tübingen

Schmelz L (2018) Kochen im Fernsehen. Eine kulturwissenschaftliche Annäherung. Volkskundliche Kommission für Thüringen e. V. (Hrsg), Waxmann, Münster und New York

Schulz-Bruhdoel N, Fürstenau K (2013) Die PR- und Pressefibel. Frankfurter Allgemeine Buch, Frankfurt a. M.

Schwabl T (2018) Influencer Marketing – Kurzfristiger Hype oder nachhaltige Werbeform? Umfrage von Marketagent.com im Auftrag der APA-OTS und APA-DeFacto. ▶ https://service.ots.at/files/2018/06/PR-Trendradar-InfluencerMarketing.pdf. Zugegriffen: 3. Jan. 2019

Seiche E (2018) Welchen Quellen vertrauen Jugendliche? Education Group GmbH. ▶ https://www.edugroup.at/service/suche/detail/welchen-quellen-vertrauen-jugendliche.html. Zugegriffen: 24. Okt. 2018

Slater M (2007) Medial vermittelte Kommunikation. In: Kerr J, Weitkunat R, Moretti M (Hrsg) ABC der Verhaltensänderung. Der Leitfaden für erfolgreiche Prävention und Gesundheitsförderung. Urban & Fischer, München, S 328–342

Statista (2018) Entwicklung der ausgestrahlten Stunden im deutschen Fernsehen zum Thema Kochen/Ernährung von 2005 bis 2008. ▶ https://de.statista.com/statistik/daten/studie/186368/umfrage/ausgestrahlte-stunden-im-deutschen-tv-zum-thema-kochen-oder-ernaehrung/. Zugegriffen: 2. Nov. 2018

Stead M, Angus K, Langley T, Katikireddi SV, Hinds K, Hilton S, Lewis S, Thomas J, Campbell M, Young B, Bauld L (2018) Mass media for public health messages: reviews of the evidence. Public Health Research. ▶ http://hdl.handle.net/1893/27385. Zugegriffen: 31. Dez. 2018

Stern (2007) Stern-Test: Wikipedia schlägt Brockhaus. ▶ https://www.stern.de/digital/online/stern-test-wikipedia-schlaegt-brockhaus-3221896.html. Zugegriffen: 3. Jan. 2019

Trattner C, Elsweiler D, Howard S (2017) Estimating the healthiness of internet recipes: a cross-sectional Study. Front Public Health 5:16. ▶ https://doi.org/10.3389/fpubh.2017.00016

Ulrich H-J (2004) Das Fernsehen – die mediale Ernährungsaufklärung? ForschungsReport 2004(2):13–15

Voigt D (2008) Kochsendungen im deutschen Fernsehen. Zur medialen Inszenierung von Alltagskompetenzen. Magisterarbeit. Johann Wolfgang Goethe-Universität, Institut für Theater-, Film- und Medienwissenschaft, Frankfurt a. M.

Voigt HC, Kreiml T (2011) Vorwort der Herausgeber. In: Voigt HC, Kreiml T (Hrsg) Soziale Bewegungen und Social Media. Handbuch für den Einsatz von web 2.0. ÖGB, Wien, S 7–13

Vom Orde H, Durner A (2018) Grunddaten Jugend und Medien 2018. Aktuelle Ergebnisse zur Mediennutzung von Jugendlichen in Deutschland. Präsentation. Internationales Zentralinstitut für das Jugend- und Bildungsfernsehen (IZI), München

Watson P, Morgan M, Hemmington N (2008) Online communities and the sharing of extraordinary restaurant experiences. J Foodservice 19(6):289–302. ▶ https://doi.org/10.1111/j.1748-0159.2008.00110.x

Weitze M-D, Heckl WM (2016) Wissenschaftskommunikation. Springer Spektrum, Berlin

Wikipedia (2018) ALS Ice Bucket Challenge. ▶ https://de.wikipedia.org/wiki/ALS_Ice_Bucket_Challenge. Zugegriffen: 13. Dez. 2018

Wirtz BW (2013) Medien- und Internetmanagement. Springer Gabler, Wiesbaden

Kommunikationsmittel

Von Social Marketing über Bild- und Textwirkung bis
Storytelling

© Springer-Verlag GmbH Deutschland, ein Teil von Springer Nature 2019
A. Mörixbauer, M. Gruber, E. Derndorfer, *Handbuch Ernährungskommunikation*,
https://doi.org/10.1007/978-3-662-59125-3_4

Kommunikation ist viel mehr als zwei klappernde Gebisse.
(Frank Dommenz, Malermeister und Illustrator)

Je nach Kanal, Zielgruppe und Ziel bieten sich unterschiedliche Kommunikationsmittel an. Jedes davon hat Vor- und Nachteile, spricht unterschiedliche Wahrnehmungstypen und Sinne an. In diesem Kapitel werden die wichtigsten Kommunikationsmittel vorgestellt sowie Besonderheiten, die mit deren Einsatz verbunden sind: Social Marketing, massenmediale Kampagnen, Bildwirkung, Textgestaltung, Food-Fotos, Pressearbeit, Storytelling, Entertainment Education, Events und Schauproduktionen. Ein Blick auf nährstoff- und lebensmittelbezogene Ernährungsempfehlungen schließt das Kapitel ab.

4.1 Soziales Marketing (Social Marketing)

Social Marketing orientiert sich an Techniken der kommerziellen Absatzwirtschaft – mit dem Unterschied, dass keine materiellen Produkte angeboten werden, sondern Verhaltensweisen, in unserem Falle das Ernährungsverhalten. Das „Produkt" hat einen Gesundheitsnutzen, der sich aber oft nur schwer vermitteln lässt. Deshalb muss mit der beabsichtigten Verhaltensänderung ein zusätzlicher Vorteil verbunden werden. Social-Marketing-Kampagnen, die sich an klassischen Marketing-Prinzipien orientieren, können präventive Bemühungen effektiver gestalten. Zudem werden sie dem Ansatz des Qualitätsmanagements besser gerecht als konventionell gestaltete Präventionsmaßnahmen (Loss und Nagel 2010).

> Der Begriff *„social marketing"* wurde 1971 von Kotler und Zaltman geprägt. Heute wird unter einer Strategie des sozialen Marketings eine Vielzahl unterschiedlicher Maßnahmen verstanden, die durch die Verknüpfung zu einer komplexen Strategie sozialen Wandel beeinflussen. Die sozialen Marketingstrategien zielen grundsätzlich auf die Beeinflussung von Wissen, Einstellungen und Verhalten. Dabei werden neben traditionellen Zugangswegen, wie persönliche Beratung u. a. moderne Kommunikationstechniken, PR-Instrumente und Werbekonzepte genutzt. Zentrale Elemente von Marketingstrategien sind: Analyse, Planung, Implementationsstrategien und Evaluierung (Pott 2003).

Im Marketing dreht sich alles um die „**4 P**": Es geht darum, das richtige Produkt (**product**) zu entwickeln und es unter Einsatz der richtigen Kommunikation (**promotion**), zum richtigen Preis (**price**) an den richtigen Stellen (**place**) zu vertreiben.

4.1.1 Methodenmix für die Planung und Umsetzung

Bei Ernährungskampagnen entspricht das Produkt der gewünschten Änderung des Ernährungsverhaltens. Der Preis sind die Anstrengungen oder Opfer, die Menschen bei einer Verhaltensänderung auf sich nehmen müssen. Diese können z. B. Zeitaufwand, finanzieller Aufwand, aber auch psychologischer und emotionaler Aufwand sein. Die Kommunikation entspricht den zu vermittelnden Botschaften, die letztlich über geeignete Kanäle und Medien die Zielgruppe(n) im jeweiligen Setting erreichen sollen. Hier geht es z. B. auch darum, Orte und Gelegenheiten zu schaffen, wo das gewünschte Verhalten umgesetzt werden kann oder sich Menschen damit auseinandersetzen: Kantinenangebote, Kochkurse, Beratungsangebote, reale oder virtuelle Austauschmöglichkeiten mit Gleichgesinnten (Chau et al. 2018). Gerade bei Letzterem bieten sich die Möglichkeiten der Social Media an.

4.1.2 Komplexes in eingängige Slogans packen

Die klassischen Kommunikationskanäle für Social-Marketing-Kampagnen sind die Massenmedien. Mittels Kampagnen versucht man in der Gesundheitsförderung, ein bestimmtes, sozial erwünschtes Gesundheitsverhalten als attraktiv und wünschenswert darzustellen. Die Herausforderung besteht darin, dass im Vergleich zum kommerziellen Marketing oft sehr komplexe Inhalte vermittelt werden müssen. Die Kunst ist es, diese auf leicht verständliche, alltagsrelevante und prägnante Text- und Bildbotschaften herunterzubrechen. Nur so können sie rasch Aufmerksamkeit erregen und sich im Gedächtnis des Betrachters oder Zuhörers verankern (Loss und Nagel 2010).

4.1.3 Die Zielgruppe(n) definieren

Social Marketing basiert auf dem Prinzip, dass die Bedürfnisse, Vorlieben und Abneigungen, Meinungen und Einstellungen sowie Lebensstile der Zielgruppe bekannt sind und die Maßnahmen sich daran orientieren. Es ist also eine professionelle Zielgruppensegmentierung nötig (▶ Kap. 2). Klassische Präventionskampagnen richten sich häufig an die gesamte Bevölkerung oder große Gruppen daraus. Social Marketing dagegen konzentriert sich bewusst auf ganz bestimmte Gruppen. Nur damit können die Kampagnentools konkret auf die gewünschte(n) Zielgruppe(n) abgestimmt und somit effizienter und effektiver werden (Loss und Nagel 2010; Chau et al. 2018).

4.1.4 Vorab testen, danach evaluieren

Basis jedes Social-Marketing-Konzeptes sollten immer wissenschaftlich abgesicherte Theorien der Verhaltensänderung (▶ Abschn. 3.4.1) sein (Chau et al. 2018). Im Social Marketing sind außerdem Prätests und Evaluationen eine Selbstverständlichkeit. Leider setzen Ernährungskampagnen diese Vorgaben nicht immer um. Dabei ist es essenziell, Botschaften und Kommunikationsmaterialien mit Personen aus der Zielgruppe vorab zu testen. Nur so kann gewährleistet werden, dass sich die richtigen Personen von der gewählten Botschaft angesprochen fühlen, diese (richtig) verstehen und sie nachvollzichen können. Stellt sich im Prätest heraus, dass dies nicht der Fall ist, hat man die Möglichkeit, Botschaften und Kommunikationsmaterialen rechtzeitig zu modifizieren, bevor sie kostenintensiv in hoher Menge produziert werden. Dieses Vorgehen kann die Effektivität von Maßnahmen wesentlich verbessern.

Die Evaluation überprüft im Nachhinein, ob bzw. wie erfolgreich die Maßnahmen waren. Oft, gerade bei langfristig angelegten Kampagnen, ist auch eine Prozessevaluation sinnvoll. Durch Zwischenevaluationen können neue Erkenntnisse in Form von Rückkoppelungsschleifen für die nächsten Schritte berücksichtigt werden (Loss und Nagel 2010).

4.1.5 Acht Kriterien

Das britische National Social Marketing Center (UK) hat 2010 acht Vergleichskriterien entwickelt, um das Verständnis für und den Einsatz von Social-Marketing-Konzepten zu fördern:

1. Verhaltensbezug
2. Zielgruppenorientierung
3. Theorie
4. Einblick
5. Austausch
6. Konkurrenz
7. Segmentierung
8. Methodenmix

Aceves-Martins et al. (2016) zeigten in ihrer Metaanalyse, dass mindestens fünf dieser acht Kriterien erfüllt sein müssen, damit Social-Marketing-Strategien Wirkung zeigen (im konkreten Fall zur Adipositasprävention im Setting Schule). Im folgenden Beispiel werden diese Kriterien näher erläutert.

Social Marketing anhand der acht NSMC-Benchmark-Kriterien: Ergebnisse eines systematischen Reviews

Luecking et al. (2017) führten eine systematische Literaturrecherche in Bezug auf Interventionen durch, die auf die Ernährung und/oder körperliche Aktivität von Kleinkindern in Betreuungseinrichtungen im Zeitraum 1994 bis 2016 abzielten. Die gefundenen 135 Studien mit insgesamt 77 verschiedenen Interventionen analysierten sie anschließend anhand der Benchmark-Kriterien des NSMC.

1. **Verhaltensbezug**: Social Marketing zielt auf Verhaltensänderung ab, nicht nur auf die Beeinflussung von Wissen, Einstellungen und Meinungen. Daher ist es wesentlich, jenes Verhalten zu identifizieren und zu definieren, das verändert werden soll. Ergebnis: Am häufigsten bezogen sich die Ernährungsmaßnahmen auf einen gesteigerten Konsum gesunder Lebensmittel, v. a. Obst und Gemüse, und/oder einen verringerten Konsum energiereicher Snacks und Getränke.

2. **Zielgruppenorientierung**: Das bedeutet, dass die Zielgruppe(n) im Zentrum des Planungsprozesses stehen und beinhaltet geplante Recherche, Prätestung und Pilottestung. Ergebnis: Ein Drittel (34 %) der Interventionen berücksichtigte bei der Herangehensweise in irgendeiner Form die Zielgruppenorientierung, etwa durch Recherchen, Fokusgruppendiskussionen oder Befragung von Schlüsselpersonen.

Keine einzige Intervention bezog dabei jedoch die Kinder selbst ein. 14 % führten Prätests mit den geplanten Materialien oder Maßnahmen durch.

3. **Theorie:** Verhaltenstheorien können das Interventionsdesign stärken, da sie helfen, die Einflüsse auf Verhalten bzw. den Prozess der Verhaltensänderung zu identifizieren. Social Marketing an sich ist keine Theorie, sondern eher ein Zugang der die Entwicklung des Interventionsprozesses leitet. Ergebnis: Ein Drittel (34 %) der Interventionen führten eine oder mehrere Theorien der Verhaltensänderung an, die Basis für Planung, Implementierung oder Evaluierung war(en).

4. **Einblick:** Ein genaues Verständnis der Motive hinter den Einstellungen und dem Verhalten der Zielgruppe(n) hilft, das Interventionsdesign zu schärfen. Oft betrifft das die von den Menschen wahrgenommenen fördernden und hemmenden Faktoren in Bezug auf eine Verhaltensänderung. Etwa ein Drittel (29 %) der Interventionen waren so geplant, dass sie den Nutzen der Verhaltensänderung förderten und/oder den empfundenen Aufwand dafür verringerten. Nur 5 der 77 Interventionen erhielten die diesbezüglichen Einblicke direkt von den Zielgruppen, am wenigsten wurden die Kinder selbst berücksichtigt.

5. **Austausch:** Das bedeutet, dass die tatsächlichen oder von der Zielgruppe angenommenen „Kosten" für die Veränderung zum gewünschten Verhalten berücksichtigt werden. Wirksame Social-Marketing-Botschaften versuchen, diese „Kosten" zu verringern, während sie gleichzeitig das gewünschte Verhalten attraktiv und wünschenswert darstellen. Ergebnis: Etwa ein Drittel (31 %) berücksichtigten Nutzen und/oder „Kosten" der Verhaltensänderung. Nur sechs (8 %) Interventionen, nahmen konkret auf finanzielle, psychologische oder soziale Kosten Bezug.

6. **Konkurrenz:** Das Interventionsdesign kann gestärkt werden, indem explizit auf vorhandene Optionen eingegangen wird, die in Konkurrenz zum gewünschten Verhalten stehen. Zum Beispiel müssen Maßnahmen, die den Obst- und Gemüseverzehr fördern sollen, beachten, dass süße und salzige Snacks um den Platz auf den Tellern der Kinder konkurrieren. Ergebnis: Nur sechs (8 %) der Interventionen berücksichtigten dies explizit. Etwa, indem sie Strategien entwickelten, eher Wasser statt Limonaden zu trinken.

7. **Segmentierung:** Dies bedeutet, relevante Bevölkerungsgruppen im Hinblick auf die Interventionsziele durch klare Kriterien zu identifizieren, zu priorisieren und Maßnahmen auf diese Gruppe(n) zuzuschneiden. Ergebnis: Etwa die Hälfte (46 %) bestimmte ein oder mehrere Zielgruppensegment(e) mit ähnlichen Eigenschaften und passte die Maßnahmen daran an. Die Zielgruppen wurden anhand von Demografie (z. B. Alter, sozioökonomischer Status), Geografie, Psychografie (Werte, Einstellungen) und/oder Verhaltenseigenschaften charakterisiert.

8. **Methodenmix:** Auch bekannt als die „4 P": *product, price, place and promotion* (s. o.). Ergebnis: Aufgrund der Auswahlkriterien (Setting Betreuungseinrichtung) dieses systematischen Reviews war bei jeder Intervention zumindest das Element *place* vorhanden. 89 % enthielten eine Produktkomponente (z. B. Lehrplan, Unterrichts-materialien, Spiele, Broschüren). Knapp die Hälfte (49 %) berücksichtigten *promotion*-Elemente wie Flyer oder Poster. Nur sechs (8 %) der Interventionen berücksichtigten die Kosten *(price)* der Verhaltensänderung, wie Zeitaufwand, finanziellen Aufwand, Platzbedarf. Insgesamt beinhalteten nur drei (4 %) der Interventionen alle vier Elemente des Methodenmixes.

Evaluation: Zusätzlich zu den acht genannten Kriterien, analysierten die Autoren auch die Ergebnisevaluation der Interventionen. Drei Viertel (75 %) der Interventionen berichteten zumindest von einer positiven Wirkung. 40 % jener, die anthropometrische Daten erhoben, zeigten zumindest in einem Parameter eine Verbesserung. 61 % entwickelten als Ergebnis eine Maßnahme, die sich auch an die Eltern, Betreuungspersonen und/oder Einrichtungsleitungen wendete. Ein weiteres Schlüsselelement des Social Marketings ist die Prozessevaluation. Diese ermöglicht wichtige Feedbackschleifen für Zwischenkorrekturen. Nur die Hälfte (52 %) berücksichtigte dies.

4.2 Massenmediale Kampagnen

Verhaltensänderungen alleine aufgrund medialer Kampagnen sind zwar möglich, aber nur selten zu erwarten. Erfolgreich sind hier v. a. Kampagnen zur Steigerung des Obst- und Gemüsekonsums, wie die Metaanalysen von Snyder et al. (2004, 2006), Snyder und Hamilton 2002, Snyder (2007) und Afshin et al. (2013) zeigen. Nach Afshin et al. (2015) können insbesondere fokussierte Kampagnen, die auf einen einzelnen Ernährungsfaktor (z. B. Obstkonsum, Salzkonsum) oder zusammenhängende Faktoren wie den Obst- und Gemüseverzehr abzielen, das Ernährungsverhalten verbessern. Dies bestätigte u. a. eine Medienkampagne zur Verringerung des Salzkonsums in Südafrika, die unter Berücksichtigung des Transtheoretischen Modells (▶ Abschn. 3.4.1) konzipiert wurde (Wentzel-Viljoen et al. 2017).

Eine norwegische Studie (Mørk et al. 2017) beobachtete, dass die Kennzeichnung bestimmter, gesundheitsförderlicher Lebensmittel mit einem Symbol („Green Keyhole") das Kaufverhalten positiv beeinflusste, wenn die Verbraucher zusätzlich durch eine kurzfristige Kampagne über den konkreten Nutzen informiert wurden. Die Autoren zeigten, dass auch schwierige Zielgruppen erreichbar sind, wenn die Maßnahmen konkret auf diese Zielgruppen maßgeschneidert waren. Langzeitergebnisse dazu liegen noch nicht vor.

> Öffentliche Informationskampagnen beinhalten die Konzeption, Durchführung und Kontrolle von systematischen und zielgerichteten Kommunikationsaktivitäten zur Beeinflussung von Problembewusstsein, Einstellungen und Verhaltensweisen bestimmter Zielgruppen, und zwar in Bezug auf soziale Ideen, Aufgaben oder Praktiken im gesellschaftlich erwünschten Sinn. Damit grenzen sich Infokampagnen von Werbung und Public Relations ab, da diese immer dem Zweck der jeweiligen Organisation untergeordnet sind (Hänsli 2006, S. 75).

Im Vergleich zu Kampagnen, die auf andere Gesundheitsthemen abzielen (z. B. Alkohol, Rauchen, körperliche Aktivität, sexuelle Gesundheit) ist die insgesamt bislang vorliegende Evidenz für Ernährungskampagnen aber gering. Das liegt wahrscheinlich daran, dass Ernährungsverhalten ein sehr komplexes Thema mit vielen Einflussfaktoren ist. Denn je komplexer das Verhalten, desto schwieriger ist es, über ausschließlich massenmediale Kampagnen eine Wirkung zu erzielen. Auch die Evidenz von Kampagnen, die Social-Media-Aktivitäten einbeziehen, ist noch schwach bzw. wenig erforscht (Stead et al. 2018; Kite 2018).

4.2.1 Mindestanforderung: Aufmerksamkeit

Die Ziele Wissensvermittlung und Aufmerksamkeit können Medienkampagnen jedoch auch im Hinblick auf Ernährung gut erreichen. Der Effekt variiert dabei je nach Umfang, Fokus, Zielgruppenansprache, theoretischer Basis, Inhalt, Quellen und Dauer. Um eine Verhaltensänderung zu erreichen, sind jedoch damit kombinierte Interventionen bzw. entsprechende Angebote nötig (▶ Abschn. 4.1). Diese Ziele lassen sich auf verschiedenen Ebenen lokalisieren. Neben Zielen auf kognitiver Ebene (problematisieren, informieren, orientieren) sind Ziele auf affektiver Ebene (sensibilisieren, motivieren) denkbar. Voraussetzung dafür ist immer, dass zuvor Aufmerksamkeit erreicht wird (Bonfadelli und Friemel 2006; Pfister 2012; Kite 2018).

4.2.2 Häufige Stolpersteine

Besondere Schwierigkeiten von Kommunikationskampagnen im Ernährungsbereich (Hornik und Kelly 2007 zit. nach Grünewald-Funk 2013, S. 31):

- **Singulärer Medienkanal:** Zu oft wird eine Botschaft nur auf einem Weg zum Verbraucher transportiert (z. B. Broschüren). Damit verspielt man die Chance, dass über eine gesellschaftliche Diskussion oder den Einbezug sozialer Netze (Freunde, Familie usw.) ein Wandel von Einstellungen, Normen und sozialer Akzeptanz bewirkt wird. Dieser ist wiederum ein wichtiger Faktor für Verhaltensänderung. Darüber hinaus können durch einen Medienmix Verantwortliche in Kindergärten, Schulen, Betrieben oder Politik angeregt werden, die Inhalte der Kampagne zu unterstützen und im jeweiligen Setting Veränderungen zu bewirken.
- **Komplexe Botschaften:** In Drogen- oder Anti-Rauch-Kampagnen sind die Botschaften klarer und einfacher (z. B. „Stoppt Rauchen" oder „Vermeide Drogen") als dies für Ernährungsempfehlungen möglich ist. Zudem sind diese in hohem Maß abhängig von Alter, Geschlecht, Bewegungsaktivität und Body-Mass-Index der Zielpersonen.
- **Kognitive Botschaft:** Zu oft folgen Ernährungsbotschaften einer medizinisch-naturwissenschaftlichen Argumentation (gesund/ungesund), anstatt emotionale Reize zu setzen.
- **Offener wissenschaftlicher Diskurs:** Ernährungsempfehlungen können aufgrund eines noch andauernden wissenschaftlichen Diskurses widersprüchlich sein.

4.3 Text

4.3.1 Das Hamburger Verständlichkeitskonzept

Komplexe Themen in verständliche Worte zu fassen erfordert die Kunst des Weglassens und des klaren Denkens, damit die wesentlichen Inhalte und Aussagen nicht auf der Strecke bleiben. Schwer verständliche Texte sind in der Regel nicht das Problem des Lesers, sondern des Verfassers. Ein Modell, das in der Praxis beliebt ist, ist das Hamburger Verständlichkeitskonzept. Die Psychologen der Universität Hamburg,

Reinhard Tausch, Inghard Langer und Friedemann Schulz von Thun haben es Anfang der 1970er-Jahre entwickelt (Langer et al. 2015).

Demnach hängt die Verständlichkeit eines Sachtextes von folgenden vier Textmerkmalen ab:

- Einfachheit,
- Gliederung/Ordnung,
- Kürze/Prägnanz,
- anregende Zusätze.

Einfachheit – Keep it simple!

Ein leicht lesbarer Text fügt geläufige und anschauliche Wörter zu kurzen einfachen Sätzen zusammen. Schwierige Begriffe bzw. Fremdwörter und Fachausdrücke werden erklärt. Dabei kann der dargestellte Sachverhalt selbst einfach oder schwierig sein – es geht hier lediglich um die Art der sprachlichen Darstellung. Gute Autoren schreiben oft in einer sehr schlichten Sprache. Einfach bedeutet hier nicht primitiv, sondern klar, verständlich und eingängig.

> **„Sie glauben nicht, wie schwierig es ist, einfach und klar zu sein. Die Leute fürchten, dass sie als Einfaltspinsel gesehen werden. In Wirklichkeit ist es gerade umgekehrt" (Jack Welch, ehem. CEO von General Electric).**

Gliederung/Ordnung – Schaffen Sie Orientierung!

Dieses Textmerkmal bezieht sich auf die innere Ordnung und die äußere Gliederung eines Textes. Inhaltlich beziehen sich die Sätze der Logik entsprechend aufeinander. Sie stehen nicht beziehungslos nebeneinander. Informationen werden in einer sinnvollen Reihenfolge bereitgestellt. Äußerlich erkennt man den Aufbau des Textes: Durch Absätze, Zwischenüberschriften, Vor- und Zwischenbemerkungen, Hervorhebungen oder Zusammenfassungen wird klar, was zusammengehört, was wichtig und was unwichtig ist.

Kürze/Prägnanz – Mut zur Lücke!

Die Textlänge sollte immer in einem adäquaten Verhältnis zum Informationsziel stehen. Zu knappe, gedrängte Formulierungen sind das eine Extrem, Weitschweifigkeit das andere. Hier geht es darum, unnötige Details und überflüssige Erläuterungen wegzulassen, nicht vom Thema abzuschweifen oder breit auszuholen, Füllwörter sowie leere Phrasen zu unterlassen und Wiederholungen zu vermeiden.

> **„Tritt fest auf, mach's Maul auf, hör bald auf." (Martin Luther).**

Anregende Zusätze – Würzen Sie Ihren Text!

Damit können Autoren Anteilnahme, Interesse und Lust am Weiterlesen hervorrufen. Als Stilmittel setzen sie dafür u. a. rhetorische Fragen, Zitate, alltagsnahe Beispiele, humorvolle Formulierungen, konkrete Menschen oder die direkte Ansprache des Lesers ein. Und? Haben Sie immer noch Lust weiterzulesen?

> **„Die Probe der Güte ist, dass der Leser nicht zurückzulesen hat" (Jean Paul).**

Die vier Textmerkmale des Hamburger Verständlichkeitskonzeptes sind ziemlich unabhängig voneinander. Ein einfach formulierter Text, kann trotzdem schlecht gegliedert sein. Lediglich die Merkmale Kürze/Prägnanz und anregende Zusätze hängen etwas zusammen. Denn anregende Zusätze verlängern natürlich einen Text (Langer et al. 2015).

4.3.2 Wie lange sollten Sätze sein?

Wolf Schneider (2001, S. 92), ehemaliger Leiter der Hamburger Journalistenschule, meint zur Länge von Sätzen (◘ Tab. 4.1): „Kurze Sätze sind meistens verständlicher und lesen sich oft angenehmer als lange Sätze – jedenfalls als solche Sätze, die verschachtelt und überfrachtet sind. Das Optimum an eingängigem und attraktivem Deutsch lässt sich durch einen lebhaften Wechsel von mäßig kurzen und mäßig langen Sätzen erzielen".

> **Wichtig**
> ► **www.leichtlesbar.ch**
> **Unter diesem Link kann man seinen Text anhand der sogenannten „Flesch-Formel" bewerten lassen. Diese berücksichtigt die durchschnittliche Wortlänge in Silben und die durchschnittliche Satzlänge in Wörtern. Der Flesch-Index (Lesbarkeitsindex, Lesbarkeitsgrad) misst, wie leicht ein Text, aufgrund seiner Struktur lesbar und verständlich ist. Über den Inhalt sagt er freilich nichts aus.**

4.3.3 Die wichtigsten Regeln für gute Texte

Folgende Punkte machen einen guten Text aus (von Campenhausen 2014; Schneider 2001; Könneker 2012; Herbst 2015):
- präzise formulieren.
- kurze, klare Sätze, aufgelockert durch mittellange Sätze.
- Hauptsachen in Hauptsätzen.

◘ **Tab. 4.1**   Aus wie vielen Wörtern soll ein Satz bestehen? (Nach Schneider 2001, S. 90)

Wörter pro Satz	
47 % …	… der Sätze in der Bild-Zeitung haben vier Wörter oder weniger
9	Obergrenze der optimalen Verständlichkeit laut dpa (Deutsche Presse-Agentur)
7–14	Obergrenze für gesprochene Texte
10–15	Empfohlene durchschnittliche Satzlänge
12	Durchschnittliche Satzlänge in der Bild-Zeitung
20	Obergrenze des Erwünschten bei der dpa
30	Obergrenze des Erlaubten bei der dpa
92	Durchschnitt im *Tod des Vergil* von Hermann Broch

- Schachtelsätze vermeiden, Nebensätze am Ende des Hauptsatzes.
- Füllwörter vermeiden bzw. mit Bedacht einsetzen.
- starke Verben beherrschen den Text.
- Nominalwörter, die auf -ung, -heit oder -keit enden, vermeiden,
- Aktiv statt Passiv bevorzugen, „man"-Formulierungen sparsam einsetzen,
- Adverbien nur, wenn sie nötig sind,
- mit Adjektiven sparsam umgehen,
- Fremdwörter und Fachjargon vermeiden oder erklären,
- abstrakte Aussagen durch Beispiele erklären,
- konkrete statt abstrakte Begriffe,
- Metaphern und Vergleiche nutzen, um komplexe Sachverhalte darzustellen,
- Vorsicht vor Superlativen,
- korrekte Grammatik und Zeichensetzung.

4.3.4 Fallbeispiele können die Selbstwirksamkeit erhöhen

In sämtlichen Medien sind Fallbeispiele bei Autoren beliebt. Auch in der Gesundheitskommunikation werden sie gerne eingesetzt. Dabei steht ein Fallbeispiel vertretend für viele andere Einzelfälle, für die es typisch ist und dient so als Beleg, Illustration und Veranschaulichung. Das ist gerade bei Gesundheits- bzw. Ernährungsthemen von Bedeutung, da es hier oft um komplexe Sachverhalte geht.

Das Gegenstück zum Fallbeispiel ist die summarische Realitätsbeschreibung. Damit meint man generalisierbare Aussagen, häufig in Form von Statistiken, die repräsentativ, systematisch, reliabel und valide sind. Für Laien sind sie jedoch unanschaulich und schwer verständlich. Gut gewählte Fallbeispiele haben theoretisch das Potenzial, sowohl kognitive Wirkungen als auch persuasive Effekte (► Abschn. 3.4.4) hervorzurufen, während summarische Realitätsbeschreibungen – bei gleichzeitiger Präsentation – ignoriert werden (Pfister 2012).

Selbstwirksamkeit ist hinsichtlich Intentionen und Verhalten die einflussreichste Selbstvariable. Untersuchungen zeigen, dass diese durch positive Fallbeispiele gut darstellbar ist, indem konkrete Erfahrungen präsentiert werden. Dabei wirken mehrere Fallbeispiele besser oder anschaulicher als ein einzelnes. Mehrere unterschiedliche Fallbeispiele können zudem breitere Zielgruppen ansprechen. Wählt man nur einen besonders typischen Einzelfall aus, muss die Zielgruppe klein und sehr exakt definiert sein, um in deren Lebenswelt authentisch zu erscheinen. Das Stilmittel eignet sich u. a., um den Umgang mit Rückschlägen darzustellen oder verschiedene Wege zum Ziel aufzuzeigen. Bei Älteren oder weniger Gebildeten scheinen Fallbeispiele besser anzukommen als bei Jüngeren und höher Gebildeten (Pfister 2012).

Insgesamt ist die Evidenzlage zum Nutzen von Fallbeispielen bislang aber heterogen. Das Deutsche Netzwerk Evidenzbasierte Medizin e. V. spricht daher in ihrer „Leitlinie evidenzbasierte Gesundheitsinformation" derzeit keine Empfehlung für Fallbeispiele aus (► Abschn. 8.7.4).

> Das Bundesministerium für Arbeit und Soziales (D) hat gemeinsam mit dem Netzwerk Leichte Sprache einen Leitfaden entwickelt, der auf spezielle Zielgruppen abzielt: Menschen mit Lern- oder Leseschwierigkeiten, Demenzpatienten, Personen, deren Muttersprache nicht Deutsch ist oder die nicht gut deutsch sprechen. Dieser Ratgeber zählt zu den Leuchtturmprojekten, die im Rahmen der Umsetzung der UN-Behindertenrechtskonvention entwickelt und durchgeführt wurden. ► https://www.gemeinsam-einfach-machen.de/GEM/DE/AS/Leuchttuerme/Ratgeber/Ratgeber_LS/ratgeber_ls_node.html

4.4 Bild

Menschen sind konfrontiert mit einer Flut an Informationen (► Kap. 1), auch die Menge an Bildern in Medien steigt stetig. Jene Kanäle in sozialen Medien, die vorwiegend durch Bilder bzw. Bewegtbilder kommunizieren (Instagram, YouTube, Facebook usw.) verzeichnen immer höhere Nutzerzahlen, kein Blog kommt ohne Bilder aus. Menschen sind also einem immer stärkeren – auch visuellen – Kommunikationsdruck ausgesetzt. Gleichzeitig bleibt aber die Verarbeitungskapazität konstant. Was passiert? Wir filtern, ignorieren und schotten uns ab, damit wir nicht überfordert werden. Der Mensch nimmt heute nur mehr 1 % (!) aller Eindrücke auf, bevorzugt jene, die eine emotionale Bedeutung für ihn haben. Und in dieses, von zahlreichen Akteuren umkämpfte Prozent möchte auch die Ernährungskommunikation. Die Kommunikation über Bilder ist dabei immens wichtig, weil wir sie im Vergleich zu Texten rascher erfassen, leichter aufnehmen und verarbeiten und uns länger an sie erinnern (Herbst 2006, 2015).

4.4.1 Kommunikation in Sekunden

Angesichts der Zahlen in ◘ Tab. 4.2 kommt dem Einsatz von Bildern enorme Bedeutung zu. Bilder sind laut Herbst „Schnellschüsse ins Gehirn". Der Mensch nimmt Bilder 60.000 Mal schneller wahr als Texte. Eine Zehntelsekunde reicht aus, damit eine grobe Vorstellung von einem Bild wahrgenommen wird. Innerhalb einer Sekunde werden fünf Bilder im Schnelldurchlauf erkannt. Und 2 s lang ein Bild zu betrachten reicht aus, um es später wiederzuerkennen. Dazu kommt, dass Menschen

◘ **Tab. 4.2**	Sekundenkommunikation als eine Folge der Informationsflut. (Nach Herbst 2006)
8 s …	… betrachten User eine *Webseite,* ehe sie entscheiden, ob sie bleiben oder gehen
2–3 s …	… betrachten Leser eine Anzeige; währenddessen werden lediglich das Bild und die Überschrift erfasst
1–2 s …	… nehmen User einen Werbebanner wahr; „erfahrene" User zeigen sogar eine Blindheit gegenüber Bannern
1–2 s …	… beachten Menschen ein Plakat

Bilder vor Texten betrachten (Bilddominanz). Es kostet weniger Energie zu schauen, als zu lesen. Denn Bilder sprechen direkt und unmittelbar die visuellen Zentren des Gehirns an. Sie müssen nicht – wie Texte – entschlüsselt werden und können daher weitgehend ohne gedankliche Logik verarbeitet werden. Das entspricht dem peripheren Weg der Informationsverarbeitung (▶ Abschn. 3.4.4).

4.4.2 Bilder als Anreize für die Informationssuche

Die Markenwerbung für Nahrungsmittel zeigt, welche Durchsetzungskraft von Informationen ausgeht, die in Bildwelten eingebettet sind. So vermitteln Markenimages nicht nur Vorstellungen von der Produktqualität, sondern auch Bilder von Personen und Situationen, die zu den jeweiligen Nahrungsmitteln passen. Diese dienen nicht nur als Ersatzindikatoren für die Produkteigenschaften, sondern insbesondere der Selbstpositionierung der Verwender. Ein Jugendlicher möchte ebenso cool, verwegen und stark sein wie der Extremsportler, der vor dem Sprung von der Klippe noch einen Schluck des bekannten Energy Drinks macht. Produkte und/oder Ernährungsstile, die mit attraktiven Bildwelten verbunden sind, haben eine höhere Akzeptanz. Darüber hinaus können sie ein Rezeptionsklima schaffen, in dessen Rahmen Anreize zur Suche nach weiteren Informationen entstehen (Meyer 2003).

4.4.3 Bilder und Motive gezielt auswählen

Negative Bilder aktivieren zwar im Moment stärker, aber in der Erinnerungsleistung schneiden positive Motive deutlich besser ab – besonders wenn Gesichter oder Menschen präsentiert werden. Denn innerhalb von Sekunden lesen Betrachter aus ihnen Eigenschaften heraus. Dazu kommt, dass beim Ansehen von Bildern Spiegelneuronen im Gehirn aktiviert werden. Das sind Nervenzellen, die beim Betrachten eines Vorgangs das gleiche Aktivitätsmuster zeigen wie bei der eigenen Ausführung. Sie machen die inneren Vorgänge des Gegenübers direkt und simultan im eigenen Körper erfahrbar. Motive mit positiv gestimmten Menschen, die lachen, zufrieden aussehen, Spaß haben usw. stimmen auch den Betrachter eher positiv und erzeugen so ein Rezeptionsklima, das für die Informationsaufnahme förderlich ist (▶ Abschn. 3.4.4; Herbst 2006; Zaboura 2009; Thelemann 2008).

Bekannte Motive mit unerwarteten Elementen versehen

Menschen wenden sich jenen Bildern zu, die für sie neu sind oder unerwartete Elemente aufweisen. Ein Problem in der Ernährungskommunikation sieht Herbst (2006) darin, dass fast immer die gleichen Bilder verwendet werden. Sieht man ein Motiv aber zu häufig, ignoriert man es mit der Zeit. Ein sehr gutes Beispiel für ein bekanntes Motiv mit ungewöhnlichen Elementen ist das Sujet von „Dat Backhus" (◻ Abb. 4.1).

Auf den ersten Blick erkennt man ein Brötchen mit Belag. Doch irgendetwas irritiert sofort. Der Belag ist Brot! Diese Konstruktion verblüfft und bleibt in Erinnerung, weil sie anders ist als die üblichen Motive für Brot und Gebäck.

☑ **Abb. 4.1**   Positiv-Beispiel für ein bekanntes Motiv mit ungewöhnlichem Element. (Quelle: Springer & Jacoby Österreich GmbH. Idee: Springer & Jacoby Werbeagentur, Auftraggeber Dat Backhus Heinz Bräuer & Co. KG, Foto: Ulrich Hoppe)

> ❯ **„Das Geheimnis des Erfolgs? Anders sein als die anderen" (Woody Allen).**

Weniger ist oft mehr!

Ein großes Motiv wirkt intensiver als eine Collage aus vielen kleinen Elementen. Und Bilder sind bei kurzer Betrachtungsdauer wichtiger als der Text. Eine Anzeige wird durchschnittlich knapp zwei Sekunden betrachtet. Dabei entfallen drei Viertel der Zeit auf das Bild, 16 % auf die Überschrift und nur 8 % auf den Text. Das entspricht etwa sechs bis sieben Wörtern. Um alle Informationen aufzunehmen, wären aber 35 bis 40 s nötig. Bricht der Betrachter jedoch nach 2 s ab, bleibt zumindest die Bildinformation hängen. Deshalb können Bilder, gerade bei Medienkampagnen, für den Kommunikationserfolg wichtiger sein als der Text.

Darstellungen von Ernährungspyramiden sind häufig mit Elementen überladen. Das kann zu Verwirrung führen. Es ist effektiver, statt mehreren Wasserflaschen nur eine abzubilden. Oder die Darstellungen sind Zeichnungen, womöglich noch kontrastschwach. Das verringert ebenfalls die Erinnerungsleistung. Denn Fotos wirken vor Zeichnungen (Herbst 2015).

> ❯ **„Bilder dienen sehr stark der Orientierung und der Meinungsbildung. Wenn diese den Erkenntnissen der Verhaltensforschung entsprechen, können sie stark verhaltensauslösend wirken. Es gibt sehr viele Erkenntnisse dazu, wie Bilder wirken. Leider werden diese Erkenntnisse kaum genutzt – auch in der Ernährungskommunikation. Deshalb erreicht die Botschaft so oft nicht den Adressaten" (Herbst 2006, S. 39).**

Stigmatisierungen vermeiden

Speziell Übergewichtige und Adipöse werden auf Fotos immer wieder klischeehaft dargestellt – unattraktiv, unglücklich, schwerfällig, unsympathisch, peinlich u. Ä. Typische Motive von Adipösen sind „kopflose" Menschen in unvorteilhafter Kleidung. All das trägt zur Entpersonalisierung und Stigmatisierung bei (▶ Abschn. 8.4). Respektvolle Fotos von übergewichtigen Menschen in den Medien können dagegen starke antidiskriminierende Zeichen setzen. Aus diesem Grund haben die Deutsche Adipositas-Gesellschaft (DAG) und das Interdisziplinäre Forschungs- und Behandlungszentrum (IFB) AdipositasErkrankungen 2018 einen Medienleitfaden zum Thema Adipositas für Journalisten herausgebracht. Dieser enthält u. a. Links zu Foto-/Bilddatenbanken mit kostenfrei nutzbarem Bildmaterial, das Übergewichtige und Adipöse nicht stigmatisierend darstellt (Gerlach und Blüher 2018; Schütz 2018).

> **Wichtig**
> Bilddatenbanken mit kostenfrei nutzbarem Bildmaterial, das Übergewichtige und Adipöse respektvoll darstellt:
> The World Obesity Federation: ▶ http://www.imagebank.worldobesity.org
> UConn Rudd Center for Food Policy and Obesity: ▶ http://www.uconnruddcenter.org/media-gallery, ▶ http://www.uconnruddcenter.org/image-library
> The Obesity Action Coalition: ▶ https://www.obesityaction.org/get-educated/public-resources/oac-image-gallery
> Canadian Obesity Network: ▶ https://obesitycanada.ca/resources/image-bank
> IFB AdipositasErkrankungen: ▶ https://www.ifb-adipositas.de/aktuelles-presse/fotos

Zielgruppenanalysen für die Bildauswahl nutzen

Die Aufmachung ist mitentscheidend, ob ein Kommunikationsangebot von der Zielgruppe wahrgenommen wird oder nicht. Dazu zählen nicht nur Bilder, sondern auch Farben, Formen oder Schrifttypen. Auch diese vermitteln unterschwellig Informationen. Dabei geht es jedoch nicht darum, etwas „schön" zu gestalten, sondern darum, den Einsatz der konkreten Elemente auf die ästhetischen Präferenzen der Zielgruppe abzustimmen. Diese werden u. a. in den Sinus-Milieus® (▶ Abschn. 2.2.5) erhoben, sodass eine zielgruppenadäquate Gestaltung und Bildauswahl für die Kommunikation möglich ist (Kleinhückelkotten et al. 2006; Kleinhückelkotten und Wegener 2008).

4.4.4 Wichtige Entscheidungen verlangen nach Text

Bei weitreichenden Entscheidungen erwarten Verbraucher, dass nicht nur das Bild positive Eindrücke vermittelt, sondern der Text auch rationale Argumente als Entscheidungsgrundlage liefert. So ist möglicherweise der Text nicht an erster Stelle von Bedeutung, an zweiter aber umso mehr. Denn Fakten rechtfertigen dann das gute Gefühl, dass das Bild auslöst (Thelemann 2008).

In diesem Zusammenhang kommt auch Bildunterschriften eine hohe Bedeutung zu. Deren Wirkung wird oft unterschätzt. Sie sollte alle Fragen beantworten, die sich dem Betrachter des Bildes aufdrängen, z. B.: Welche Personen sind zu sehen? Welche

Handlungen führen sie aus? Welchen Ort zeigt das Bild? Was bedeuten die Elemente in einer Grafik? Wesentlich ist, dass es zu keiner Bild-Text-Schere kommt, also dass der Inhalt des Bildes und die zugehörige Bildunterschrift nicht divergieren. Außerdem sollte eine Bildunterschrift nicht wiederholen, was in der Artikelüberschrift und im Vorspann steht (Könneker 2012).

4.4.5 Infografiken

Infografiken bringen Zahlen und Informationen auf den Punkt. Sie können abstrakte Inhalte, Zahlen, Daten und Fakten kompakt veranschaulichen. Infografiken bieten Orientierung und Überblick (◘ Abb. 4.2, 4.3, 4.4, 4.5, 4.6 und 4.7).

Grundregeln für die grafische Aufbereitung von Infografiken (APA 2017):

- **Einfach:** Der Inhalt einer Grafik muss schnell erfassbar sein und einer Faustregel zufolge in 5 s „greifen". Das ist die maximale Dauer, die einer Grafik gegeben wird, bevor der Blick und die Gedanken weiterschweifen. Ist diese Hürde überwunden, wird sich der Leser auch längere Zeit in die Grafik vertiefen.
- **Leserichtung:** Das Erfassen der Information muss dem Leser so einfach wie möglich gemacht werden. Die Blickrichtung ist dabei ein guter Leitfaden. In unserem Kulturkreis wird von links oben nach rechts unten dann nach rechts oben und abschließend nach links unten sowie im Uhrzeigersinn gelesen. Auch den „Einstieg" an richtiger Stelle kann man durch die Platzierung oder Hervorhebung der richtigen Elemente beeinflussen. Die Weinbilder von Martin Darting (▶ Abschn. 6.2.4) sind ebenso aufgebaut.
- **Textminimierung:** Titel, Beschreibungen und Legenden innerhalb der Grafik so kurz wie möglich halten, jedoch so lang, wie für das Verständnis nötig ist.
- **Farben:** Nicht als bloßes Schmuckelement, sondern als Verstärker der Information einsetzen.
  - Beispiele: *Rot* wirkt als Alarmsignal, ist in unserem Kulturkreis auch oft negativ konnotiert („rote Zahlen"/Verlust), zieht allerdings die Aufmerksamkeit auf sich, drängt nahezu alle anderen Farben in den Hintergrund. Rot eignet sich hervorragend als Auszeichnungsfarbe.
  - Wärmere, kräftige Farben im Vordergrund positionieren, kühlere Farben wie Blautöne sind als Hintergrund geeignet (Himmelsblau im Hintergrund).
- **Keine Tricks:** Um eine Aussage zu verstärken oder zu relativieren, läuft man gerade bei Diagrammen schnell Gefahr der Manipulation, z. B indem man die Y-Achse (vertikal) verzerrt, um Größenunterschiede signifikanter zu machen. Es empfiehlt sich jedoch unbedingt, bei der Wahrheit zu bleiben, da sonst Glaubwürdigkeit und Fachkompetenz verspielt werden. Die menschliche Wahrnehmung hat ihre Grenzen. Mehr als fünf Tortenstücke, Kurvenlinien oder Farben sollten nicht auf engem Raum verglichen werden. Für das Auge ist es übrigens schwieriger, zwei Tortenstücke in ihrer Größe zu vergleichen, als beispielsweise zwei Balken in einem Balkendiagramm.

Positiv- und Negativ-Beispiele für Infografiken:

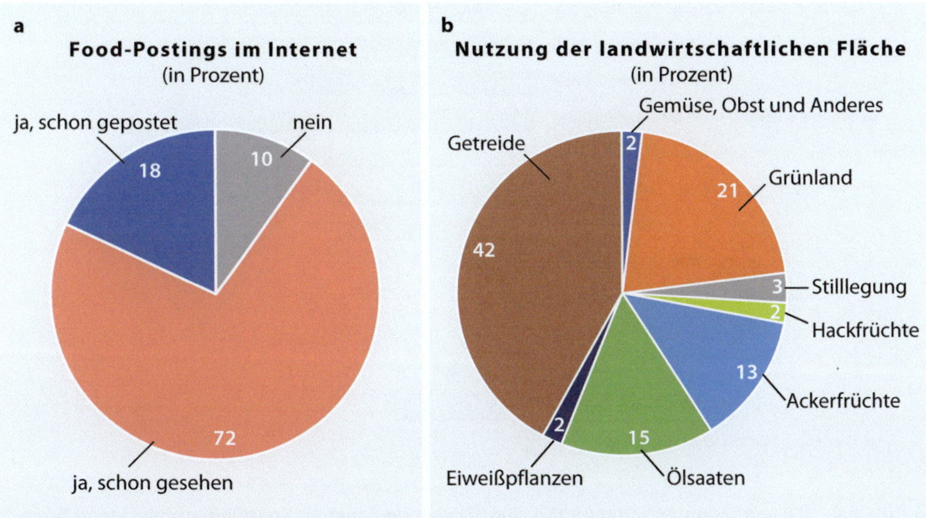

☐ **Abb. 4.2** Nicht zu viele Kreissegmente vergleichen, besser maximal zwei konkrete Anteile und den Rest im dritten Kreissegment „andere" zusammenfassen. (Eigene Darstellung, Quelle: **a** Wohlers und Hombrecher 2017, **b** Statistisches Landesamt des Freistaates Sachsen 2018)

☐ **Abb. 4.3** Ein Ringdiagramm („Donut-Chart") ist ein Kreisdiagramm mit einem Loch in der Mitte. Es sollten nicht mehr als zwei Anteilswerte dargestellt werden, damit es plakativ bleibt. (Eigene Darstellung, Quelle: Statista 2019)

◘ **Abb. 4.4**   Balkendiagramme sind für das Auge besser geeignet als Kreisdiagramme, um mehrere Werte zu vergleichen, ebenso Säulendiagramme. (Eigene Darstellung, Quelle: marketagent 2017)

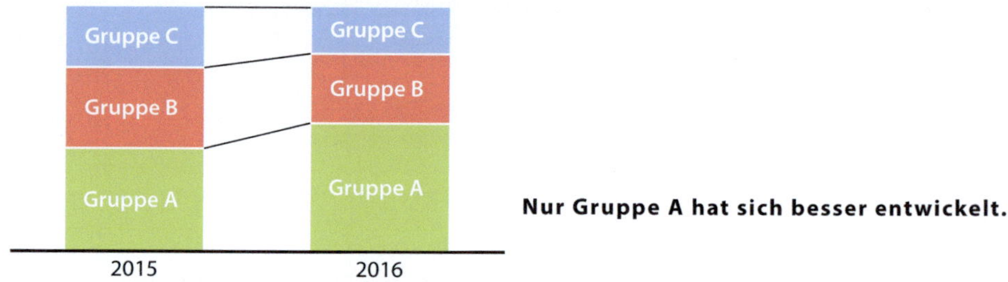

◘ **Abb. 4.5**   Der Typ „Gestapelte 100-Prozent-Säule" eignet sich, um Veränderungen einzelner Anteilswerte sichtbar zu machen, wobei man sich auf maximal drei bis vier Werte beschränken sollte und die restlichen ggf. unter „andere" zusammenfasst. (Eigene Darstellung)

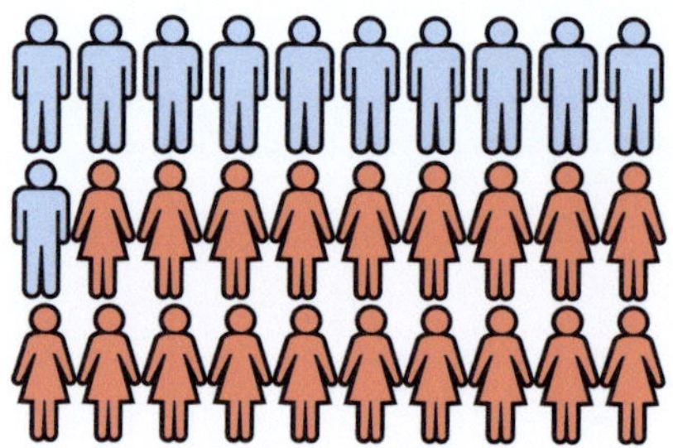

◘ **Abb. 4.6**   Ein Schaubild mit Symbolen ist visuell ansprechend und kann die zu kommunizierende Aussage sogar verstärken. (Eigene Darstellung)

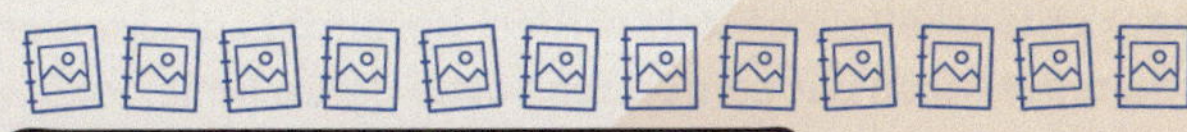

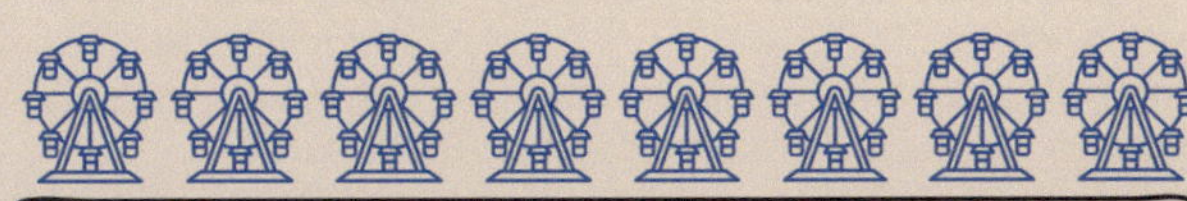

◼ **Abb. 4.7** Schwer vorstellbare Zahlen kann man in anschauliche, vertraute Einheiten „umrechnen", um sie besser begreifbar zu machen. (Quelle: Salzburger Nachrichten vom 05.01.2019. © Werbeagentur Lublasser 2018)

4.4.6 Videos (Bewegtbilder)

Laut James L. McQuivey, Chef-Analyst von *Forrester Research*, ist eine Minute eines Videos 1,8 Mio. Wörter wert. Bewegtbilder ziehen die Aufmerksamkeit auf sich. Der durchschnittliche Internetnutzer verbringt rund 90 % mehr Zeit auf einer Webseite mit Videocontent. Ein Video wirkt sich zudem positiv auf Suchmaschinenrankings aus. So ist die Wahrscheinlichkeit, dass ein Video auf der ersten Suchergebnisleiste erscheint, im Vergleich zu einer klassischen Content-Webseite etwa 53 Mal höher. Vor- und Nachteile von Onlinevideos fasst ◻ Tab. 4.3 zusammen (APA-IT 2016).

> **Der Leitfaden „Selber drehen mehr verstehen" des Bundeszentrums für Ernährung (BZfE) bietet zahlreiche, praxisbezogene und einfach umsetzbare Anleitungen, um Erklärvideos (Tutorials) selbst bzw. mit Schülern zu produzieren. Die von den beiden Pädagogen Christian Wiemer und Norbert Schröder entwickelte Methode fördert besonders die Medien-, Fach- und Selbstkompetenzen der Lernenden sowie deren Reflexions- und Kritikfähigkeit:**
> **► https://www.bzfe.de/inhalt/erklaervideos-im-unterricht-29577.html**

◻ **Tab. 4.3**   Vor- und Nachteile von Onlinevideo. (APA-IT 2016)

Vorteile	Nachteile
Wird rascher erfasst	Bestimmten Gruppen evtl. schwer zugänglich, da Internetanschluss, WLAN, Smartphone, gewisse Datenübertragungsraten u. Ä. nötig sind
Wird besser erinnert, bleibt länger im Gedächtnis	Erfordert technisches und gestalterisches Know-how in der Produktion und Verbreitung
Steigert die Glaubwürdigkeit	Benötigt einen Beschreibungstext, um in der Masse gefunden zu werden
Transportiert Sachverhalte kurz und prägnant	Produktion ist oft immer noch zeitaufwendig und relativ teuer
Vermittelt emotionale Eindrücke besser	
Kann in kürzerer Zeit vergleichsweise viel Information liefern	
Kann Komplexes vereinfacht und verständlich darstellen	
Modernes und innovatives Image	
Erhöht die Verweildauer auf der Website	
Wirkt sich positiv auf Suchmaschinenrankings aus	
Besitzt Vermarktungspotenzial	
Erhöht die Konversionsrate, z. B. bei Produktkäufen	
Einem breiten Publikum zugänglich	
Für alle Altersgruppen interessant	
Kann rasch bzw. viral verbreitet und geteilt werden	
Ermöglicht direkten Dialog mit Zusehern (z. B. Live-Chat, Kommentarfunktion)	
Kann rasch gestreamt oder heruntergeladen werden	
Zeit- und ortsunabhängig abrufbar	

4.5 Food-Fotos

Alleine auf der Bildplattform „Google Fotos" werden weltweit pro Tag 1,2 Mrd. Bilder und Videos hochgeladen (Hillebrand 2019). Auch in sozialen Medien posten, liken und teilen Menschen täglich Unmengen von Fotos, häufig auch Food-Fotos (Wohlers und Hombrecher 2017) – ein Phänomen, das auch als *„food porn"* oder *„gastroporn"* bekannt ist. Das führt u. a. dazu, dass manche Restaurantgäste ihr Essen möglichst kunstvoll fotografieren und quasi „live" online teilen, noch bevor sie den ersten Bissen machen. Als Reaktion darauf verbieten mittlerweile manche Köche das Fotografieren der servierten Speisen in ihrem Lokal. Andere dagegen nutzen diesen Trend und richten die Speisen gerade deshalb besonders attraktiv und „fotogerecht" an. Das geht so weit, dass manche bereits Kameras und Stative für ihre Gäste bereitstellen und das Essen auf 360°-rotierbaren Tellern servieren (Spence et al. 2016). Insgesamt haben von jenen, die in sozialen Netzwerken aktiv sind, bereits über 70 % auf diversen Plattformen oder in Foren private Essensfotos gesehen, jeder Fünfte postet diese sogar aktiv (◻ Abb. 4.8). Lebensmittel und Mahlzeiten haben in diesem Kontext viel mit Ästhetik zu tun (Wohlers und Hombrecher 2017).

Auch Kochbücher sind voll mit hochaufgelösten, digital bearbeiteten Rezeptfotos. Produktverpackungen in Supermarktregalen bilden Serviervorschläge auf die vorteilhafteste Art ab. Gleichzeitig werden Kameras und Displays digitaler Geräte immer leistungsfähiger, Bildbearbeitungsprogramme für Laien erschwinglich und die Optimierung der eigenen Fotos mittels Filter zur Selbstverständlichkeit (Spence et al. 2016).

> **Der Koch zum Fotografen: „Ihre Fotos gefallen mir, Sie haben bestimmt eine gute Kamera!" Darauf der Fotograf: „Das Essen war vorzüglich. Sie haben bestimmt gute Töpfe" (Aus Gissemann 2016).**

Es fällt auf, dass besonders jene ihr Essen fotografieren, die sich bewusst für eine besondere Ernährungsweise entschieden haben. Von den Veganern, Vegetariern und Flexitariern in diesen Netzwerken hat bereits über ein Drittel ihr Essen durch Fotos davon geteilt. Fleischesser tun dies nur halb so oft (15 %). Zu einer gesünderen Ernährung scheint dies zwar nicht zu führen, aber immerhin fast ein Fünftel fühlt sich durch Essensfotos anderer Nutzer zumindest dazu motiviert (◻ Abb. 4.9) (Wohlers und Hombrecher 2017).

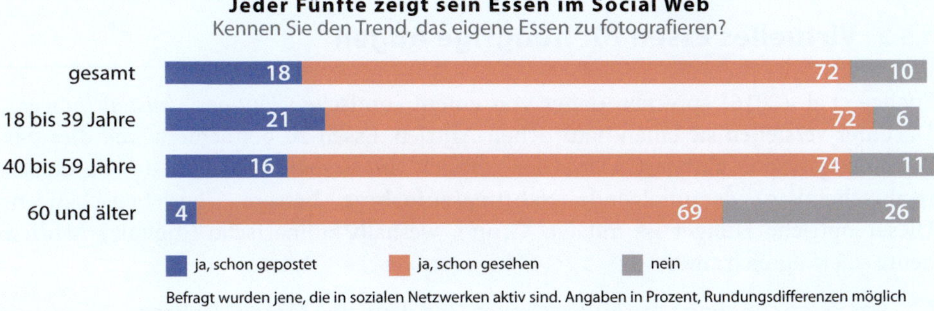

◻ **Abb. 4.8** Jeder Fünfte zeigt sein Essen im Social Web. (Quelle: Wohlers und Hombrecher 2017, S. 56. © Techniker Krankenkasse)

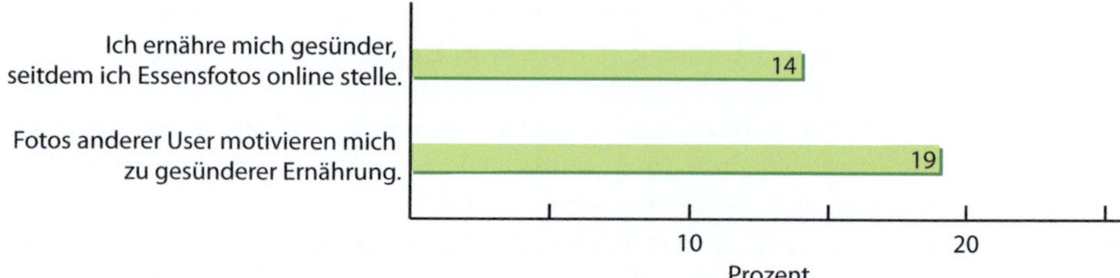

Abb. 4.9   Social-Media-Nutzer werden durch Food-Postings zu gesünderer Ernährung motiviert. (Quelle: Wohlers und Hombrecher 2017, S. 56. © Techniker Krankenkasse)

4.5.1 „Wir essen zuerst mit unseren Augen" (Apicius)

Was der römische Gourmand aus dem 1. Jahrhundert n. Chr. bereits wusste, scheinen neurowissenschaftliche Studien heute immer besser zu belegen. Die Nahrungssuche ist entwicklungsgeschichtlich eine der wichtigsten Aufgaben des Gehirns. In der menschlichen Evolution entwickelten sich die Augen und das dazugehörige visuelle System, um die Überlebenschancen zu erhöhen. Insbesondere deshalb, um auch auf größere Distanzen mögliche Energiequellen, also Lebensmittel, zu entdecken. Während Geschmacks-, Geruchs- und Tastsinn zwar letztlich entscheiden, ob etwas tatsächlich genießbar oder gar giftig ist, kann durch den visuellen Sinn bereits auf größere Distanz abgeschätzt werden, was als Nahrungsquelle in Frage kommen könnte. So bildete sich die dreifarbige Wahrnehmung bei Primaten ursprünglich wahrscheinlich deshalb heraus, damit diese energiereiche (oft rote) Früchte in der dunkelgrünen Umgebung des Waldes besser erkennen können. Kein Wunder also, dass uns Essensfotos derart aktivieren und nachweislich den Appetit fördern. Allerdings leben Menschen, besonders in westlichen Industrieländern, heute nicht mehr in Wäldern, sondern in einer Umgebung, die voll mit optischen Essensreizen ist. Die genetische Ausstattung hat sich allerdings seit der Steinzeit nicht wesentlich verändert (Spence et al. 2016).

4.5.2 Virtuelles Essen für hungrige Augen

Spence et al. (2016) sprechen daher von einem „optischen Hunger" *(visual hunger)*. Darunter verstehen sie einen natürlichen Antrieb, Essen zu betrachten, weil dies das Belohnungssystem aktiviert. Denn der Anblick von Essbarem bedeutet(e) durch die (wahrscheinlich) darauffolgende Nahrungsaufnahme, bessere Überlebenschancen. Dieser optische Hunger ist mit ein Grund, weshalb kulinarische (digitale) Medien heute so erfolgreich sind.

> **„Das Essen soll zuerst das Auge erfreuen und dann den Magen" (Johann Wolfgang von Goethe).**

Gleichzeitig kann alleine durch den Anblick von Essensfotos der tatsächliche Verzehr gefördert werden. Allerdings scheint es neurologische interindividuelle Unterschiede zu geben, ob bzw. wie stark die Wirkung des Anblicks von Food-Fotos auf das Essverhalten von Menschen ist. Passamonti et al. (2009) konnten zeigen, dass eine erhöhte *external food sensitivity* (EFS) mit gesteigertem Verzehr zusammenhängt.

4.5.3 Risiken und Chancen

Der enorme Anstieg an Food-Fotos, die von Absendern mit den unterschiedlichsten Intentionen und via zahlreicher Kanäle veröffentlicht werden, kann daher einen Risikofaktor für Übergewicht und Adipositas darstellen. Experten betonen aber auch, dass das wachsende Verständnis neuronaler, physiologischer und psychologischer Auswirkungen der Betrachtung von Essensfotos auch Chancen bietet. Denn setzt man Food-Fotos richtig ein, können damit beispielsweise Hungergefühle reduziert werden oder der Verzehr von – aus gesundheitlicher Sicht – wünschenswerten Speisen und Lebensmitteln unterstützt werden. Ganz abgesehen von den Möglichkeiten, die Virtual (VR) oder Augmented Reality (AR)-Technologien in Zukunft bieten könnten (Spence et al. 2016; Passamonti et al. 2009). Was ein Food-Foto, abgesehen vom Motiv selbst, attraktiv macht, hängt wiederum von vielen Faktoren des Lebensstils, etwa ästhetischen Präferenzen, ab. Womit wir wieder bei der Bedeutung der Zielgruppendefinition und -segmentierung wären (▶ Kap. 2).

Praxisbeispiele und interessante Hintergrundinfos (Gissemann 2016; Knott 2016; Wilhelm 2017; Wikipedia 2018a)

- **Requisitenfundus:** Legen Sie sich einen Fundus an Geschirr, Platten und Requisiten verschiedener Arten, Farben und Stilrichtungen an. Je nach Speise und Stimmung (traditionell, orientalisch, bäuerlich usw.), die Sie vermitteln möchten, sollten diese zusammenpassen.
- **Food Styling**: Das bedeutet nicht immer den Einsatz künstlicher Mittel wie Haarspray oder Fake-Lebensmitteln. So können Sie z. B. „falsches" Eis aus Speisefett, Staubzucker und Lebensmittelfarbe herstellen. Um Beeren frischer wirken zu lassen, besprenkeln Sie sie einfach mit etwas Wasser.
- **Blick lenken:** Je geringer die Blendenzahl, desto größer ist die Blendenöffnung und desto mehr Licht fällt auf den Sensor. So können Sie mit scharfen und unscharfen Bildteilen spielen und den Fokus des Betrachters auf einen bestimmten Ausschnitt lenken (◙ Abb. 4.10).
- **Dynamische Effekte:** Bewegungen lassen sich mit sehr langer Belichtungszeit einfangen.
- **Unterschiedliche Lichtquellen** lassen unterschiedliche Stimmungen darstellen.
- **Drittelregel:** Teilen Sie die Bildfläche mit je zwei horizontalen und vertikalen Linien in neun Felder ein. Ist der schärfste Punkt, das Hauptmotiv, an einer der vier Schnittpunkte und nicht exakt in der Mitte des Fotos, wirkt das Bild harmonischer.
- **Ungerade Anzahl:** Drei Dessertschalen im Bild wirken interessanter als zwei.
- **Leerer Raum:** Ein ruhiger, gleichmäßiger, unaufdringlicher Bereich im Bild, ermöglicht den Augen, sich „auszuruhen".

4

◘ **Abb. 4.10**   Dasselbe Objekt mit unterschiedlicher Blendenzahl (2, 4, 8, 16) aufgenommen. (Foto: Eva Derndorfer)

- **Kontrast:** Erzeugen Sie Kontraste durch Komplementärfarben, beispielsweise rote Beeren auf grünem Teller.
- **Eyecatcher:** Monochrome Essensbilder sind ungewöhnlich (vgl. Derndorfer und Gruber 2015)
- **Goldener Schnitt:** Seit der Antike bekannt, wird dieser seit dem 19. Jahrhundert in Kunst, Kunsthandwerk und Architektur als ein ideales Prinzip ästhetischer Proportionierung beschrieben. Wie aus ◘ Abb. 4.11 ersichtlich, entspricht diese etwa dem Verhältnis 2:3. Demnach teilt man eine Strecke so in zwei Teile, dass die Gesamtstrecke zum längeren Teil im gleichen Verhältnis steht, wie die längere Strecke zur kürzeren. Spannenderweise ist diese Zahl auch in der Natur bedeutend (Fibonacci-Zahlen).
- **Fibonacci-Zahlen:** Entspricht den Zahlen einer Zahlenfolge, die bei 0 und 1 beginnt und in der jede Fibonacci-Zahl gleich der Summe der beiden vorhergehen ist, also 0 1 1 2 3 5 8 13 21 … Untersuchungen zeigen, dass die Fibonacci-Folge das Pflanzenwachstum beschreibt. Bei Blüten entspricht die Anzahl der Blütenblätter einer Fibonacci-Zahl, bei Gemüse wie Karfiol, Romanesco u. Ä. die Anzahl der Spiralen (◘ Abb. 4.12) ebenso.

◘ **Abb. 4.11**   Beispiel für Goldenen Schnitt. (Foto: Eva Derndorfer)

⬭ Abb. 4.12 Bei Gemüse wie Karfiol, Romanesco u. Ä. entspricht die Anzahl der Spiralen der Fibonacci-Zahl (Nach Knott R 2016). (Foto: Eva Derndorfer und Andreas Baierl)

4.6 Pressearbeit

Professionelle Pressearbeit ist auch in der Ernährungskommunikation ein relevantes Tool der Öffentlichkeitsarbeit. Dabei können Ernährungs- und Lebensmittelthemen verschiedene Ressorts betreffen. So kann beispielsweise Ernährung in einem Gesundheitsmagazin im Kontext von Wohlbefinden beleuchtet werden, in einer Landwirtschaftszeitung im Zusammenhang mit dem Lebensmittelanbau, in einem Fitnessjournal unter Bezug auf körperliche Leistungsfähigkeit und Bewegung, im Politikteil als Kostenfaktor für das Gesundheitssystem im Hinblick auf die Behandlung von ernährungsassoziierten Erkrankungen und im Wirtschaftsressort im Zusammenhang mit neuen/anderen Lebensstilen, z. B. in einem Bericht über steigende Umsätze bei veganen Lebensmitteln (nach Hänsli 2006).

4.6.1 Nachrichtenfaktoren beachten

Weitere Kriterien, die die Themenauswahl in Medien steuern, sind aus der Forschung als Selektoren oder Nachrichtenfaktoren bekannt (Rödder 2017). Sie beeinflussen, in welcher Form das Thema bearbeitet wird und welche konkreten Aspekte dargestellt bzw. besonders hervorgehoben werden. Dies muss nicht immer mit den Intentionen des Nachrichtenübermittlers übereinstimmen. Im Gesundheitskontext sind die für Journalisten relevantesten Aspekte Aktualität, Negativismus, Überraschung, Sensation, Reichweite, geografische und soziale Nähe, Betroffenheit, Personalisierung, Emotionalisierung und Prominenz (Rossmann und Meyer 2017).

Die Wahrscheinlichkeit, Eingang in die Medienberichterstattung zu finden, ist umso größer, je mehr Nachrichtenfaktoren auf ein Thema oder Ereignis zutreffen.

Weiß man, was Medien bzw. Journalisten für interessant halten, kann man Presseinformationen so gestalten, dass sie in deren Suchraster fallen. Wichtig ist dabei ein auffallender „Aufhänger". Je mehr Nachrichtenfaktoren in einer Pressemeldung vorkommen, desto eher greifen sie Medien auf (Hänsli 2006).

4.6.2 Anknüpfungspunkte suchen

Ernährungsthemen in Medien sind auch saisonal abhängig. Zu Jahresbeginn erscheinen traditionell Tipps zur Umsetzung von Neujahrsvorsätzen (abnehmen, gesünder essen usw.), im Frühjahr Berichte über Allergien, während der Fastenzeit sind Diäten und Fastenkuren gefragt, zu Ostern die Themen Eier und Spinat, während der Ferienzeit Tipps fürs Grillen oder die Bikinifigur, Herbst ist Kürbiszeit, im Winter und vor Weihnachten geht es um Kekse, Glühwein und Schlemmen. Nutzen Sie dieses „Saisongeschäft", etwa indem Sie für Ihr Thema einen entsprechenden Anknüpfungspunkt und damit Aufhänger finden. So kann ein Thema oder ein Projekt, das vielleicht nicht (mehr) ganz aktuell ist, es dennoch in die Medienberichterstattung finden. So können auch Großereignisse, wie die Fußball-WM (reichlich trinken, damit die Stimme beim Siegesjubel mithält), oder rechtliche Neuerungen, wie die Allergenverordnung (Lebensmittelallergien), dazu Anlass bieten. Seien Sie kreativ!

> **„Während der Vogelgrippe-Epidemie (…) schaffte es fast jeder tote Schwan (…) in die Zeitungen, obwohl es immer tote Vögel an großen Seen gibt" (Schmid-Egger 2013, S. 28).**

4.6.3 Übertreiben Sie nicht!

Experten erwarten oft, dass Medien ihre Pressetexte unverändert übernehmen. In der Praxis ist das allerdings selten der Fall (▶ Abschn. 1.2). Denn Journalisten orientieren sich an ihrer Zielgruppe, den Lesern, Zusehern oder Hörern. Für diese erachten es Journalisten häufig als notwendig, die von Experten formulierten Informationen zu vereinfachen. Wissenschaftler sehen das dann oft als zu starke Simplifizierung bis hin zur Verfälschung. Allerdings können derartige Verzerrungen nicht immer den Journalisten zugeschrieben werden. So ergab eine britische Analyse von gesundheitsbezogenen Wissenschaftsnachrichten, dass Übertreibungen nicht durch Interpretation der Medien verursacht waren, sondern bereits die Pressemitteilungen der wissenschaftlichen Institutionen überspitzt formuliert waren. Demnach sollten Pressematerialien strukturiert, präzise und fehlerfrei sein, Hinweise auf Interessenskonflikte enthalten und Ergebnisse nicht aufgebauscht werden. Ebenso wenig sollten Journalisten Expertenzitate nicht aus dem Zusammenhang reißen und nur vorsichtig Schlussfolgerungen aus den präsentierten Ergebnissen ziehen (Rossmann und Meyer 2017).

Wie wünschen sich Journalisten die ideale Pressemitteilung?
Das ECCO-Agenturnetz hat 2013 Journalisten in Deutschland, Österreich und der Schweiz befragt, wie Pressemitteilungen am besten ankommen. Die wichtigsten Ergebnisse:

Text in der Mail als Plain Text plus Gesamttext als Attachment (PDF/Word)
Betreffzeile als Pressemitteilung kennzeichnen.
Anhänge als Download oder Direktlink
PR-Anrufe nerven, Erinnerungen besser als Kurzmail.
Individuelle Ansprache nicht entscheidend.

4.6.4 Medientraining für Ernährungsexperten

Ernährung ist in Redaktionen häufig ein „Anfängerthema", das auch von Volontären bearbeitet wird. Chefredakteure ignorieren gerne, dass auch zu diesem Thema seriös recherchiert werden muss. Zudem beeinflussen auch die persönliche Ernährungssituation, Essbiografie, Einstellungen und Meinungen der Journalisten selbst die Themenwahl bzw. Schwerpunktsetzung. In TV-Formaten werden Thema, Aussagen oder Statements geladener Gäste nach dem Schema *„good cop, bad cop"* teilweise bereits vor der Sendung drehbuchartig geplant. Seriöse Experten lehnen dies oft ab, und fragliche „Experten" bedienen diese Lücke gerne. Ist ein Interviewpartner bereits einmal gut „rübergekommen", wird er in der Folge immer wieder angefragt. Ernährungsexperten sollten daher mit den Gesetzmäßigkeiten der Medien vertraut sein und lernen, diese für sich zu nutzen (Bayer 2017; Schmidt 2017).

Aus- und Weiterbildungen in diesem Bereich sind für Ernährungsexperten, die in der öffentlich-medialen Ernährungskommunikation tätig sind, dringend zu empfehlen. Etwa Schulungen zur professionellen Interviewvorbereitung, Kamera- und Mikrofontrainings oder Schreibtrainings für Pressemeldungen. Auch in Ausbildungen und Studiengängen sollten zukünftig vermehrt Kompetenzen insbesondere für die audiovisuelle Kommunikation vermittelt werden (Glogowski 2018).

> **Jedes Interview will gut vorbereitet sein!**
> Selbst wenn das Thema, zum dem Sie ins Studio oder für ein Print-Interview eingeladen wurden, für Sie einfach und banal erscheint – Sie sollten sich unbedingt professionell darauf vorbereiten. Stellen Sie sich folgende fünf W-Fragen und beantworten Sie diese für sich (nach Könneker 2012, S. 158):
> **Wo?** In welchem Medium treten Sie auf; wo wird das Interview publiziert?
> **Wen?** Welche Zielgruppe spricht das Medium an, in dem das Interview erscheinen soll?
> **Wozu?** Welche Wirkung möchten Sie beim Publikum erzielen?
> **Was?** Welche zentrale Botschaft zu dem Thema möchten Sie der Zielgruppe vermitteln?
> **Wie?** Welche kommunikative Haltung nehmen Sie ein, um die intendierte Wirkung zu erzielen? Erklären, begründen, plaudern, appellieren usw.?

4.6.5 Gesamteindruck = Inhalt + Stimme + Optik

In Radio und TV zählt nicht nur, **was** der Interviewpartner sagt, sondern auch **wie**. So ist es für Radiobeiträge besonders wichtig, einfach, langsam und klar zu sprechen. Denn Radio ist ein flüchtiges Medium, das meist nebenbei gehört wird. Der Hörer kann weder zurückblättern noch zurückspulen, wenn er etwas nicht verstanden hat. Im Bildmedium Fernsehen hingegen bestimmen visuelle und auditive Faktoren zu einem wesentlichen Teil, welchen Eindruck Zuseher vom Interviewten und seiner Botschaft mitnehmen. Medientrainer nennen drei Faktoren für die Wirkung vor der Kamera (Sattler 2014, S. 11):

- nonverbaler Ausdruck: visuelle Aspekte wie Kleidung, Frisur, Schminke, Hintergrund, Mimik und Körpersprache,
- paraverbaler Ausdruck: auditive Aspekte wie Stimme, Betonung, Satzbau oder Hintergrundgeräusche,
- verbaler Ausdruck: die mündlich vermittelte Information.

Praxistipps für TV-Interviews

Vorbereitung: Ist der TV-Auftritt länger im Vorhinein bekannt, bereiten Sie sich thematisch gut vor, beginnen Sie damit nicht erst am Vortag oder gar nur einige Stunden zuvor.

Drehort: Wo wird das Interview stattfinden? Bei Ihnen in der Praxis, am Arbeitsplatz? Welcher Raum, welcher Hintergrund ist dafür geeignet?

Frisur: Sitzt die Frisur?

Kleidung: Wie möchten Sie „rüberkommen" – seriös, jung-dynamisch … Wählen Sie Ihre Kleidung danach aus. Grundsätzlich gilt:

- Bequem, angepasst, eher pastellig und dezent (besser Grau/Anthrazit statt Schwarz; besser Crème statt Reinweiß).
- Nicht overdressed, das Publikum merkt, wenn die Kleidung nicht authentisch ist.
- Vermeiden Sie klein karierte oder gestreifte Muster, sie erzeugen den sogenannten Moiré-Effekt, der die Kleidung flimmern lässt.
- Keine grellen Farben, diese irritieren und lenken Zuseher von Ihren Worten ab.
- Falls die Hintergrundfarbe im Studio bekannt bekannt ist, berücksichtigen Sie Folgendes: kein rotes Outfit vor rotem Hintergrund.
- Wird Ihr Statement in der Blue- oder Greenbox aufgenommen, vermeiden Sie unbedingt alle Blau- und Grüntöne in der Kleidung, schlimmstenfalls geht so Ihre optische Körperlichkeit verloren und nur der Kopf bleibt erkennbar.
- Denken Sie auch daran, die Schuhe zu putzen, manchmal bleibt die Kamera bis zum Schluss und sendet ein Bild in der Totalen, Sie sind dann von Kopf bis Fuß zu sehen.

Brille: Geputzt und gerichtet, ggf. Kontaktlinsen verwenden oder die Brille abnehmen, je nach Gestell können unschöne Schatten im Gesicht entstehen und dem direkten Blick eine Barriere vorsetzen.

Make-up: Etwas stärker als üblich, denn das Kameralicht „schluckt" vieles; Puder auftragen (falls Sie zuvor nicht in die Maske kommen) – im Gesicht, am Haaransatz, an lichten Stellen, auf Hals und Dekolleté, das gleißende Licht erzeugt Glanz.

Körperhaltung: Ruhig und bequem sitzen/stehen, dem Journalisten bzw. Moderator zugewandt, Arme nicht verschränken.

Blickrichtung: Auf den Gesprächspartner ausgerichtet, kein suchendes Umherschweifen, nicht in die Kamera blicken.

Gestik: Reduziert einsetzen, Hände positionieren, keine Gestik einstudieren, das wirkt oft nicht mehr authentisch. Verhalten eingesetzt dienen Gesten zur Unterstreichung des Gesagten.

Mimik: Natürlich, freundlich, lächeln bzw. dem Anlass entsprechend.

Achtung: Ticks und Angewohnheiten! Fassen Sie sich gerne an die Nase, wenn Sie konzentriert nachdenken? Oder streichen Sie sich häufig übers Kinn, kräuseln die Stirn oder kneifen die Augen zusammen? Das alles wirkt für die Zuseher irritierend. Fragen Sie Bekannte und Kollegen, diese kennen meist Ihre Angewohnheiten, die Ihnen selbst gar nicht (mehr) auffallen.

Ignorieren Sie die Kamera! Sie sprechen niemals direkt in die Kamera, sondern mit dem Redakteur oder Moderator. Unterhalten Sie sich mit ihm, wie mit einem guten Bekannten.

Anschauungsmaterial: Nehmen Sie ggf. Beispiele mit ins Studio (Broschüren, Bücher, Modelle usw.).

> **„People may forget what you said, but they always remember how you made them feel" (Warren Beatty).**

Es kommt nicht immer ausschließlich auf den Inhalt an. Wir achten unbewusst auch auf den Klang der Stimme und den Gesichtsausdruck, um die Botschaft des Gegenübers zu entschlüsseln. Besonders wenn es um die Kommunikation von Gefühlen, Meinungen oder Einstellungen geht. Albert Mehrabian (1981) konnte dies in seinen eindrucksvollen Experimenten zeigen. Dabei ließ er Sprecher bestimmte einzelne Wörter, z. B. *„love"* oder *„brut"* oder *„maybe"*, aufnehmen. Jedes Wort wurde einmal mit positivem Unterton, einmal mit neutralem und einmal mit negativem gesprochen. In einem anderen Versuch hörten die Probanden nur das neutrale Wort *„maybe"* und bekamen dazu Porträts mit unterschiedlichen Gesichtsausdrücken (positiv, neutral, negativ) zu sehen. Im Hinblick auf die Bewertung, ob der Proband den Sprecher sympathisch fand oder nicht, war der Gesichtsausdruck etwa 1,5 Mal stärker als der Stimmausdruck. Das erklärt u. a., weshalb Menschen irritiert sind, wenn Inhalt und Stimmausdruck und/oder Körpersprache nicht übereinstimmen. Das unterstreicht aber auch, dass bei einem Medienauftritt nicht nur der Inhalt des Gesagten zählt, sondern der nonverbale und stimmliche Ausdruck ebenfalls bedeutsam für die Wirkung auf die Rezipienten sind.

> **Wichtig**
> Die **Austria Presse Agentur/Originaltext-Service (APA-OTS)** stellt auf ihrer Webseite kostenlos Whitepapers und Checklisten rund um eine professionelle Pressearbeit zur Verfügung: ► https://service.ots.at/infothek/whitepapers/
> Auf dem Portal **Wissenschaftskommunikation.de** finden Sie Leitlinien zur guten Wissenschafts-PR, erstellt von einem Arbeitskreis, der von der Initiative „Wissenschaft im Dialog" und dem „Bundesverband Hochschulkommunikation" organisiert wurde: ► https://www.wissenschaftskommunikation.de/leitlinien-zur-guten-wissenschafts-pr-467/

4.7 Storytelling und Archetypen

Rhomberg (2017, S. 414) betont, dass sich in wissenschaftspolitischen Debatten der Fokus noch stärker auf das Frame-Building, also der Herstellung eines Bezugsrahmens, wenden sollte. Hilfreich könnten dafür Stilmittel wie das Storytelling sein, obwohl dessen Evidenz in Bezug auf Gesundheits- bzw. Ernährungskommunikation noch sehr lückenhaft ist. Manche Autoren (vgl. Gebbers et al. 2017) sehen in Geschichten allerdings einen erfolgversprechenden Weg für die Gesundheitskommunikation.

Storytelling bedeutet, Geschichten (Narrationen) zu erzählen. Medien verwenden bereits lange Erzählungen, in die sie Elemente wissenschaftlicher Diskurse einbetten. Dabei sind dies keine fiktiven Phantasiekonstrukte, sondern Narrationen, die in der Gesellschaft bereits vorhanden sind. Das ist zudem die Voraussetzung, weil sie das Publikum ansonsten nicht verstehen und darauf reagieren würde. Erzählungen helfen darüber hinaus, die komplexe Alltagsrealität zu strukturieren, Bedeutungen zu konstruieren oder zu verändern und bestimmten Handlungen einen Sinn zu geben (Erlemann 2012).

> ❯ **„Für den Bereich der Ernährung sollten (…) die im öffentlichen Bewusstsein schon existierenden Narrationen von besonderem Interesse sein, da Nachhaltige Ernährung nicht nur an politische Diskurse anschlussfähig sein soll, sondern gerade auch an alltagsweltliche" (Erlemann 2012, S. 153).**

Weil Essen und Trinken ein Alltagsthema ist, haben Ernährungsthemen für Medien nur selten echten Neuigkeitswert. In der medialen Berichterstattung werden sie daher häufig in themenübergreifende Narrationen eingebettet, wobei mittels rhetorischer Strategien die nötige Dramatisierung bewirkt wird (Erlemann 2012).

4.7.1 Storytelling am Beispiel „nachhaltiger Ernährung"

Eine Diskursanalyse zum Themenbereich „nachhaltige Ernährung" (Arnold und Erlemann 2012) auf der Basis von 569 Artikeln österreichischer Printmedien (Boulevard- bis Qualitätsmedium, 2001–2007) ergab, dass sich Journalisten in der Regel nicht explizit auf das wissenschaftliche Wissen darüber beziehen, sondern einen impliziten Bezug herstellten. Am häufigsten über folgende Themen: gesundheitlicher Nutzen von Biolebensmitteln, negative Umweltfolgen der konventionellen Viehzucht und Landwirtschaft, globale Missstände im Ernährungssystem sowie gesundheitliche Folgen falscher Ernährung. Die damit verbundenen Narrationen waren polarisierend, affirmativ oder reflektierend.

In **polarisierenden Erzählungen** steht von vornherein fest, was gut und was schlecht ist. Es ist das Spiel *„good guy, bad guy".* Diese Rhetorik wirkt tendenziell autoritär und normativ, bietet aber gleichzeitig eine gewisse Ordnung, einfache Lösungen und eindeutige Aussagen, welches Handeln das mutmaßlich richtige ist.

Beispiele für polarisierende Erzählungen zum Themenbereich „nachhaltige Ernährung" (aus Erlemann 2012)
Die Erzählung vom kleinen Österreich – Heimat versus Ausland:
„Steile Wiesen, karge Böden, hartes Brot – jetzt weiß auch EU-Kommissarin Marian Fischer Boel, was es heißt, in Österreich Bergbauer zu sein. Genau das hatte Minister Josef Pröll bei einer gemeinsamen Hofbesichtigung bezweckt: Denn die EU will die Umweltförderung für heimische Öko-Landwirte massiv streichen" (Perry, *Neue Kronen Zeitung* 2005)
Die Erzählung von der guten Landluft – Stadt versus Land:
„Das (…) System (Anm.: für die Selbstversorgung entwickeltes System zur Tomatenaufzucht) nennt sich ‚Schönbrunner Badewannen-Expositur': (…) Die supermarktverwöhnte Stadtbevölkerung könne durch den Eigenanbau die verloren gegangene Beziehung zu den Kreisläufen der Natur wieder auffrischen, die Vernetzung und das Selbstwertgefühl der Menschen fördern – und zu bewusster Ernährung anregen" (Krichmayr, *Der Standard* 2006)

Die Erzählung von der guten, alten Zeit – Vergangenheit versus Gegenwart:
„Bio-Produkte erinnern vielfach an unvergessliche Geschmäcker aus unserer Kindheit und verdienen am ehesten das Prädikat Lebensmittel" (*Kurier* 2003)
Die Erzählung vom kleinen Bauern – Der „einfache Mann" versus „die Mächtigen":
„Die Verantwortlichen in der Regierung lassen uns KonsumentInnen indes wieder einmal im Regen stehen. Kein konstruktives Wort vom zuständigen, so genannten Gesundheitsminister Herbert Haupt. Wenig Innovatives vom Landwirtschaftsminister Wilhelm Molterer. Stattdessen unlängst seine Absage an die Agrarreform-Pläne von EU-Kommissar Fischler, die sehr wohl ökologisch nachhaltige Entwicklung, Tierschutzstandards und Lebensmittelqualität fördern" (Sima, *Der Standard* 2002)

Eine **affirmative Erzählung** bieten Rezipienten Identifikationen zum Nachahmen an, ohne dass etwas anderes abgewertet wird. Sie beschreiben positive Aspekte der Ernährung wie Genuss, Gesundheit, das Verbindende mit anderen Menschen. Dadurch können sie handlungsmotivierend wirken. Im vorliegenden Fall wird durch Nachahmung dessen, was das „gute Leben" verheißt, zu nachhaltigem Ernährungshandeln animiert.

Beispiele für affirmative Erzählungen zum Themenbereich „nachhaltige Ernährung" (aus Erlemann 2012)
Die Bio-Romantik-Erzählung:
„Am Bio-Bauernhof Burgstaller nutzt man die stille Adventzeit zum Backen und zum traditionellen Raukerln. Die Wintermonate sind für die Bauern die ruhigste Zeit des Jahres. Wenn die Natur sich eine Auszeit nimmt, pflegen die Bauern ihre Traditionen. So auch die Bio-Bauernfamilie Burgstaller (…). In den Adventwochen wird gebastelt, gebacken, und am Weihnachtsabend werden mit Weihrauch die bösen Geister aus dem Haus getrieben" (*News* 2005)
Die Genuss- und Wellness-Erzählung:
„Wahre Gourmets wissen seit jeher, dass nichts über den Geschmack unverfälschter, biologisch produzierter Lebensmittel geht" (*Format* 2003)

Reflektierende Erzählungen knüpfen zwar an die polarisierenden oder affirmativen Rhetoriken an, machen diese aber als Erzählungen bewusst und hinterfragen sie. So richtet sich in der genannten Analyse die reflektierende Rhetorik nicht generell gegen die Ziele der nachhaltigen Ernährung, sondern kritisiert deren Umsetzung. Die damit verbundenen Ernährungsthemen werden dann differenzierter wahrgenommen, Widersprüche werden sichtbar.

Beispiele für reflektierende Erzählungen zum Themenbereich „nachhaltige Ernährung" (aus Erlemann 2012)
„Der Fisch auf dem Festtagstisch hat Tradition: Am Heiligen Abend duftet es allerorten nach Seelachs und Polardorsch – gegebenenfalls gibt's auch ‚Weihnachtskarpfen', doch dieser gilt vielen als zu fett. Seefisch sei dagegen gesund – dank der Unmengen an Omega-3-Fettsäuren. Alles falsch, sagen die Kenner: Auch Süßwasserfisch enthält die gesunden Fette und aufgrund der Überfischung der Meere ist der Genuss von Seefisch ökologisch und ethisch kaum mehr vertretbar. So gut wie alle Meeresspeisefische sind heute gefährlich in ihrem Bestand dezimiert – darüber hinaus vernichten die modernen industriellen Fangmethoden ganze Ökosysteme" (Dee, *Der Standard* 2005)

„Das Böse ist dabei in den Augen vieler die Landwirtschaft, konkret die modernen Mast- und Anbaumethoden. Lautstark propagiert wird dagegen die biologische Landwirtschaft, meist im Gewand einer sentimentalen Rückkehr zum Hof der Großeltern – wo die Hühner noch glücklich sein durften" (Kugler, *Die Presse* 2002)

Aus der Analyse von Arnold und Erlemann (2012) geht hervor, dass – jedenfalls im Themenbereich „nachhaltige Ernährung" – ein großer Teil der Berichterstattung mit Erzählungen der polarisieren und affirmativen Rhetorik arbeitet. Die reflektierende Rhetorik ist dagegen die Ausnahme. Über eine zukunftsfähige Ernährung wird entlang der in der Gesellschaft bereits vorhandenen Narrative (Gut gegen Böse; Früher war alles besser; David gegen Goliath usw.) berichtet. Wissenschaftliche Elemente tauchen nur dann auf, wenn sie in alltagsrelevante Themen übersetzt werden können. Eine Voraussetzung ist jedoch die Resonanz dieser Narrationen bei den Rezipienten. Auch in diesem Zusammenhang kommt man nicht um eine gute Zielgruppendefinition herum: Denn Selbstverständnisse und Lebensstile verändern sich mit den Generationen und damit auch die vorherrschenden Erzählungen.

4.7.2 Archetypen in Erzählungen

Als Archetypus bezeichnet die analytische Psychologie die dem kollektiven Unbewusstem zugehörig vermuteten Grundstrukturen menschlicher Vorstellungs- und Handlungsmuster. Der aus dem Griechischen stammende Begriff bedeutet so viel wie „Ur- oder Grundprägung". Das Konzept geht auf den Schweizer Psychiater und Psychologen Carl Gustav Jung zurück, der die Archetypenlehre in den 1930er-Jahren entwickelt hat. Es ist ein offenes Konzept, das keine exklusiven Definitionen und keine bestimmte Anzahl der Archetypen enthält (Wikipedia 2018b). Viele Märchen, Theaterstücke, Filme, Comics und auch die Werbung arbeiten mit Archetypen.

C. G. Jung vertrat noch die Ansicht, dass Archetypen vererbbar sind und weltweit die gleiche Ausprägung besitzen. Heute geht man davon aus, dass Archetypen erlernbar, damit ein kulturanthropologisches Phänomen sind und nur bedingt universell. In der Markenführung erlebt die Archetypenlehre zurzeit eine kleine Renaissance, ihr wird großes Zukunftspotenzial zugeschrieben (Pätzmann 2018; Kratzner et al. 2018).

> ❯ **„Laut einer Studie von Young & Rubicam werden die 50 erfolgreichsten Marken der Welt mit einer archetypischen Geschichte verbunden. Je mehr sie diesen Mythos pflegten, desto größer waren auf lange Sicht die Gewinne." (Carol S. Pearson; nach Engelhardt et al. 2018).**

Da Archetypen im kollektiven Unbewusstsein des Menschen hinterlegt sind, können sie direkt Emotionen hervorrufen. Mark und Pearson (2001) ordnen jeweils drei von zwölf Archetypen den menschlichen Grundhaltungen Stabilität, Abenteuer, Zugehörigkeit und Unabhängigkeit zu. Kratzner et al. (2018) haben anhand dessen ein archetypisches Positionierungsmodell erstellt (❍ Abb. 4.13). Je stärker die Archetypen die Grundstrebungen des Menschen erfüllen, desto weiter außen sind sie zu finden.

Archetypen (❍ Abb. 4.14) sind intuitiv erfassbar, dadurch kann die Informationsaufnahme rascher gelingen, weil Rezipienten lediglich bereits bekannte Muster verarbeiten müssen, keine hohen kognitiven Anforderungen gestellt und Irritationen

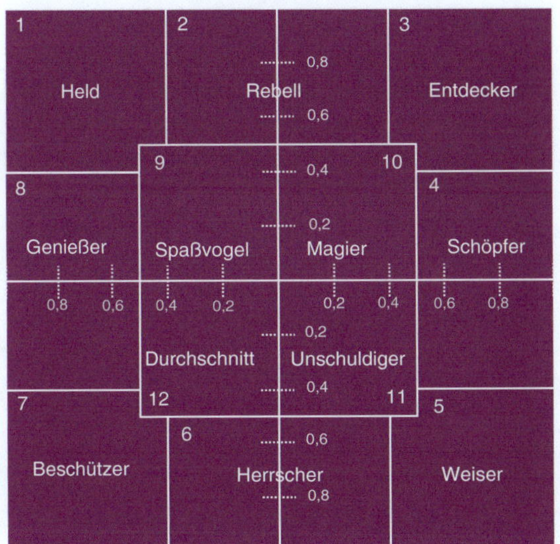

Abb. 4.13 Archetypisches Positionierungsmodell. (Quelle: Kratzner 2018, S. 14. © Zeitschrift Markenbrand/Uwe Pätzmann)

minimiert werden. Archetypische Bildmotive sprechen mehr oder weniger unbewusste Wünsche, Sehnsüchte, Motive und Träume der Rezipienten an. Aufgrund des Elaboration-Likelihood-Modells (▶ Abschn. 3.4.4) gilt: Je geringer das Involvement, also die Ich-Beteiligung bzw. das Interesse, der Zielgruppe ist, desto eher wirken emotionale Reize. Sie sprechen Menschen intuitiv auf einer tieferen psychologischen Ebene an. Und genau dies können Archetypen (Engelhardt et al. 2018).

Geschichten können Menschen begeistern und werden dann weitererzählt, auch in sozialen Medien. Archetypen sind für das Storytelling u. a. deshalb so wichtig, weil jeder Archetyp selbst von einer anderen Geschichte erzählt, von einer anderen Strategie, das Leben erfolgreich zu meistern (▶ Abschn. 4.8.1 und 4.8.2). So läuft die typische Heldengeschichte nach dem in ◘ Abb. 4.15 dargestellten Schema ab.

SevenOne (2018) befragt seit 2003 in einer systematischen Forschungsreihe Probanden zur Wirkung unterschiedlicher Elemente in Werbespots. Bis 2018 wurden 6600 Personen im Alter von 14 bis 49 befragt und insgesamt 666 Werbespots analysiert. Jene Werbespots, die eine Geschichte erzählten, erlangten mehr Aufmerksamkeit und eine bessere Bewertung. Zudem ließen sich positive Eigenschaften mit einer Geschichte besser vermitteln. Denn das Gehirn nimmt Bilder – und Geschichten sind nichts anderes als innere Bilder – besser wahr als abstrakte Begriffe (▶ Abschn. 4.4).

Anhand der Ergebnisse für Ernährungsspots kann man ableiten: Vorsicht beim Einsatz von Testimonials! Sie wirkten zwar besonders gut auf die Erinnerung, steigerten aber nicht unbedingt die Sympathie, weil sie oft polarisieren. Engelhardt et al. (2018) weisen noch auf einige andere Punkte hin, die man beachten sollte:

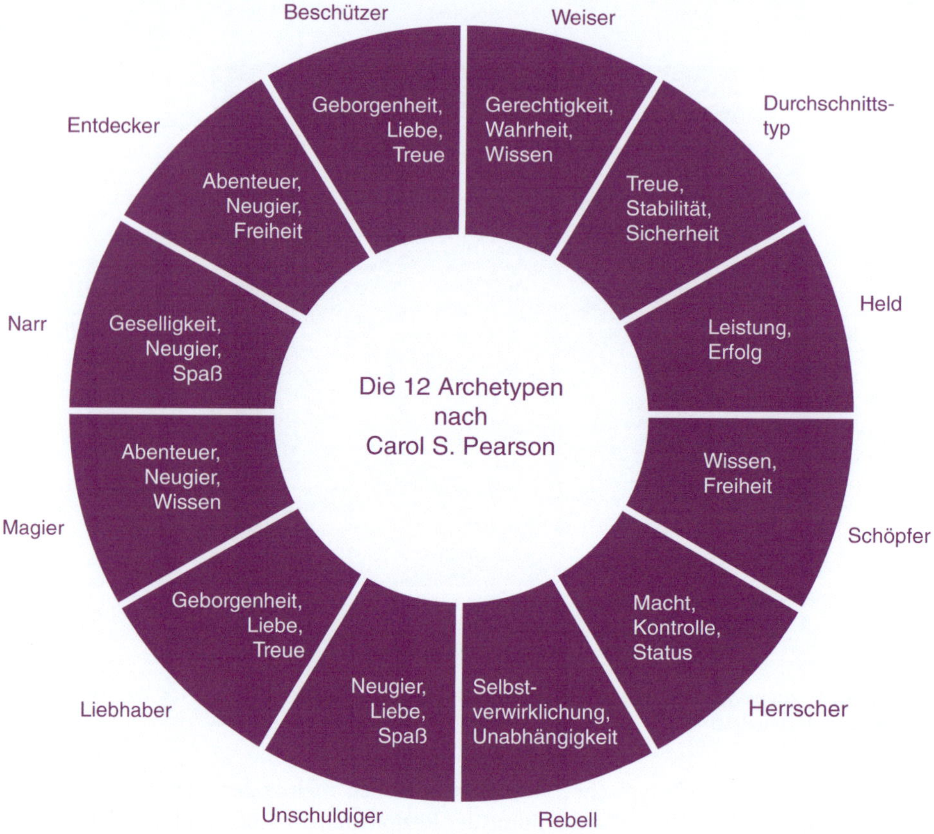

☐ **Abb. 4.14**   Darstellung der Archetypen nach Carol S. Pearson und wofür sie stehen. (Quelle: Engelhardt et al. 2018, S. 34. © Zeitschrift Markenbrand/Uwe Pätzmann)

☐ **Abb. 4.15**   „Die Reise des Helden". (Quelle: Laub et al. 2018, S. 52. © Zeitschrift Markenbrand/Uwe Pätzmann)

- Jeder Archetyp kann neben positiven auch negative Charaktereigenschaften darstellen, bei falscher Handhabung kann sich das negativ auswirken.
- Die archetypische Struktur, die Psychologie des Motivs darf nicht verändert werden. Ein „alter Weiser" lässt sich nicht in einen „jungen Weisen" transformieren.
- Durch ihre Zeitlosigkeit sind Archetypen nicht geeignet, um kurzfristige Trends oder Zeitgeistphänomene sinnvoll aufzugreifen und zu visualisieren.
- Es ist unklar, ob nicht manche Archetypen in gewisser Weise altmodische sind. So ist in Zeiten der Emanzipation unklar, ob Frauen, die durch Archetypen eher unschuldig und fürsorglich dargestellt werden, überhaupt noch von „Helden" gerettet werden wollen.

Hier kommt zum wiederholten Male der Zielgruppenanalyse und -segmentierung besondere Bedeutung zu. Denn nur anhand dessen können geeignete Archetypen bzw. Testimonials für die konkret anzusprechende Zielgruppe eruiert werden können (▶ Kap. 2).

Die Geschichte vom alten, einsamen Opa: Analyse des Werbespots „Heimkommen" der Lebensmitteleinzelhandelsgruppe Edeka/Deutschland, 2015 (aus Engelhardt et al. 2018)

Mit Stand 05.01.2019 wurde dieser Spot auf YouTube über 61 Mio. Mal aufgerufen und erhielt mehrere Auszeichnungen der Werbebranche. Der Spot handelt von einem einsamen Opa, der Jahr für Jahr vergeblich darauf hofft, mit seinen Kindern und Enkelkindern Weihnachten feiern zu können. Doch jedes Jahr sagen sie ab, und er muss Weihnachten alleine verbringen. Dann greift er zu einer drastischen Maßnahme: Er täuscht seinen Tod vor. Daraufhin reisen alle sofort an. Als sie im Haus ankommen, erwartet sie ein gedeckter Tisch und der Opa mit der Frage: „Wie hätte ich euch denn sonst alle zusammenbringen sollen, hm?" Die Freude und Erleichterung ist bei allen riesengroß und sie feiern Weihnachten nun doch zusammen.

Analyse durch Engelhardt et al. (2018):

Der alte Mann verkörpert den Archetypus des „alten Weisen" und in gewisser Weise auch des „Unschuldigen", der an das Gute glaubt und dazu gehören möchte. Bei genauerem Hinsehen lassen sich auch eine „Fürsorgliche" in Form der Familienmutter erkennen, außerdem ein zweiter „Weiser", dargestellt als Arzt, sowie ein „Narr/Spaßvogel", der am Esstisch Faxen macht, um die anderen zu erheitern. Die Vielzahl der in diesem Spot vorkommenden Archetypen steigert die Vertrautheit der Zuseher mit den verschiedensten Lebensbereichen. Dieser Werbespot ist sehr erfolgreich, ohne dass die Produkte der Lebensmitteleinzelhandelsgruppe im Vordergrund stehen. Vermarktet werden hier viel weniger die Produkte, sondern das gute Gefühl, das durch deren Kauf entsteht. Auch mit Hilfe des Hashtags #heimkommen bietet die Marke ihrer Zielgruppe wortwörtlich eine emotionale Heimat. Aufgrund der großen Altersspanne zwischen den Darstellern dieses Spots fühlen sich sofort Groß und Klein angesprochen. Nahezu jeder kann sich mit einer Person aus dem Film identifizieren. Der Archetypus des „alten Weisen" macht indirekt Konsumempfehlungen und vermittelt Eigenschaften wie Kompetenz, Know-how, Qualität und eine überlegene Leistung, welche allesamt für die Lebensmittelindustrie wichtig sind.

Anmerkung der Autoren: Dieser Spot könnte unverändert, lediglich mit adaptierter Schlussbotschaft und entsprechendem Hashtag, etwa #gemeinsamessentutgut, durchaus auch für eine marken- und produktunabhängige Ernährungsbotschaft dienen. Etwa für die Bedeutung gemeinsam eingenommener Mahlzeiten. Denn u. a. bietet „… die familiäre Zeit am Esstisch zahlreiche Benefits: Kinder sind ausgeglichener, glücklicher und meistern alltägliche Probleme leichter, wenn sie regelmäßig in familiärer Runde essen. Zudem weisen sie ein ausgewogeneres Ernährungsmuster auf als Kinder, die alleine beim Essen sitzen" (Grötschl 2014).

4.8 Entertainment Education

Entertainment Education (EE) ist eine Kommunikationsstrategie, die unterhaltende und bildende Elemente kombiniert. Der Begriff ist gleichbedeutend mit der Bezeichnung Edutainment. In westlichen Ländern kommt diese Strategie seit den

4

1990er-Jahren zum Einsatz, v. a. in Soaps, Serien, Reality-Shows oder TV-Filmen, aber auch Radiosendungen, Comics oder Populärmusik. Wesentliche Stärke der EE ist, dass derartige Sendungen für bestimmte Gesundheitsthemen sensibilisieren können. Dadurch können sie die kommunikative Auseinandersetzung mit dem transportierten Thema, die Reflexion der Handlungsmodelle in der Sendung sowie des eigenen Handelns anregen bzw. nachhaltig beeinflussen. Dieser Prozess wiederum ist Voraussetzung für mögliche Verhaltensänderungen. Die kommunikative Auseinandersetzung in Form von Gesprächen und Diskussionen mit Freunden, Familienmitgliedern, Kollegen oder heute auch über soziale Netzwerke in Social Media ist wesentliche Grundlage von Bildungsprozessen. Denn erst die Kommunikation über ein Ereignis oder Objekt schreibt diesem gesellschaftliche Relevanz und Bedeutung zu (▶ Abschn. 3.4.4; Schwarz 2006; Reinermann und Lubjuhn 2011).

Definition

Entertainment Education/Edutainment bedeutet die Implementierung von Bildungsbotschaften in einem Unterhaltungsformat mit dem Ziel, Wissen, Einstellungen und Verhalten sowie soziale Wandlungsprozesse beeinflussen zu können. Dabei wird die Einteilung von Medienformaten in Unterhaltungs- und Informationsangebote aufgebrochen. Der Begriff Unterhaltung wird hier in erster Linie mit affektiven (gefühlsbetonten) Prozessen assoziiert, Information primär mit kognitiven (verstandesbetonten).

Davon abzugrenzen sind die Begriffe Infotainment, Emotainment und Advertainment. **Infotainment** und **Emotainment** wurden durch die Medienindustrie entwickelt und geprägt. Infotainment beschreibt dabei Formate, die Informations- mit Unterhaltungselementen kombinieren, während Emotainment überaus emotionale, theatralische Unterhaltungsformate meint. **Advertainment** ist eine unterhaltsame Form der Werbung, die auffällig gestaltet ist und vorrangig Humor als Stilmittel einsetzt (Reinermann und Lubjuhn 2011).

Eines der ersten Formate, das Entertainment und Education verknüpfte, war die US-amerikanische Vorschulserie „Sesamstraße" *(Sesame Street)*. Die Folgen setzen sich aus mehreren kleineren, oft thematisch unabhängigen Einzelbeiträgen zusammen, die eine zusammenhängende Rahmenhandlung unterbrechen. Neben lustigen oder lehrreichen Puppendialogen und Trickfilmen kommen auch Realfilmbeiträge über einfache Situationen aus dem Kinderalltag oder z. B. die Herstellung eines Produktes vor. Während das blaue Krümelmonster *(Cookie Monster)* zu Beginn mit Vorliebe Kekse naschte, begann es mit der Zeit vermehrt Obst und Gemüse zu essen und sich mehr zu bewegen (Wikipedia 2018c; Lampert 2003).

4.8.1 Lernen an Identifikationsfiguren

Die zugrundeliegende Theorie ist jene des sozialen Lernens bzw. Modelllernens nach Bandura. Demnach lernen Menschen im Allgemeinen und Kinder im Besonderen, indem sie Vorbilder – auch mediale – beobachten, das Gesehene kognitiv verarbeiten und ihr Verhalten auf dieser Basis selbst bestimmen und auch verändern. Durch das Beobachten des Modells, dessen Handlungen und den damit verbundenen Konsequenzen (positiv/negativ) können sie erkennen, welches Verhalten sozial erwünscht ist und belohnt wird bzw. welches auf Ablehnung stößt bzw. bestraft wird. Fernsehen ist dabei insofern bedeutend, als es nicht nur Mittler und Träger von Botschaften ist, sondern auch Handlungsakteure darstellen kann, die Vorbildcharakter haben. Unterstützend wirkt dabei die diesem Medium zugeschriebene hohe Glaubwürdigkeit (▶ Abschn. 3.3; Reinermann und Lubjuhn 2011).

4.8.2 Drei Rollenmodelle – positiv, negativ, Entwicklung

Dabei existieren für die Identifikationsfiguren drei grundsätzliche Rollenmodelle: das positive, das negative und jenes, das eine Entwicklung durchmacht. Das positive Rollenmodell sollte die gewünschte Verhaltensweise korrekt ausführen und wird dafür belohnt. Das negative folgt alten, negativen Verhaltensmustern und muss die Konsequenzen dafür tragen. Am bedeutendsten ist der sogenannte „Übergangscharakter" *(transitional charakter)*. Er verkörpert eine Figur im Prozess der positiven Veränderung. Dabei überwindet er erfolgreich Hindernisse, erlangt soziale Bestätigung, erlebt Selbstwirksamkeit und stellt für das Publikum eine direkte Identifikationsmöglichkeit dar. Über längere Zeit andauernde Formate wie Serien, Soaps und Spielfilme können dabei umfangreichere (Entwicklungs-)Geschichten erzählen (▶ Abschn. 4.7), komplexere Informationen vermitteln, Verhaltensweisen in Kontexte einbetten und Konsequenzen des Verhaltens bzw. verschiedener Handlungsoptionen zeigen.

Die Identifikationsfiguren weisen in der Regel deutliche Parallelen zur jeweiligen Zielgruppe auf, um eine Identifikation zu erreichen. Je besser sich Zuseher mit der handelnden Figur identifizieren können, desto höher ist die Aufmerksamkeit und die Wahrscheinlichkeit, dass eine Einstellungs- und Verhaltensänderung erreicht werden kann (Valente et al. 2007). Wichtig ist, dass die Themen und deren Darstellung alltagsrelevant und plausibel sind. Auf diese Weise kann der Rezipient den Entwicklungsprozess miterleben, nachvollziehen, idealerweise auf die eigene Lebenssituation übertragen und so die Selbstwirksamkeit des eigenen Handelns erfahren. Die Wirkung hängt dabei wesentlich davon ab, wie sehr sich Rezipienten emotional in die Geschichte involvieren lassen und wie stark sie sich mit den Rollenmodellen identifizieren (Lampert 2003; Schwarz 2006; Kato et al. 2017).

4.8.3 Medien- und Gesundheitsexperten arbeiten zusammen

Für das EE-Konzept kann ein bestehendes Format als Rahmen dienen, um dort eine oder mehrere Botschaften zu platzieren, ähnlich dem Product Placement. Oder es werden Formate zur Gänze auf Basis des EE-Ansatzes konzipiert. Beides basiert auf einer Kooperation von Medien- und Gesundheitsexperten. Letzteres stellt allerdings auch eine der Herausforderungen der EE dar. Denn häufig herrschen unter den Beteiligten unterschiedliche Interessen, Zielvorstellungen und Arbeitsweisen (profitorientiert vs. gesundheitsfördernd, überredend vs. pädagogisch, abbildend vs. verändernd, kurz- vs. langfristig usw.). Oft lassen sich der Produktions- und Quotendruck der Medienakteure nicht mit der Arbeitsweise und den inhaltlichen Vorstellungen der Gesundheitsexperten vereinen (Lampert 2003).

4.8.4 Ansprechbare Zielgruppe wird breiter

Der Vorteil von EE ist, dass sich die Zuseher in einem positiven Rezeptionsrahmen befinden, im Unterhaltungsmodus. Er macht besonders für narratives Erleben empfänglich. In diesem Modus sind Abwehrmechanismen gegen Informationen, die dem Wissens- und Einstellungsdispositionen widersprechen, geringer. EE kann daher die ansprechbare Zielgruppe erweitern. Denn klassische Ratgebersendungen sehen vorrangig jene, die bereits für Gesundheits- bzw. Ernährungsthemen sensibilisiert sind. EE dagegen spricht prinzipiell alle Menschen an, die nach Unterhaltung suchen. Die Darstellung entspricht einer nichtfachlichen, allgemein menschlichen Ebene, in die jeder „einsteigen" kann. Die Balance zwischen Informations- und Unterhaltungselementen muss an die adressierte Zielgruppe und Zielsetzung angepasst und ggf. für jeden Einzelfall neu justiert werden. Denn ein Unterhaltungsüberhang gibt zu wenig Orientierung oder verhindert, dass diese wahrgenommen wird. Zu viel Fachinformation wiederum kann langweilen oder überfordern und damit die Akzeptanz verringern. Ein Pauschalrezept für das Verhältnis von Information und Unterhaltung existiert nicht (Schwarz 2006).

Als erfolgreiches Element, zumindest bei Kindern, hat sich in den Untersuchungen von Arendt (2010) ein Epilog erwiesen. Das ist ein ca. einminütiger Clip am Ende jeder Folge. Darin erklärt eine bekannte Person, die in der Zielgruppe Glaubwürdigkeit und Vertrauen genießt, die Botschaft und wiederholt sie auf diese Weise. Zusätzlich können weitere Serviceangebote (z. B. tiefergehende Informationen, Anlaufstellen, Hotlines) eingeblendet oder genannt werden, sodass die Zuseher zum aktiven Handeln animiert werden.

4.8.5 Kinderkochshows

Medienmacher bieten immer häufiger eigene Kochshows mit und für Kinder an, z. B. „Das jüngste Gericht" (PULS4/Österreich) oder die Comedykochshow „An die Töpfe, fertig, lecker!" (eine Disney Channel Produktion), wie in ◨ Abb. 4.16 ersichtlich. Eine britische Untersuchung (Ngqangashe et al. 2018) konnte kurzfristige Wirkungen solcher Formate zeigen. Im Anschluss an die Folge einer Kochshow, in der Obst und Gemüse verarbeitet wurde, wählten die Kinder aus zwei Alternativen lieber das Stück Obst als den Keks. Diese Formate haben bei Kindern offensichtlich Potential als Plattform für Ernährungserziehung – vorausgesetzt, die darin gekochten Gerichte entsprechen Ernährungsempfehlungen.

4.8.6 Kochsendungen animieren Männer zum Kochen

Auch für Erwachsene wird das Angebot an unterhaltsamen Kochshows mit EE-Elementen immer beliebter und schafft Möglichkeiten für die Ernährungskommunikation. Während sich klassische Kochsendungen darauf konzentrieren, Kochwissen und -fähigkeiten zu

Abb. 4.16 Kinderkochshows im TV sind typische Beispiele für Entertainment Education – hier z. B. „An die Töpfe, fertig, lecker!" (eine Disney Channel Produktion, © Disney) und „Das jüngste Gericht!" (PULS4/Österreich). (© ProSiebenSat.1 PULS4/Foto: Jörg Klickermann)

vermitteln, enthalten viele neue Formate auch Unterhaltungselemente. Beide sind beliebt, richten sich aber jeweils an ein anderes Publikum. So konnte in einer belgischen Studie (De Backer und Hudders 2016) mit über 800 Teilnehmern zwar kein Zusammenhang zwischen dem Konsum der Kochsendungen und Ernährungsgewohnheiten beobachtet werden, sehr wohl aber eine Auswirkung auf Kochgewohnheiten. Offenbar animieren Kochsendungen insbesondere Männer tatsächlich zum Kochen. Klassische Ratgeber-Kochformate bewirkten bei Männern in allen Altersgruppen, dass sie häufiger kochten. Edutainment-Formate zeigten diesen Effekt dagegen nur bei Männern über 38 Jahren. Keine der beiden Sendungstypen veränderte die Kochhäufigkeit von Frauen. Insgesamt scheinen Kochformate unterschiedlichster Art Möglichkeiten und Chancen für die Ernährungskommunikation zu bieten, wenngleich deren Wirkungen noch weiter im Detail erforscht werden sollten.

4.8.7 Übersetzung in den Alltag

EE-Formate können allerdings niemals der alleinige Schritt zur Ernährungsaufklärung sein. Für den Erfolg ist es wesentlich, dass gleichzeitig eine Brücke zur Alltagswelt der Rezipienten geschlagen wird, damit Medieneffekte die Chance erhalten, im Alltag dauerhaft verankert zu werden. Ein positives Beispiel dafür war die Kooperation der Kinderserie „LazyTown" mit einem britischen Lebensmittelhändler. Dieser beklebte Obst und Gemüse mit LazyTown-Stickern und konnte damit, laut eigenen Angaben, die Verkaufszahlen um 41 % steigern (Arendt 2010).

4.8.8 Humor, Cartoons und Comics

Bezogen auf die allgemeine Wissenschaftskommunikation, scheint laut Allgaier (2017) der Einsatz von Humor ein vielversprechender Trend zu sein. So haben Wissenschaftsthemen in Form von Satireformaten das Potenzial, auf die gesellschaftliche Agenda zu gelangen. Wenig erforscht sind die zahlreichen Möglichkeiten, die Comics, Cartoons und Graphic Novels für die Kommunikation von Wissenschaft bieten, wenngleich erste Ergebnisse vielversprechend sind. Lin et al. (2014) verglichen Text- und Comic-basiertes Informationsmaterial zu Nanotechnologie und stellten fest, dass Probanden durch das Comic-basierte Informationsmaterial mehr lernten und sich lieber damit auseinandersetzten als mit reinem Textmaterial. Ähnliche Ergebnisse wurden auch für Mangas (japanische Comics), mit ernährungsbezogenen Inhalten beobachtet (z. B. Leung et al. 2017; Shimazaki et al. 2018). Aufgrund der Art der Darstellung haben Comics das Potenzial, wissenschaftliche Themen einem breiteren Publikum zugänglich zu machen (Farinella 2018).

4.8.9 Unterhaltung erst nehmen

Allgaier (2017) weist darauf hin, dass es viele gute Gründe gibt, Wissenschaft in der Populärkultur bzw. in Unterhaltungsformaten ernst zu nehmen, v. a. weil sich diese als eine Art Schlachtfeld über Deutungshoheit von Wissen und Weltsichten verstehen lässt. Er warnt vor der Gefahr, das Feld anti- und pseudowissenschaftlichen Akteuren zu überlassen, die es sehr gut gelernt haben, die Populärkultur zu nutzen, um sich auch zu wissenschaftlichen Themen Gehör zu verschaffen. Zudem verlagert sich die Kommunikation über Wissenschaft vermutlich zunehmend in den Onlinebereich, wo sich z. B. journalistische und Unterhaltungsformate in vielen Kanälen nicht mehr klar trennen lassen.

4.9 Events/Ereignisse

Öffentliche Ernährungskommunikation benötigt zur Vermittlung ihrer Inhalte wahrnehmbare Plattformen. Dazu gehören auch Veranstaltungen unterschiedlichster Art (◻ Abb. 4.17). Im Falle von mobilen Events, wie Wanderausstellungen, Science Slams & Co. hat man die Möglichkeit, das Thema Ernährung direkt in die Lebenswelten der Zielgruppen zu bringen. Großevents ziehen viele Menschen an, innovative Veranstaltungen können es in die Medienberichterstattung schaffen, ebenso solche, die Prominente einbinden.

Auch Events können Geschichten erzählen, wenn sie narrative Elemente enthalten. Sie können Wissen ebenso wie Emotionen vermitteln, je nach Inszenierungsideen. Sie können Dialogräume schaffen. Und sie können durch den Ort des Events alleine schon eine Botschaft vermitteln.

◻ **Abb. 4.17**   Jährliches Genuss-Festival Wien im Wiener Stadtpark. (© Kuratorium Kulinarisches Erbe Österreich/Fotos: Sebastian Toth)

4.9.1 Unmittelbarer Kontakt mit Verbrauchern

Klassifiziert man Ereignisse anhand ihrer Ausrichtung an der Medienlogik, lassen sie sich in sogenannte genuine, mediatisierte und inszenierte Ereignisse unterscheiden. Während genuine Ereignisse nicht auf eine mediale Berichterstattung abzielen, orientieren sich mediatisierte Ereignisse an der Medienlogik. Inszenierte Ereignisse wie Pressekonferenzen richten sich direkt und ausschließlich auf die Wahrnehmung durch die Massenmedien. Genuine und ggf. mediatisierte Ereignisse sind charakterisiert durch direkte Kontakte zwischen Ernährungsexperten und Laien, oft mit interpersonellem Austausch, oder zwischen Objekten der Ernährungskommunikation (Installationen, Wanderausstellungen, Modelle) und Laien. Es geht hier nicht um die massenmedial vermittelte Interaktion mit der Zielgruppe, sondern um die unmittelbare, direkte Interaktion. Kommunikationsmedien können dabei eine ergänzende Funktion haben, sind aber nicht zwingend für ein Event. Der Begriff kann sehr weit gefasst werden und zahlreiche unterschiedliche Kommunikationsformate umfassen (Fähnrich 2017).

Fähnrich (2017) hat anhand der wissenschaftlichen Beiträge (idR Fallstudien) zu diesem Kommunikationsmittel eine Übersicht erstellt (◘ Tab. 4.4), wonach es drei zentrale Formate eventförmiger Wissenschaftskommunikation gibt, die sich v. a. durch ihre historische Entwicklung und ihre Zielsetzungen unterscheiden.

> **Eine hervorragende, praxisbezogene Sammlung an Formaten von Wissenschaftsevents bietet das Portal Wissenschaftskommunikation.de: mehr als 50 verschiedene Veranstaltungsmöglichkeiten im Porträt unter ▶ https://www. wissenschaftskommunikation.de/formate/?fwp_art=veranstaltung**

Öffentliche Ernährungskommunikation durch Events umfasst über die reine Wissenschaftskommunikation hinaus auch den Bereich der Multi-Stakeholder-Kommunikation. So haben sich in den letzten Jahren zahlreiche Food-Events, Spezialmessen, Lebensmittel-Schaubetriebe, -museen oder -dauerausstellungen mit integrierten Verkostungen, Vorträgen, Diskussionen oder Filmvorführungen etabliert wie:
- Genussfestivals,
- Craft Beer Festivals,
- Coffee Festivals,
- öffentliche Weindegustationen,
- Street Food Festivals,
- Verkostungsevents im Rahmen von Messen,
- Gesundheitsmessen,
- Ernährungsmessen,
- Senioren-/Frauen-/Kindermessen,
- Vorsorgemessen.

Food Festivals und Themenmessen sind Orte öffentlicher Ernährungskommunikation. So sind beispielsweise in den letzten Jahren zahlreiche Messen und Festivals rund um vegetarische, vegane und nachhaltige Ernährung entstanden. Auch das Angebot an Events, die Genuss in den Fokus rücken, wächst, wie Craft Beer Festivals, Coffee Festivals oder Slow Food Markets (◘ Abb. 4.18, 4.19, 4.20, 4.21, 4.22).

4

☐ **Tab. 4.4** Überblick über den Forschungsstand zu formatbezogenen Ansätzen der eventförmigen Wissenschaftskommunikation. (Fähnrich 2017, S. 171)

Eventkategorie	Wissenschaftsvermittelnde Museen und Ausstellungen	Citizen Science	Populäre Eventformate
Beispiele	Museen, Science Centers, Ausstellungen, Installationen	Bürgerkonferenzen, Science Cafés, Round Tables, Scenario-Workshops, Fokusgruppen	Kinderuniversitäten, Wissenschaftsfestivals, Poetry Slams, Fame Labs
Entstehungskontext/ Beschreibung	Historisch älteste Form der öffentlichen Vermittlung wissenschaftlichen Wissens; Ursprünge in der Zeit der Aufklärung; zunehmend Eventcharakter	Erste Formate in UK und USA in den 1990er-Jahren; seither Öffnung der Wissenschaft für neue Diskursformate unter Einbezug einer interessierten Laienöffentlichkeit und Beteiligung dieser an der Wissensproduktion	Ursprung im politischen Engagement im Kontext von „Public Engagement with Science" seit den 1980er-Jahren; heute weltweit zunehmende Institutionalisierung
Wirkungsabsicht	Forum für Dialog und Austausch über Wissenschaft, Förderung der Partizipation von Laien durch Gestaltung von Events	Wissenschaftliche Aufklärung von Laien zur Ermöglichung demokratischer Teilhabe in zunehmend komplexen Lebens- und Regulierungsbereichen; Generierung einer neuen Qualität wissenschaftlichen Wissens	Wecken von Interesse an und Begeisterung für Wissenschaft und Legitimierung
Grenzen	Wissenschaftskritik findet nur unzureichend statt	Routinen und Hierarchien begrenzen Möglichkeiten der Öffnung im wissenschaftlichen Arbeitsprozess; Wissensgefälle behindert gleichberechtigten Austausch, öffentliche Wirkung über die beteiligten Gruppen hinaus fraglich	Wirkung wird kaum erfasst, geringe Bereitschaft zur Einbringung auf Seiten der Wissenschaftler

◨ **Abb. 4.18** Schaukochen auf der Vegan Planet Wien, der größten veganen Messe Österreichs. (© VEGAN.AT/Foto: Chris Hofer)

◨ **Abb. 4.19** Veganer als „Helden" auf der Veggie World Messe Düsseldorf. (© VeggieWorld/Foto a: Milena Zwerenz, Foto b: Sven Grosch)

◨ **Abb. 4.20** Schaukochen im Rahmen des Slow Food Market Zürich. (© Thomas Borowski)

4

◨ **Abb. 4.21**   Verkostung im Rahmen des Vienna Coffee Festivals. (© Christina Karagiannis)

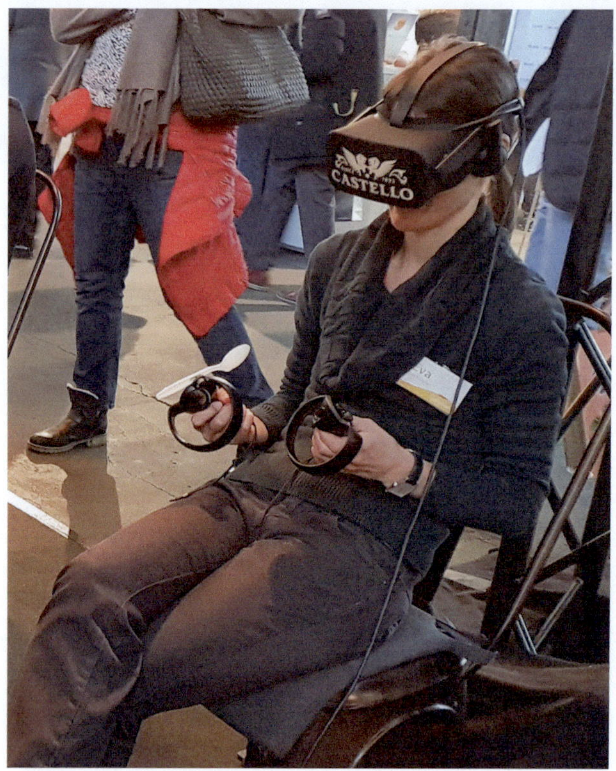

◨ **Abb. 4.22**   Virtual Reality (VR) – ein virtuelles Käseerlebnis auf der eat & style-Messe 2017 in Hamburg.
(Foto: Eva Derndorfer)

Lebensmittel-Schaubetriebe, -museen und -dauerausstellungen

Beispiele u. a. aus dem Schaubetriebsführer der Autoren: Derndorfer E, Mörixbauer A, Gruber M (2014) Schmankerlland Österreich – 60 kulinarische Ausflüge. Pichler, Wien (◘ Abb. 4.23, 4.24, 4.25, 4.26, 4.27, 4.28).

◘ **Abb. 4.23**   Bonbonproduktion live im „Bonscheladen", Hamburg 2017. (Foto: Angela Mörixbauer)

◘ **Abb. 4.24**   Fragen auf dem Weg ins Museum machen neugierig auf das, was kommt, wie hier im „Museum HochQuellen Wasser", Österreich. (Foto: Angela Mörixbauer)

4

 Abb. 4.25   Zusehen, wie die Butter in die Verpackung gelangt, wie hier in der „Zillertaler Heumilch Sennerei", Österreich. (Foto: Eva Derndorfer)

 Abb. 4.26   Eine kreative Art der Wissensvermittlung im „Zusatzstoffmuseum Hamburg". (Foto: Angela Mörixbauer)

⬛ Abb. 4.27   Themenpfad „Hanf" (Hanfland, Österreich), angelegt durch den gesamten Ort, der passenderweise Hanfthal heißt. (Foto: Angela Mörixbauer)

⬛ Abb. 4.28   Live-Cams geben in der „Erlebnissennerei Zillertal" (Österreich) unmittelbaren Einblick ins Leben der Bienen. (Foto: Eva Derndorfer)

4.10 Nährstoff- und Lebensmittelbezogene Ernährungsempfehlungen

Lebensmittelbezogene Ernährungsempfehlungen (Food-Based Dietary Guidelines, FBDG) sind einfache Empfehlungen, die auf wissenschaftlich gesicherten Erkenntnissen zum Zusammenhang zwischen Ernährung und Gesundheit beruhen. Dabei stehen Lebensmittel, Lebensmittelgruppen und Ernährungsmuster im Vordergrund, womit sie sich von nährstoffbezogenen Empfehlungen unterscheiden. Sie richten sich entweder an die gesamte Bevölkerung oder an bestimmte Bevölkerungsgruppen. Mit ihnen sollen die Prinzipien einer vollwertigen Ernährung vermittelt werden (Jungvogel et al. 2016; Bechthold et al. 2017).

Ernährungswissenschaftliche Fachgesellschaften bestimmen die optimale Nährstoffversorgung sowohl einzelner Personen als auch auf Bevölkerungsebene nach wissenschaftlichen Methoden und kommunizieren diese in Form von Empfehlungen. Für Deutschland, Österreich und die Schweiz sind dies die „D-A-CH-Referenzwerte für die Nährstoffzufuhr" (DGE 2018) sowie evidenzbasierte Erkenntnisse zur Prävention ernährungsassoziierter Erkrankungen durch Nährstoffe bzw. Lebensmittel. Zu Letzteren zählen die Leitlinien zur Fettzufuhr (Wolfram et al. 2015) und zur Kohlenhydratzufuhr (Hauner et al. 2011) oder die Stellungnahmen zur Prävention ausgewählter chronischer Krankheiten durch Gemüse und Obst (Boeing et al. 2012) sowie Fisch (Dinter et al. 2016). Dafür werden nur Zusammenhänge, für die die Evidenz mit den höchsten Härtegraden „überzeugend" oder „wahrscheinlich" bewertet wird, berücksichtigt (Jungvogel et al. 2016).

Diese **Nährstoff**empfehlungen bilden dann die Basis für die praktische Umsetzung einer vollwertigen Ernährung und werden „übersetzt" in die **Lebensmittel**bezogenen Ernährungsempfehlungen. Die Europäische Behörde für Lebensmittelsicherheit (EFSA 2010) hat für den Entwicklungsprozess lebensmittelbezogener Empfehlungen sieben Schritte definiert.

> **Wichtig**
>
> **Entwicklungsschritte für FBDG**
>
> **Die EFSA (2010) schlägt für die Entwicklung von lebensmittelbezogenen Ernährungsempfehlungen sieben Schritte vor:**
>
> 1. **Identifizierung von Zusammenhängen zwischen der Ernährung und der Gesundheit**
> 2. **Identifizierung von länderspezifischen ernährungsbezogenen Gesundheitsproblemen**
> 3. **Identifizierung von kritischen Nährstoffen, die für die Gesundheit der Bevölkerung wichtig sind**
> 4. **Identifizierung von relevanten Lebensmitteln und Lebensmittelgruppen, die zum einen reich an den identifizierten Nährstoffen sind und die zum anderen mit gesundheitsfördernden Effekten assoziiert sind**

5. Identifizierung von bestehenden Ernährungsmustern in der Bevölkerung sowie von Ernährungsmustern, für die ein Zusammenhang mit der Gesunderhaltung besteht
6. Testen und Optimieren der lebensmittelbezogenen Ernährungsempfehlungen
7. Umsetzung in eine grafische Darstellung

Lebensmittelbezogene Ernährungsempfehlungen sind wichtige Instrumente der Ernährungsaufklärung und -bildung sowie Ernährungsberatung. Ihr Ziel ist es nicht nur, eine bedarfsgerechte Ernährung zu fördern, sondern auch zur Prävention von ernährungsassoziierten Erkrankungen in der Bevölkerung beizutragen. Sie sollten Mengen und Portionsgrößen nennen, die im Gesamtkonzept einer gesunden präventiven Ernährung schlüssig sind. Darüber hinaus müssen sie leicht verständlich sein, praxisbezogen und auch kulturell akzeptabel. In Empfehlungen angestrebte Ernährungsmuster dürfen nicht radikal von den üblichen Ernährungsgewohnheiten abweichen. Deshalb berücksichtigen lebensmittelbezogene Empfehlungen in der Bevölkerung bekannte und gebräuchliche Nahrungsmittel (Boeing 2009; Jungvogel et al. 2016).

> Nährstoffbezogene Empfehlungen sind nicht für die direkte Kommunikation an den Verbraucher gedacht. Denn Menschen essen keine Nährstoffe, sondern Lebensmittel.

4.10.1 Ernährungskreise, -pyramiden und anderes

Für eine einfachere Verbraucheransprache werden lebensmittelbezogene Empfehlungen in Form von grafischen Modellen dargestellt. Weltweit existieren diesbezüglich viele unterschiedliche Modelle: Kreise (u. a. D, CH), Teller (u. a. CH, USA), Scheiben (u. a. CH), Pyramiden (u. a. D, A, CH, USA), Körbe (NLD), Kreisel (JPN). Die darin abgebildeten Lebensmittel können als Zeichnungen oder Fotos dargestellt werden, wobei Fotos deutlich stärker wirken als Illustrationen. Werden dennoch Zeichnungen eingesetzt, sollten diese so einfach wie möglich gehalten werden, etwa ein einfaches Wasserglas statt eines Wasserkrugs plus Glas (▶ Abschn. 4.4). Manche Modelle beziehen auch Informationen zur körperlichen Aktivität, Lebensmittelzubereitung oder -aufbewahrung ein.

Die beiden am häufigsten verwendeten Modelle sind Kreis- und Pyramidenmodelle. Durch Segmentierung der Kreisfläche ergeben sich mehrere Felder für die Darstellung von Lebensmittelgruppen. Die Segmentgrößen richten sich dabei nach dem relativen Anteil am Gesamtgewicht, das anhand von typischen Musterspeiseplänen errechnet wurde. Bei Pyramiden- oder Dreiecksdarstellungen finden sich an der unteren, breiten Basis jene Lebensmittelgruppen, die am häufigsten verzehrt werden sollten. In der Spitze jene, die im Alltag häufig ebenfalls Teil der Ernährungsgewohnheiten sind, jedoch nur selten konsumiert werden sollten.

4.10.2 Mengen sind Anhaltspunkte

Orientierungswerte für Lebensmittelmengen in Portionsgrößen und -anzahl oder Prozent sind wörtlich zu verstehen: Sie geben Orientierung. Sie sind nicht dazu gedacht täglich aufs Gramm genau erreicht zu werden. Denn sowohl der Energie- als auch der Nährstoffbedarf sind je nach Bevölkerungsgruppe (Kinder, Erwachsene, Frauen, Männer, Alte, Schwangere, Stillende, körperlich mehr/weniger Aktive usw.) und auch individuell unterschiedlich. In der Regel sollte die Verteilung im Durchschnitt einer Woche erreicht werden (Jungvogel et al. 2016). Durch den technischen Fortschritt entwickeln sich zunehmend interaktive Tools, die auch individualisierte Ernährungsempfehlungen zulassen.

4.10.3   Bedarf an Ernährungskommunikation

Laut EFSA sollten FBDG und ihre Wirkung begleitend evaluiert werden, damit ggf. Anpassungen erfolgen können. Dies ist in Europa bislang noch kaum erfolgt, weder in Hinblick auf die Bekanntheit, noch in Bezug auf Verständlichkeit oder tatsächlicher verhaltensrelevanter Wirkung. Die Österreichische Ernährungspyramide wurde 2015 evaluiert (Bundesministerium für Gesundheit 2015) und ergab, dass sie der Mehrheit der Bevölkerung bekannt ist. Rund zwei Drittel der 500 Befragten gaben an, die Ernährungspyramide zuvor schon einmal gesehen zu haben, wobei Frauen diese häufiger erkannten als Männer. Obwohl die Pyramidenvariante ohne konkrete Portionsempfehlungen im ersten Schritt tendenziell verständlicher erschien, kommen die Autoren zum Schluss, dass jene mit Portionsempfehlungen die intendierten Botschaften besser vermitteln kann. Im Direktvergleich würden zudem 90 % der Befragten die Pyramide mit Portionsempfehlung wählen, da diese als hilfreich eingestuft wurden. Verbesserungspotenzial sahen die Befragten in Bezug auf praxisrelevante Hilfestellungen für den Lebensmitteleinkauf. Erste Ergebnisse zur Evaluation für Deutschland liegen ebenfalls vor (Bechthold et al. 2017) und zeigen u. a., dass die Modelle bzw. Empfehlungen mehr Frauen als Männern bekannt sind, die Botschaft „mehr Obst und Gemüse" zumindest wahrgenommen wurde (wenngleich sie oft missverstanden wird und Konsumenten glauben, sie müssten fünf Mal am Tag Obst und Gemüse essen, anstatt fünf Portionen) und dass sich Menschen bevorzugt im Internet über die Themen Gesundheit und Ernährung informieren. Sie zeigen aber auch, dass fast die Hälfte angab, sich seltener als einmal pro Woche oder gar nie darüber zu informieren. Daher gilt es, Überlegungen zu Maßnahmen wie Medien- oder Social-Marketing-Kampagnen (▶ Abschn. 4.1 und 4.2) zu verfolgen.

Dass in diesem Zusammenhang großer Bedarf an Ernährungskommunikation besteht, illustriert der Umstand, dass lediglich 14 % der Befragten (repräsentativ für Erwachsene in Deutschland) die „10 Regeln der DGE" kennen und nur ein Zehntel den DGE-Ernährungskreis. Anhand weiterer Detailergebnisse ergibt sich ein klarer Bedarf einer verstärkten Zielgruppenorientierung. So spricht vieles dafür, u. a. FBDG auch geschlechtsspezifisch zu kommunizieren, Männer und Jugendliche in der Kommunikation verstärkt anzusprechen und auf eine vereinfachte Kommunikation zu achten (Bechthold et al. 2017).

Beispiele von Darstellungen lebensmittelbezogener Ernährungsempfehlungen in D, A, CH

Deutschland
- DGE-Ernährungskreis
- Dreidimensionale DGE-Lebensmittelpyramide: Diese ist etwas komplexer aufgebaut und für den Einsatz in der Beratung und Lehre konzipiert. Sie eignet sich nicht als reines Verbrauchermedium (◨ Abb. 4.29).

◻ Abb. 4.29 DGE-Ernährungskreis und dreidimensionale DGE-Lebensmittelpyramide. (© Deutsche Gesellschaft für Ernährung e. V., Bonn)

Österreich

- Die Österreichische Ernährungspyramide
- Die Österreichische Ernährungspyramide für Schwangere (◻ Abb. 4.30)

Schweiz

- Schweizer Lebensmittelpyramide
- Optimaler Teller
- Schweizer Ernährungsscheibe für Kinder (◻ Abb. 4.31)

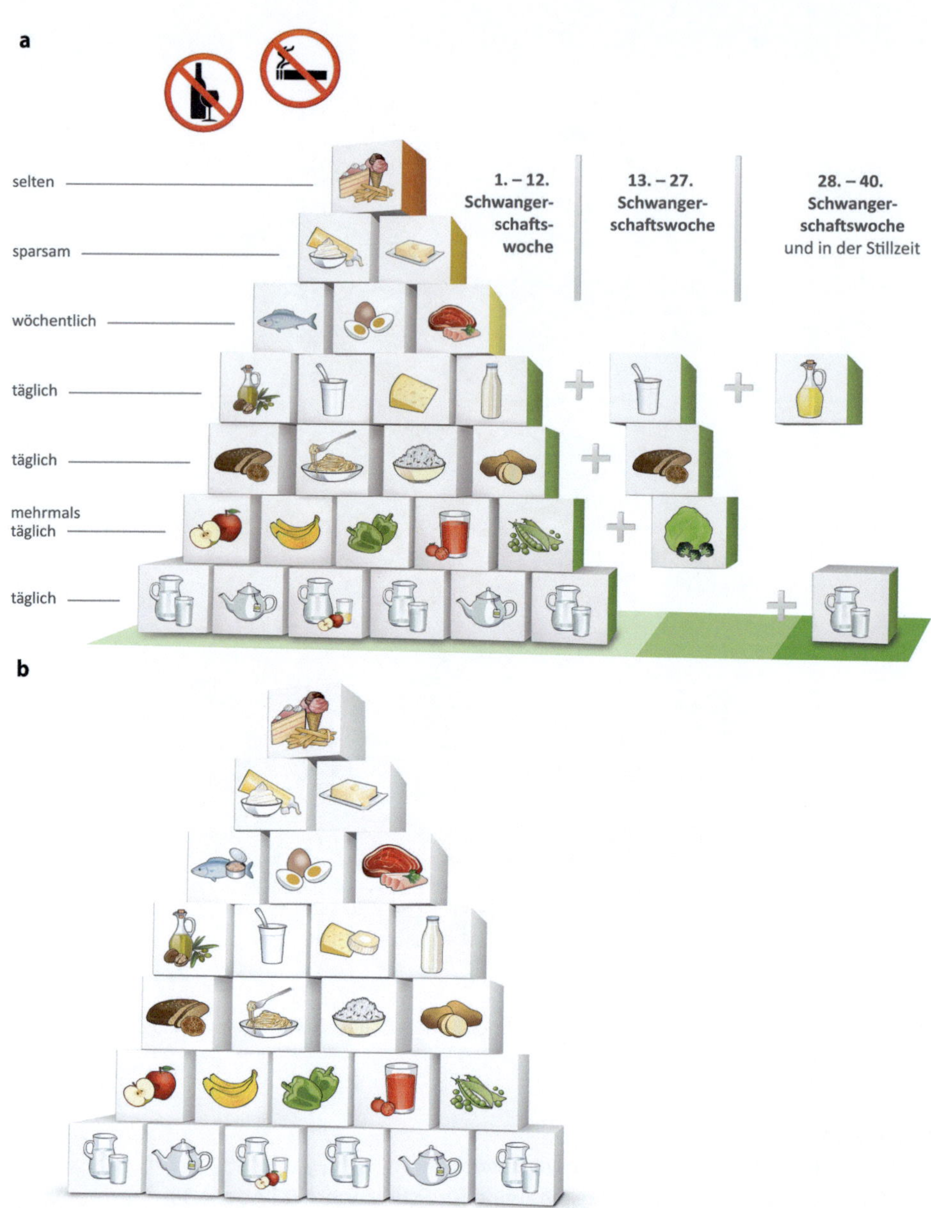

◘ Abb. 4.30   Die Österreichische Ernährungspyramide für gesunde Erwachsene sowie jene für Schwangere und Stillende. (© Bundesministerium für Arbeit, Soziales, Gesundheit und Konsumentenschutz 2019)

■ **Abb. 4.31** Die Schweizer Lebensmittelpyramide, der optimale Teller sowie die Schweizer Ernährungsscheibe für Kinder. (© Schweizerische Gesellschaft für Ernährung)

4.10.4 Zukünftige Aspekte für FBDG

Bechthold et al. (2018) erhoben in einer Analyse, dass 34 von 53 europäischen Ländern über offizielle FBDG verfügen. Außerdem identifizierten sie anhand der EFSA-Empfehlungen sowie der wissenschaftlichen Literatur acht Aspekte, die zukünftig bei der Erstellung und Gestaltung von FBDG berücksichtigt werden sollten:
1. Zusammenhang Ernährung und Gesundheit,
2. Nährstoffversorgung,
3. Energieversorgung,
4. Ernährungsgewohnheiten,
5. Nachhaltigkeit,
6. Lebensmittelkontaminanten,
7. Zielgruppensegmentierung,
8. Individualisierung.

Die ersten vier Punkte werden in bestehenden FBDG bereits zum größten Teil berücksichtigt, die anderen, eher neueren nur zum Teil (Bechthold et al. 2018). Nachhaltigkeitsaspekte in Ernährungsempfehlungen sind geeignet, um Ernährungsweisen zu formen. Sie können Verbrauchern dabei helfen, eine ausgewogene Ernährung, die sowohl auf ernährungsphysiologischen wie auch ökologischen Werten beruht, in die Praxis umzusetzen. Vorreiter in diesem Bereich sind Brasilien, Deutschland, Schweden und Katar. Die DGE weist u. a. darauf hin, dass eine Verringerung von rotem Fleisch nicht nur gesundheitlich vorteilhaft ist, sondern auch für Umwelt und Klima. Ebenso empfiehlt sie, Fisch aus nachhaltiger Fischerei bzw. nachhaltig betriebenen Aquakulturen zu wählen. Auch die ÖGE verweist in ihren zehn Ernährungsregeln auf ökologische Aspekte einer Kost mit überwiegend pflanzlichen Lebensmitteln (Stadlmayr 2018). Und die SGE geht in ihren „FOODprints" mit Tipps zum nachhaltigen Essen und Trinken auf das Thema ein (Hayer und Frei 2014).

Literatur

Aceves-Martins M, Llauradó E, Tarro L, Moreno-García CF, Trujillo Escobar TG, Solà R, Giralt M (2016) Effectiveness of social marketing strategies to reduce youth obesity in European school-based interventions: a systematic review and meta-analysis. Nutr Rev 74(5):337–351. ► https://doi.org/10.1093/nutrit/nuw004

Afshin A, Abioye AA, Ajala ON, Nguyen AB, See KC, Mozaffarian D (2013) Effectiveness of mass media campaigns for improving dietary behaviors: a systematic review and meta-analysis. Circulation 127:AP087

Afshin A, Penalvo J, Del Gobbo L, Kashaf M, Micha R, Morrish K, Pearson-Stuttard J, Rehm C, Shangguan S, Smith JC, Mozaffarian D (2015) CVD prevention through policy: a review of mass media, food/menu labeling, taxation/subsidies, built environment, school procurement, worksite wellness, and marketing standards to improve diet. Curr Cardiol Rep 17(11):98. ► https://doi.org/10.1007/s11886-015-0658-9

Allgaier J (2017) Wissenschaft und Populärkultur. In: Bonfadelli H, Fähnrich B, Lüthje C, Milde J, Rhomberg M, Schäfer MS (Hrsg) Forschungsfeld Wissenschaftskommunikation. Springer Fachmedien, Wiesbaden, S 239–250

APA (2017) Whitepaper Absolutely visual – Infografik Animation & Co., Wien

APA-IT (2016) Whitepaper Onlinevideo – Behind the Screens. Austria Presse Agentur, Wien

Arendt K (2010) Kann Fernsehen zu besserem Essen verführen? Zur Wirksamkeit von Entertainment-Education-Maßnahmen für Kinder am Beispiel der Kinderserie LazyTown. Televizion 23(1):28–31

Arnold M, Erlemann M (2012) Öffentliches Wissen. Nachhaltigkeit in den Medien. oekom, München

Bayer J (2017) Medien und Ernährungsthemen. Workshop im Rahmen der 1. Tagung der Ernährungs Umschau „Essen als Ideologie – Ernährungskommunikation in postfaktischen Zeiten" am 27. Oktober 2017 in Frankfurt.

Bechthold A, Wendt I, Laubach B, Mayerböck C, Oberritter H, Nöthlings U (2017) Bekanntheit der lebensmittelbezogenen Ernährungsempfehlungen der Deutschen Gesellschaft für Ernährung e. V. (DGE). Ernährungs Umschau 64(7):112–119

Bechthold A, Boeing H, Tetens I, Schwingshackl L, Nöthlings U (2018) Perspective: food-based dietary guidelines in europe – scientific concepts, current status, and perspectives. Adv Nutr 9(5):544–560

Boeing H (2009) Lebensmittelbasierte Präventionskonzepte. Ernährungs Umschau 56(8):468–473

Boeing H, Bechthold A, Bub A, Ellinger S et al (2012) Critical review: vegetables and fruit in the prevention of chronic diseases. Eur J Clin Nutr 51:637–663

Bonfadelli H, Friemel T (2006) Kommunikationskampagnen im Gesundheitsbereich. UVK, Konstanz

Bundesministerium für Gesundheit (2015) Evaluation der Österreichischen Ernährungspyramide „Kommen die zentralen Botschaften bei der Bevölkerung an?" Bericht. ► https://www.sozialministerium.at/cms/site/attachments/7/3/0/CH4082/CMS1290513144661/evaluation_ernaehrungspyramide.pdf. Zugegriffen: 26. Febr. 2019

Chau JY, McGill B, Thomas MM, Carroll TE, Bellew W, Bauman A, Grunseit AC (2018) Is this health campaign really social marketing? A checklist to help you decide. Health Promot J Austral 29(1):79–83. ► https://doi.org/10.1002/hpja.13

De Backer CJS, Hudders L (2016) Look who's cooking. Investigating the relationship between watching educational and edutainment TV cooking shows, eating habits and everyday cooking practices among men and women in Belgium. Appetite 96(1):494–501

Derndorfer E, Gruber M (2015) Farben essen: Heute koch ich Rot-Gelb-Grün. Facultas/Maudrich, Wien

Deutsche Gesellschaft für Ernährung (DGE), Österreichische Gesellschaft für Ernährung (ÖGE), Schweizerische Gesellschaft für Ernährungsforschung (SGE), Schweizerische Vereinigung für Ernährung (Hrsg) (2018) Referenzwerte für die Nährstoffzufuhr, 2. Auflage, 4. aktualisierte Ausgabe. Bonn

Dinter J, Bechthold A, Boeing H, Ellinger S, Leschik-Bonnet E, Linseisen J, Lorkowski S, Wolfram G (2016) Fish intake and prevention of selected nutrition-related diseases. Ernährungs Umschau 63(7):148–154

ECCO (2013) Wie wünschen sich Journalisten die ideale Presseaussendung? ECCO Studie zu Pressemitteilungen. ECCO International Communications Network

EFSA (2010) Scientific opinion on establishing food-based dietary guidelines. EFSA Journal 8(3):1460–1502

Engelhardt S, Ferdinand H-M, Kramer I, Pätzmann JU (2018) Archetypische Motive in erfolgreichen Werbespots. Eine hypothesenbasierte Forschungsperspektive auf das Konstrukt Markenpersönlichkeit. Markenbrand – Zeitschrift für Markenstrategie der Hochschule Neu-Ulm, Kompetenzzentrum Marketing & Branding 6(2018):32–45

Erlemann M (2012) Heimat, Natur und die gute, alte Zeit – Erzählungen über Nachhaltige Entwicklung im Spannungsfeld öffentlicher und wissenschaftlicher Diskurse. In: Arnold M, Dressel G, Viehöver W (Hrsg) Erzählungen im Öffentlichen. Über die Wirkung narrativer Diskurse. VS Verlag, Wiesbaden, S 147–171

Fähnrich B (2017) Wissenschaftsevents zwischen Popularisierung, Engagement und Partizipation. In: Bonfadelli H, Fähnrich B, Lüthje C, Milde J, Rhomberg M, Schäfer MS (Hrsg) Forschungsfeld Wissenschaftskommunikation. Springer Fachmedien, Wiesbaden, S 165–182

Farinella M (2018) The potential of comics in science communication. J Sci Commun 17(01):Y01

Gebbers T, De Wit JBF, Appel M (2017) Transportation into narrative worlds and the motivation to change health-related behavior. Int J Commun 11:4886–4906

Gerlach S, Blüher M (2018) Medienleitfaden Adipositas – Empfehlungen zum Umgang mit Adipositas und Menschen mit Übergewicht in den Medien. Deutsche Adipositas-Gesellschaft (DAG), München, und Interdisziplinäres Forschungs- und Behandlungszentrum (IFB) AdipositasErkrankungen, Leipzig (Hrsg)

Gissemann C (2016) Food Fotografie. Leckere Bildrezepte für Einsteiger. dpunkt, Heidelberg

Glogowski S (2018) Editorial: Ernährungsfachkräfte im TV-Food-Journalismus. Ernährungs Umschau 65(10):M529

Grötschl N (2014) Gemeinsam essen – schmeckt und tut gut! forum. ernährung heute. ▶ http://www.forum-ernaehrung.at/artikel/detail/news/detail/News/gemeinsam-essen-schmeckt-und-tut-gut/. Zugegriffen: 3. Jan. 2019

Grünewald-Funk D (2013) Zielgruppensegmentierung für die Gesundheitskommunikation im Handlungsfeld Ernährung – ein innovativer Ansatz am Beispiel von Adipositas-Risikogruppen. Dissertation, Justus-Liebig-Universität Gießen

Hänsli B (2006) Prozess zwischen Angebot und Nachfrage: Ernährungskommunikation aus publizistikwissenschaftlicher Perspektive. In: Barlösius E, Rehaag R (Hrsg) Skandal oder Kontinuität – Anforderungen an eine öffentliche Ernährungskommunikation. WZB, Berlin, S 71–77

Hauner H, Bechthold A, Boeing H, Brönstrup A, Buyken A, Leschik-Bonnet E, Linseisen J, Schulze M, Strohm D, Wolfram G (2011) Evidenzbasierte Leitlinie Kohlenhydratzufuhr und Prävention ausgewählter ernährungsmitbedingter Krankheiten. Version 2011. Deutsche Gesellschaft für Ernährung (Hrsg), Bonn

Hayer A, Frei S (2014) FOODprints® – Tipps zum nachhaltigen Essen und Trinken. Schweizerische Gesellschaft für Ernährung SGE (Hrsg), Bern. ▶ http://www.sge-ssn.ch/media/Merkblatt_FOODprints_2014_3.pdf. Zugegriffen: 19. Febr. 2019

Herbst DG (2006) Modelle in der Ernährungskommunikation: Wirkungsvoll durch Bilder kommunizieren. In: aid Spezial: Ernährungskommunikation. Neue Wege – neue Chancen? aid, Bonn, S 30–40

Herbst DG (2015) Public relations, 4. aktualisierte Aufl. epubli, Berlin

Hillebrand R (2019) Ein Album für die ganze Welt. Salzburger Nachrichten vom 5. Januar 2019, S 7

Jungvogel A, Michel M, Bechthold A, Wendt I (2016) Die lebensmittelbezogenen Ernährungsempfehlungen der DGE. Wissenschaftliche Ableitung und praktische Anwendung der Modelle. Ernährungs Umschau 63(8):M474–M480

Kato M, Ishikawa H, Okuhara T, Okada M, Kiuchi T (2017) Mapping research on health topics presented in prime-time TV dramas in „developed" countries: a literature review. Cogent Soc Sci 3(1):1318477

Kite J, Grunseit A, Bohn-Goldbaum E, Bellew B, Carroll T, Bauman A (2018) A systematic search and review of adult-targeted overweight and obesity prevention mass media campaigns and their evaluation: 2000–2017. J Health Commun 23(2):207–232

Kleinhückelkotten S, Wippermann C, Behrendt D, Fiedrich G, Schürzer de Magalhaes I, Klär K, Wippermann K (2006) Kommunikation zur Agro-Biodiversität. ECOLOG-Institut/Sinus Sociovision, Hannover

Kleinhückelkotten S, Wegener E (2008) Nachhaltigkeit kommunizieren – Zielgruppen, Zugänge, Methoden. ECOLOG-Institut (Hrsg), Hannover

Knott R (2016) Fibonacci numbers and nature. ▶ http://www.maths.surrey.ac.uk/hosted-sites/R.Knott/Fibonacci/fibnat.htmln. Zugegriffen: 6. Jan. 2019

Könneker C (2012) Wissenschaft kommunizieren. Ein Handbuch mit vielen praktischen Beispielen. Wiley-VCH, Weinheim

Kratzner T, Ferdinand H-M, Kramer I, Pätzmann JU (2018) Markenpositionierung durch Archetypen. Eine konzeptionelle Analyse mithilfe eines archetypischen Positionierungsmodells. Markenbrand – Zeitschrift für Markenstrategie der Hochschule Neu-Ulm, Kompetenzzentrum Marketing & Branding 6(2018):12–21

Lampert C (2003) Gesundheitsförderung durch Unterhaltung? Zum Potenzial des Entertainment-Education-Ansatzes für die Förderung des Gesundheitsbewusstseins. M&K Medien & Kommunikationswissenschaft 51(3–4):461–477

Langer I, Schulz von Thun F, Tausch R (2015) Sich verständlich ausdrücken, 10. Aufl. Ernst Reinhardt, München

Laub F, Ferdinand H-M, Kramer I, Pätzmann JU (2018) How archetypal brands leverage consumers' perception. A qualitative investigation of brand loyalty and storytelling. Markenbrand – Zeitschrift für Markenstrategie der Hochschule Neu-Ulm, Kompetenzzentrum Marketing & Branding 6(2018):46–54

Leung MM, Green MC, Tate DF, Cai J, Wyka K, Ammerman AS (2017) Fight for your right to fruit: psychosocial outcomes of a manga comic promoting fruit consumption in middle-school youth. Health Commun 32(5):533–540

Lin S-F, Lin H-S, Lee L, Yore LD (2014) Are science comics a good medium for science communication? The case of public learning of nanotechnology. Int J Sci Educ B Commun Public Engagem. ► https://doi.org/10.1080/21548455.2014.941040. Zit. Nach: Allgaier J (2017) Wissenschaft und Populärkultur. In: Bonfadelli H, Fähnrich B, Lüthje C, Milde J, Rhomberg M, Schäfer MS (Hrsg) Forschungsfeld Wissenschaftskommunikation. Springer Fachmedien, Wiesbaden, S. 239–250

Loss J, Nagel E (2010) Social Marketing – verführung zum gesundheitsbewussten Verhalten? Gesundheitswesen 72:54–62. ► https://doi.org/10.1055/s-0029-1241890

Luecking CT, Hennink-Kaminski H, Ihekweazu C, Vaughn A, Mazzucca S, Ward DS (2017) Social marketing approaches to nutrition and physical activity interventions in early care and education centers: A systematic review. Obes Rev 18(12):1425–1438. ► https://doi.org/10.1111/obr.12596

Mark M, Pearson CS (2001) The hero and the outlaw: building extraordinary brands through the power of archetypes. McGraw-Hill, New York

Mehrabian A (1981) Silent messages: implicit communication of emotions and attitudes. Wadsworth, Belmont. ► http://www.kaaj.com/psych/smorder.html. Zugegriffen: 3. Jan. 2019

Meyer R (2003) Potenziale für eine verbesserte Verbraucherinformation. Endbericht zum TA-Projekt „Entwicklungstendenzen bei Nahrungsmittelangebot und -nachfrage und ihre Folgen". Arbeitsbericht Nr. 89, Büro für Technikfolgen-Abschätzung beim Deutschen Bundestag

Mørk T, Grunert KG, Fenger M, Juhl HJ, Tsalis G (2017) An analysis of the effects of a campaign supporting use of a health symbol on food sales and shopping behavior of consumers. BMC Public Health 17(1):239. ► https://doi.org/10.1086/s12889-017-4149-3

National Social Marketing Centre (2010) NSMC benchmark criteria. ► http://www.socialmarketing-toolbox.com/content/nsmc-benchmark-criteria-0. Zugegriffen: 3. Jan. 2019

Netzwerk Leichte Sprache (2013) Die Regeln für Leichte Sprache. ► http://www.leichte-sprache.de/dokumente/upload/21dba_regeln_fuer_leichte_sprache.pdf. Zugegriffen: 3. Jan. 2019

Ngqangashe Y, De Backer CJS, Hudders L, Hermans N, Vandebosch H, Smits T (2018) An experimental investigation of the effect of TV cooking show consumption on children's food choice behaviour. Int J Consum Stud 42(4):402–408

Pätzmann JU (2018) Archetypen, ein alter Hut? Emotionen, ein inflationäres Konzept? Markenbrand – zeitschrift für Markenstrategie der Hochschule Neu-Ulm. Kompetenzzentrum Marketing & Branding 6(2018):3

Passamonti L, Rowe JB, Schwarzbauer C, Ewbank MP, von dem Hagen E, Calder AJ (2009) Personality predicts the brain's response to viewing appetizing foods: the neuronal basis of a risk factor for overeating. J Neurosci 29(1):43–51

Pfister T (2012) Mit Fallbeispielen und Furchtappellen zu erfolgreichen Gesundheitsbotschaften? Dissertation, Ludwig-Maximilians-Universität, München

Pott E (2003) Strategien des sozialen Marketings. In: Schwartz FW (Hrsg) Das Public Health Buch. Gesundheit und Gesundheitswesen, 2. Aufl. Urban & Fischer, München, S 215–225

Reinermann JL, Lubjuhn S (2011) „Let Me Sustain You" Die Entertainment-Education Strategie als Werkzeug der Nachhaltigkeitskommunikation. Medien J 35(1):43–56

Rhomberg M (2017) Forschungsperspektiven der Wissenschaftskommunikation. In: Bonfadelli H, Lüthje C, Milde J, Rhomberg M, Schäfer MS (Hrsg) Forschungsfeld Wissenschaftskommunikation. Springer Fachmedien, Wiesbaden, S 407–428

Rödder S (2017) Organisationstheoretische Perspektiven auf die Wissenschaftskommunikation. In: Medizin- und Gesundheitskommunikation. In: Bonfadelli H, Lüthje C, Milde J, Rhomberg M, Schäfer MS (Hrsg) Forschungsfeld Wissenschaftskommunikation. Springer, Wiesbaden, S 63–81

Rossmann C, Meyer L (2017) Medizin- und Gesundheitskommunikation. In: Bonfadelli H, Lüthje C, Milde J, Rhomberg M, Schäfer MS (Hrsg) Forschungsfeld Wissenschaftskommunikation. Springer, Wiesbaden, S 355–371

Sattler J (2014) Handbuch Medientraining. Heragon, Berlin

Schmid-Egger C (2013) Medientraining. UVK, Konstanz

Schmidt S (2017) Essen als Ideologie. Ernährungskommunikation in postfaktischen Zeiten. Ernährungs-Umschau online vom 27.10.2017. Zugegriffen: 6. Jan. 2019

Schneider W (2001) Deutsch für Profis. Wege zu gutem Stil, 9. Aufl. Mosaik bei Goldmann, München

Schütz T (2018) Leserbrief: Guck mal, nur schöne Leute! Bilddatenbanken zum Thema Adipositas. Ernährungs Umschau online vom 12(09):2018

Schwarz U (2006) Institutionelle Gesundheitsaufklärung und Fernsehunterhaltung. In: aid Spezial: Ernährungskommunikation. Neue Wege – neue Chancen? aid, Bonn, S 59–68

SevenOne Media (2018) Kreation als Schlüssel für erfolgreiche TV-Spots. Generalisierende und branchenspezifische Auswertungen. ▶ https://www.sevenonemedia.de/documents/924471/1111580/Kreation+als+Schlüssel+für+erfolgreiche+Spots/2de58456-4610-86c2-79c1-ee83e3a44dcf. Zugegriffen: 6. Jan. 2019

Shimazaki T, Matsushita M, Iio M, Takenaka K (2018) Use of health promotion manga to encourage physical activity and healthy eating in Japanese patients with metabolic syndrome: a case study. Arch of Public Health 76:26

Snyder LB (2007) Health communication campaigns and their impact on behavior. J Nutr Educ Behav 39(2 Suppl):32–40

Snyder L, Hamilton M (2002) A meta-analysis of U.S. health campaign effects on behavior, emphasize enforcement, exposure, and new information, and beware the secular trend. In: Hornik R (Hrsg) Public health communication. Evidence for behavior change. Erlbaum, Mahwah, S 357–383

Snyder LB, Hamilton MA, Mitchell EW, Kiwanuka-Tondo J, Fleming-Milici F, Proctor D (2004) A meta-analysis of the effect of mediated health communication campaigns on behavior change in the United States. J Health Commun 9(Suppl 1):71–96

Snyder LB, Lapierre M, Mahoney E (2006) Meta-Analysis of Nutrition Interventions Using the Mass Media. The 134th Annual Meeting & Exposition (November 4–8, 2006) of APHA

Spence C, Okajima K, Cheok AD, Petit O, Michel C (2016) Eating with our eyes: from visual hunger to digital satiation. Brain Cogn 110:53–63

Stadlmayr B (2018) Globaler Sinneswandel. ernährung heute 3:3–5

Stead M, Angus K, Langley, T, Katikireddi SV, Hinds K, Hilton S, Lewis S, Thomas J, Campbell M, Young B, Bauld L (2018) Mass media for public health messages: reviews of the evidence. Public Health Research. ▶ http://hdl.handle.net/1893/27385. Zugegriffen: 6. Jan. 2019

Thelemann J (2008) Lasst Bilder sprechen – Erfolgsstrategien für die Ernährungskommunikation. Ernährung im Fokus 8–07(08):269–271

Valente T, Murphy S, Huang G, Gusek J, Greene J, Beck V (2007) Evaluating a minor storyline on ER about teen obesity, hypertension, and 5 a day. J Health Commun 12(6):551–566

Von Campenhausen J (2014) Wissenschaft vermitteln. Eine Anleitung für Wissenschaftler. Springer VS, Wiesbaden

Wentzel-Viljoen E, Steyn K, Lombard C, De Villiers A, Charlton K, Frielinghaus S, Crickmore C, Mungal-Singh V (2017) Evaluation of a mass-media campaign to increase the awareness of the need to reduce discretionary salt use in the South African population. Nutrients 9(11):1238. ▶ https://doi.org/10.3390/nu9111238

Wikipedia (2018b) Archetyp (Psychologie). ▶ https://de.wikipedia.org/wiki/Archetyp_(Psychologie). Zugegriffen: 30. Dez. 2018

Wikipedia (2018c) Sesamstraße. ▶ https://de.wikipedia.org/wiki/Sesamstraße. Zugegriffen: 30. Dez. 2018

Wikipedia (2018a) ▶ https://de.wikipedia.org/wiki/Fibonacci-Folge. Zugegriffen: 30. Dez. 2018

Wilhelm K (2017) Einführung in Food Photography für Blogger. Vortragshandout, Pädagogische Hochschule Tirol

Wohlers K, Hombrecher M (2017) Iss was, Deutschland – TK-Ernährungsstudie 2017. Techniker Krankenkasse (Hrsg), Hamburg. ▶ https://www.tk.de/resource/blob/2026618/1ce2ed0f051b152327ae3f-132c1bcb3a/tk-ernaehrungsstudie-2017-data.pdf. Zugegriffen: 6 Jan. 2019

Wolfram G, Bechthold A, Boeing H, Dinter J, Ellinger S, Hauner H, Kroke A, Leschik-Bonnet E, Linseisen J, Lorkowski S, Schulze M, Stehle P (2015) Evidenzbasierte Leitlinie Fettzufuhr und Prävention ausgewählter ernährungsmitbedingter Krankheiten. 2. Version 2015. Deutsche Gesellschaft für Ernährung (Hrsg), Bonn

Zaboura N (2009) Das empathische Gehirn. Spiegelneurone als Grundlage menschlicher Kommunikation. VS Verlag, Wiesbaden

Ernährungserziehung und -bildung

Essen lernen – ein Leben lang

© Springer-Verlag GmbH Deutschland, ein Teil von Springer Nature 2019
A. Mörixbauer, M. Gruber, E. Derndorfer, *Handbuch Ernährungskommunikation*,
https://doi.org/10.1007/978-3-662-59125-3_5

Es gibt nur eins, was auf Dauer teurer ist als Bildung: keine Bildung.
(John F. Kennedy)

Ernährungserziehung und -bildung zielen beide auf einen Wissenszuwachs, v. a. aber auf Verhaltensorientierung durch Regeln und Gewohnheiten sowie Kulturpraktiken, kritische Reflexion und Eigenverantwortung ab. Der verstärkte Bildungsanspruch spiegelt die Tatsache, dass in einer globalisierten Welt und den Überflussgesellschaften weitere Kompetenzen nötig sind. Ernährungsbildung ist ein lebenslanger Prozess, von der pränatalen Phase bis ins Erwachsenenalter (Heindl 2009).

5.1 Erziehung versus Bildung

Bereits die ersten tausend Tage eines Menschen – von der Konzeption bis zum Ende des zweiten Lebensjahres – stellen Weichen für die kulinarische Entwicklung, das Essverhalten und programmieren den Stoffwechsel. So ist hinlänglich anerkannt, dass Kinder offener für ein breiteres Lebensmittelspektrum sind, wenn die Mutter während der Schwangerschaft abwechslungsreich isst. Gestillte Kinder profitieren zudem, weil sie tagtäglich mit der Muttermilch je nach Konsummuster der Mutter unterschiedliche Geschmäcker von klein an erlebt haben. Ernährungsbildung beginnt also bereits in der frühen Kindheit und bedeutet anfänglich Sinnesbildung (Bartsch et al. 2013). Im Kleinkindalter greifen idealerweise Ernährungsbildung und -erziehung ineinander.

Sprach man früher häufiger von Erziehung, steht heutzutage die Bildung im Vordergrund. Die Begriffe werden mitunter nebeneinander oder in Konkurrenz zueinander verwendet, im öffentlichen Diskurs jedoch oft auch gar nicht differenziert. Obwohl beide Begriffe Interventionen beschreiben, mit denen ein Gewinn an Ernährungswissen und -kompetenz erreicht werden soll, unterscheiden sie sich in den Zielsetzungen, der Grundhaltung und folglich den methodischen Ansätzen (Wulfhorst und Hurrelmann 2009).

Erziehung folgt einer intendierten, Normen geleiteten, didaktischen Vermittlung von Wissen, Einstellungen und Verhaltensregeln (Wulfhorst und Hurrelmann 2009; Schlegel-Matthies et al. 2010b). Konstitutives Merkmal der Erziehung ist ein „Edukator" (Eltern, Erzieher, Lehrkraft), der kraft seiner Autorität, seines Wissens oder seiner Kompetenz seine überlegene Position nutzt, um Verhalten zu beeinflussen. Erziehung ist somit „die gezielte Intervention in die Entwicklung eines anderen Menschen, die tief in Persönlichkeitsstrukturen eingreifen kann" (Wulfhorst und Hurrelmann 2009, S. 11).

Das Konzept **Bildung** verfolgt dagegen die Stärkung des Selbstvertrauens und den Aufbau bzw. die Wiederherstellung von Bewältigungskompetenzen Einzelner, die aus eigener Motivation eine Veränderung von Verhaltensweisen anstreben (Wulfhorst und Hurrelmann 2009, S. 11). Oder wie Eva Barlösius es formuliert (2009, S. 574): „Bildung bedeutet die Fähigkeit zu einer reflektierten Auseinandersetzung mit sich selbst und der Welt".

Sowohl Erziehung als auch Bildung werden als wertvoll und wirkungsvoll erachtet und sollten sich arbeitsteilig ergänzen. Dennoch ist zu beobachten, dass Multiplikatoren, Fachkräfte und alle jene, denen das Vermitteln des „richtigen Essens" in ihrer Profession ein Anliegen ist, zunehmend von Bildung sprechen. Dadurch spiegelt sich einerseits der gesteigerte kulturelle und gesellschaftliche Stellenwert des Essens, andererseits sind andere Inhalte und Kompetenzen zu vermitteln als früher (Barlösius 2009).

Definition Ernährungsbildung der D-A-CH-Arbeitsgruppe (Schlegel-Matthies et al. 2010a)

Ernährungsbildung dient der „Befähigung zu einer eigenständigen und eigenverantwortlichen Lebensführung in sozialer und kultureller Eingebundenheit und Verantwortung". Ernährungsbildung zielt damit auf die Fähigkeit, die eigene Ernährung politisch mündig, sozial verantwortlich und demokratisch teilhabend unter komplexen gesellschaftlichen Bedingungen zu gestalten.
Ernährungsbildung ist immer auch Esskulturbildung, beinhaltet ästhetisch-kulturelle sowie kulinarische Bildungselemente und trägt zur Entwicklung der Kultur des Zusammenlebens bei.
Ernährungsbildung wird in einem lebenslangen Prozess biographisch angeeignet, der durch das soziokulturelle (familiale, soziale und institutionelle) Umfeld beeinflusst wird. Diese Aneignung erfolgt in interaktiver Auseinandersetzung mit der umgebenden Gesellschaft.

Definition Ernährungserziehung der D-A-CH-Arbeitsgruppe (Schlegel-Matthies et al. 2010b)

Ernährungserziehung sind alle *intendierten* bzw. *gelenkten* Lernprozesse, die im Zuge der Ernährungssozialisation (Übernahme von Werten und Normen) im familiären, schulischen, beruflichen oder freizeitlichen Kontext ablaufen. Diese Lernprozesse können gezielt auf die Beeinflussung des Ernährungsverhaltens gerichtet sein oder andere Lernprozesse begleiten (z. B. Gemeinschaftserziehung: Erziehung zu regelkonformem Verhalten bei Tisch).
Ernährungserziehung beginnt im Allgemeinen mit dem „Hineinwachsen" in die familiale Esskultur und der Auseinandersetzung mit deren esskulturellen Mustern. Sie erfolgt u. a. durch Gewöhnung, damit verbunden Geschmackskonditionierungen und Handlungsroutinen, durch Integrations- und Distinktionsmuster sowie Sanktionen.
Ernährungserziehung im schulischen Kontext erfordert Offenlegung, klare Definition und Begründung der zugrundeliegenden Normen und einen kritischen reflexiven Umgang mit Funktion und Macht von Erziehung.

5.2 Zeitgemäße Anforderungen

Das Speisen- und Lebensmittelangebot ist vielfältig, omnipräsent, jeder Zeit verfügbar. Um zu essen, muss man nicht mehr viel können und nicht mehr viel Zeit investieren. Doch je einfacher es grundsätzlich wird, desto komplizierter wird es, die „richtigen" Entscheidungen zu treffen. Ökologische, moralische, ethische, ökonomische und gesundheitliche Ansprüche sollen berücksichtigt werden (Barlösius 2009). All das bezieht sich nicht nur auf das unmittelbare Umfeld. In einer globalisierten Ernährungswelt kennt verantwortungsbewusster und nachhaltiger Konsum keine Grenzen und erfordert die Auseinandersetzung mit den Produktionsweisen und deren Konsequenzen, mit Widersprüchen sowie den Gesetzen des Marktes (z. B. Palmöl oder Kokosöl, Avocado, Kaffee). Ebenso sind globalisierte Gefahren, Risiken, Skandale und Skandalisierungen vernünftig einzuschätzen und kritisch zu analysieren. Zudem ist es von Vorteil, über Handlungsalternativen Bescheid zu wissen (Bartsch und Methfessel 2016). Kritische Ernährungs- und Konsumbildung umfasst darüber hinaus im Zeitalter des Informationsüberflusses, fundierte Quellen zu kennen, zu recherchieren, Interessensunterschiede zu identifizieren und Folgen des eigenen Handelns abschätzen zu können. Verbraucherbildung ist in diesem Sinne Teil der Bürgerbildung. Diese impliziert, dass Einzelne Verantwortung für gesellschaftliche Entwicklungen übernehmen (können). Allerdings kann die Komplexität des Konsums Gefühle der Überforderung oder Wirkungslosigkeit auslösen, v. a. dann, wenn nicht unmittelbar individuelle Handlungsoptionen zu erkennen sind. Wichtig ist daher, darauf hinzuweisen, dass „es keine einfachen und eindeutigen ‚richtigen' oder ‚falschen' Lösungen gibt, sondern immer nur situationsbezogen möglichst angemessene Lösungen" (Bartsch und Methfessel 2016). Ziel der Ernährungsbildung ist daher auch, Jugendliche zur Selbständigkeit zu erziehen, sie zu fördern, kritisch zu denken und sich eine eigene Meinung zu bilden, und sie auf lebenslanges Lernen vorzubereiten (Kamer 2007).

Ernährungsbildung muss daher über einen naturwissenschaftlichen Fokus hinausreichen und auch den Umgang mit Widersprüchen und Ambivalenzen lehren. Ernährungsbildung ist zudem nicht nur eine theoretische Angelegenheit. Es geht um die Entwicklung sinnlicher Intelligenz, kulinarischer Kompetenz – im Sinne einer ästhetisch-kulinarischen Bildung. Diese umfasst neben Basiswissen über Lebensmittel, Geschmacks- und Genusserfahrungen, Gastlichkeit, die Rolle des Kochs, die Wechselhaftigkeit zwischen Essen und Kommunikation, der Verständigung zwischen Menschen, damit also auch interkulturelle Leistungen (Heindl 2010; Endres et al. 2014). Kulinarische Bildung greift tief in die alimentäre Praxis und stellt immer auch die philosophische Frage nach dem guten Leben (Endres et al. 2014; Gruber 2015).

5.3 In der Familie

Verantwortung für den Ess- und Lebensstil tragen in erster Linie die Eltern und Erziehungsberechtigten, das Individuum, gefolgt von der Schule, der Politik und den Ärzten (Gruber 2017). Weitergegeben werden kulturelle Praktiken wie Essen und Trinken implizit und explizit (Bourdieu 1998). Explizites Wissen wird in erster Linie mündlich und vertikal weitergegeben, also von den Eltern zu den Kindern (Haselmair et al. 2014). Implizit fungieren Eltern als Vorbilder hinsichtlich Lebensmittel- und Speisenwahl, Zubereitung und Portionsgrößen (Savage et al. 2007; Gibson et al. 2012). Wesentlich für den Aufbau von Ernährungskompetenz ist zahlreichen Forschungsergebnissen zufolge weniger das Wissen als die „Regelhaftigkeit des Essens". Die

Wissensvermittlung kann eine untergeordnete Rolle spielen, weil fast alle Kinder über die Eckpfeiler einer gesunden Ernährung nahezu natürlich Bescheid wissen. Kinder bauen dagegen Selbstsicherheit, Selbstgewissheit und gestärktes Sozialverhalten über Regeln auf und eignen sich damit die Welt an (Barlösius 2009; Gätjen 2013). Besonders beim Essen wirken Regeln – nahezu losgelöst vom Inhalt – positiv auf die Entwicklung eines unproblematischen und entkrampften Umgangs mit dem Essen. Regeln und feste Zeiten für Essen und Trinken geben der Bedürfnisbefriedigung und dem Alltag von Kindern Struktur und Orientierung (Bartsch et al. 2013). Wesentlich ist daher, das tägliche Üben der Regeln zu beachten, sodass diese zur Gewohnheit werden und das Essverhalten Teil der Identität. Die Familie ist der erste und wichtigste Ort, um Regeln zu lernen. Dazu zählt auch die Vorbildwirkung der Eltern. Zu den Regeln können regelmäßige Essenszeiten gehören, ebenso wie gemeinsame Mahlzeiten mit den gleichen Speisen und definierte Tischmanieren (Gätjen 2013). Eine positive Atmosphäre beim Essen führt dazu, dass Kinder das Essen positiv bewerten, eher Lust auf Neues haben und so ihr sensorisches Gedächtnis durch vielfältige Geschmacks- und Geruchseindrücke entwickeln (Bartsch et al. 2013; Mörixbauer 2017; Rathmanner 2014). Eltern sind demnach eine relevante Zielgruppe.

5.4 In Kindertagesstätten und Schule

In das Regelprogramm der Kita und der Schule integrierte Ernährungsbildung bietet die Chance, alle Kinder und Jugendlichen zu erreichen, unabhängig von ihrem familiären Hintergrund. Diese Chance für Prävention und Gesundheitsförderung bleibt derzeit weitgehend ungenützt (Bartsch 2018). Nicht nur die Pädagogen nehmen mit der Programmgestaltung Einfluss, sondern auch die für die Verpflegung und Ausgestaltung der Speiseräume Verantwortlichen. Essgewohnheiten werden zwar zuerst von den Eltern geprägt, jedoch in der Kita bzw. dem Kindergarten wesentlich weiterentwickelt. Hier stehen in erster Linie die sinnlichen Erfahrungen, das Unterscheiden von Hunger und Appetit, das Erleben von gemeinsamen Mahlzeiten und das Verständigen darüber, der Umgang mit einfachen Küchengeräten, das Mithelfen bei den Vor-, Zu- und Nacharbeiten von Mahlzeiten sowie das Kennenlernen der Ursprünge von Lebensmitteln im Vordergrund (Bartsch et al. 2013) – Praxis und Tun, Staunen, Lachen, Lernen. Über die Jahre von der Kita bis zum Schulabschluss haben Kinder und Jugendliche die Möglichkeit, im Lern- und Lebensraum – gerade unter Ganztagsbetreuung – gesundes Essverhalten zu festigen und ungünstige Gewohnheiten umzulenken, wenn Bildung und Mahlzeitengestaltung ganzheitlich und als Einheit gesehen werden (NQZ).

Fächerübergreifende Curricula „Ernährungsbildung" sollten dem europäischen Netzwerk Gesundheitsfördernder Schulen (ENHPS European Network of Health Promoting Schools) zufolge für alle Schülerinnen und Schüler gewährleistet werden. Zu deren Erarbeitung liegen EU-weite und nationale Referenzrahmen vor: das EU-Kerncurriculum Ernährungsbildung, der Referenzrahmen für die Ernährungs- und Verbraucherbildung in Österreich sowie jener in Deutschland als Ergebnis des Modellprojektes REVIS – gesundheitsorientierte **R**eform der **E**rnährungs- und **V**erbraucherbildung **i**n **S**chulen – (Thematisches Netzwerk Ernährung, Schlegel-Matthies 2005;

Heindl 2009; WHO Regional Office for Europe 2003). Das darin enthaltene Curriculum umfasst neun Bildungsziele, darunter ästhetisch-kulinarische Speisengestaltung oder Entwicklung eines positiven Selbstbildes durch Essen und Ernährung oder sicheres Handeln bei Kultur und Technik der Nahrungszubereitung (Heindl 2009).

Ernährungsbildung kann das Essverhalten positiv beeinflussen, wie die Ergebnisse zahlreicher Projekte und Untersuchungen zeigen (s. Beispiel). Einer rezenten Auswertung aus Polen zufolge nahm bei Vorschülern der Konsum von Fleisch, verarbeitetem Fleisch, Zucker und Süßigkeiten ab, aber jener von Getreide, Reis, Gemüse sowie von Milch und fermentierten Milchgetränken zu (Myszkowska-Ryciak und Harton 2018).

Internationale Best-Practice-Programme zur Ernährungsbildung (Rathmanner 2014)
Edible Schoolyard Project: Unterrichtseinheiten im Bio-Garten und in der Küche, Anbindung an „herkömmliche" Schulfächer, tolle Materialien. Ein Pilot in Berkeley, Kalifornien, viele Nachahmer in den USA, finanziert durch eine Stiftung.
▶ www.edibleschoolyard.org; Videos: vimeo.com/esyproject
Kitchen Garden Program: Ein Bio-Garten-Küchen-Programm mit curricularer Anbindung. Hervorragende Materialen, bestens evaluiert. Weit verbreitet in Australien (über 600 Grundschulen, 60.000 teilnehmende Kinder). Finanzierung: Regierung, Provinzregierungen, Wirtschaftspartner, Einzelspenden.
▶ www.kitchengardenfoundation.org.au
Smaaklessen („Geschmacksstunden"): Praxisorientiertes, kinderzentriertes, freudvolles Bildungsprogramm zu Geschmack, Lebensmittelqualität und Gesundheit in den Niederlanden. Hohe Reichweite (44 % der Grundschulen). Wissenschaftliche Begleitung durch die Uni Wageningen. Finanzierung: Landwirtschaftsministerium.
▶ www.smaaklessen.nl.

5.5 Lebenslang

Ernährungs- und kulinarische Bildung endet nicht an den Schultoren. Im Gegenteil, sie ist ein lebensbegleitender Prozess, der überwiegend informell erfolgt, ohne gezielte pädagogische Konzeption im Alltag, eher zufällig, nebenbei, ohne Absicht, beim Sport, im Beruf, in der Kantine, im Kino oder bei Freunden und in der Familie – über Medien, Tradition, soziale Interaktion. „Food"- oder „Nutrition Literacy" kann aber auch bewusst in der Erwachsenenbildung vermittelt werden. Als Querschnittthema bieten sich Ernährung und Esskultur nicht nur für gesonderte Workshops und Lehrgänge, sondern für ein breites Spektrum an Kursen an: politische Bildung, Sprachen, Integration, Alphabetisierung, Globalisierung (Bartsch et al. 2013). Die Langzeitevaluierung eines australischen Ernährungsbildungsprogramms für Erwachsene ergab anhaltende Effekte auf eine gesündere Zubereitung von Speisen, einen höheren Gemüseverzehr, das Lesen der Zutatenliste und Nährwertkennzeichnung, einen geringeren Konsum von Limonaden sowie vorverpackten Keksen und Kuchen. Dagegen nahm der Obstkonsum leicht ab und die Frequenz des Fast-Food-Konsums zu. Bildungsmaßnahmen sind demnach nicht unabhängig von Verfügbarkeiten und Marktgegebenheiten zu betrachten (Pettigrew et al. 2018).

Kochshows bilden ein Format mit hoher Reichweite und Potenzial für Ernährungsbildung (▶ Abschn. 4.8.5 und 4.8.6). Inwieweit sie das Küchenhygieneverhalten zu Hause beeinflussen können, zeigte eine Untersuchung des Bundesinstituts für Risikoforschung (BfR 2018). In herkömmlichen Kochsendungen war im Schnitt etwa alle 50 s ein Hygienefehler zu beobachten. Im Vergleich mit Testvideos wurde beobachtet, dass Personen, denen eine einwandfreie Hygiene vermittelt wurde, beim Nachkochen weniger Hygienefehler machten, als jene, die das Video mit mangelnder Hygiene sahen. Ernährungsbildung könnte demnach verstärkt das Feld der Entertainment Education nutzen.

Ungeachtet dessen können Bildungsmaßnahmen nur als ein Teil von mehreren bevölkerungsbasierten politischen Maßnahmen gesehen werden.

Definition Nutrition Literacy (Schlegel-Matthies et al. 2010c)

Nutrition Literacy bezeichnet die ernährungsrelevanten Kompetenzen, die eine verständige und verantwortungsvolle Gestaltung der eigenen Ernährung und der anderer ermöglichen und damit auch zur Gesundheit und Teilhabe am gesellschaftlichen Leben beitragen. Nutrition Literacy umfasst das Wissen und Verständnis ernährungsrelevanter naturwissenschaftlicher und soziokultureller Zusammenhänge, Fähigkeiten und Fertigkeiten zur Gestaltung der eigenen Essbiographie unter gesundheitsförderlichen und kulturellen Aspekten, wie Nahrungsbeschaffung, Beherrschung der Kultur und Technik der Nahrungszubereitung sowie der Mahlzeitengestaltung.

Literatur

Barlösius E (2009) Wie lernen Kinder Essen und Trinken? Ernährungsbildung zu Hause und/oder in Schule und Kindergarten? Ernährungs Umschau 10:574–575

Bartsch S (2018) Präventionsmaßnahme Ernährungsbildung. Ernährung im Fokus 09–10:309

Bartsch S, Methfessel B (2016) Ernährungskompetenz in einer globalisierten (Ess-)Welt. Herausforderungen und Erfordernisse. Ernährungs Umschau 03–04:68–73

Bartsch S et al (2013) Ernährungsbildung – Standort und Perspektiven. Ernährungs Umschau 2:M84–M95

Bourdieu P (1998) Die feinen Unterschiede. Kritik der gesellschaftlichen Urteilskraft, 10. Aufl. Suhrkamp, Frankfurt a. M.

Bundesinstitut für Risikobewertung (2018) Küchenhygiene im Scheinwerferlicht: Beeinflussen TV-Kochsendungen unser Hygieneverhalten. Berlin

Endres EM, Huson-Wiedermann U, Klotter C (2014) Kulinaristik und Ernährungsbildung. IAKE Mitteilungen 21:52–54

Gätjen E (2013) Ernährungserziehung. Kinder brauchen Vorbilder. UGB-Forum 2:89–92

Gibson EL et al (2012) A narrative review of psychological and educational strategies applied to young children's eating behaviours aimed at reducing obesity risk. Obes Rev 13(1):85–95

Gruber M (2015) Mut zum Genuss. Warum uns das gute Leben gesund und glücklich macht. edition a, Wien

Gruber M (2017) Gesundheitsorientierte Verhaltenssteuerung in Überflussgesellschaften und der soziale Umgang mit Übergewicht und Adipositas. Differenzierte Aspekte der Ernährungskommunikation, Esskultur und Verantwortung. Dissertation, Universität Wien

Haselmair R, Pirker H, Kuhn E et al (2014) Personal networks: a tool for gaining insight into the transmission of knowledge about food and medicinal plants among Tyrolean (Austrian) migrants in Australia, Brazil and Peru. J Ethnobiol Ethnomed 10:1

Heindl I (2009) Ernährungsbildung – curriculare Entwicklung und institutionelle Verantwortung. Ernährungs Umschau 10:568–573

Heindl I (2010) Schulische Ernährungsbildung und kulinarische Kompetenz. Vortrag beim f.eh-Symposium am 4. März 2010 in Wien. ► http://www.forum-ernaehrung.at/events/kulinarische-intelligenz-genuss-ist-lebensqualitaet/

Kamer N (2007) Ernährungskommunikation. Wie kann die Schule den kritischen Umgang mit Ernährungsinformationen fördern, damit diese im Alltag handlungswirksam werden? Masterarbeit, Pädagogische Hochschule Zentralschweiz – Luzern

Mörixbauer A (2017) Wo findet Ernährungsbildung statt? Ernährung heute 4:06–07

Myszkowska-Ryciak J, Harton A (2018) Impact of nutrition education on the compliance with model food ration in 231 preschools, Poland: results of eating healthy, growing healthy program. Nutrients 10:1427. ► https://doi.org/10.3390/nu10101427

Nationales Qualitätszentrum für Ernährung in Kita und Schule. ► https://www.nqz.de/schule/ernaehrungsbildung/. Zugegriffen: 26. Okt. 2018

Pettigrew S et al (2018) Results of a long-term follow-up evaluation of an Australian adult nutrition education program. Asia Pac J Clin Nutr. 27(5):1155–1159. ► https://doi.org/10.6133/apjcn.052018.02

Rathmanner T (2014) Mit Händen, Herz und Hirn: Essen lernen in der Schule. Ernährung heute 3:17–19

Savage JS, Fisher JO, Birch LL (2007) Parental influence on eating behavior: conception to adolescence. J Law, Med Ethics 35(1):22–31

Schlegel-Matthies K (Hrsg.) (2005) Referenzrahmen EVB. ► http://www.evb-online.de/schule_referenzrahmen.php. Zugegriffen: 12. Jan. 2018

Schlegel-Matthies K, Buchner U, Wespi C et al (2010a) Ernährungsbildung. ► http://www.evb-online.de/glossar_ernaehrungsbildung.php. Zugegriffen: 12. Jan. 2018

Schlegel-Matthies K, Buchner U, Wespi C et al (2010b) Ernährungserziehung. ► http://www.evb-online.de/glossar_ernaehrungserziehung.php. Zugegriffen: 12. Jan. 2018

Schlegel-Matthies K, Buchner U, Wespi C et al (2010c) Nutrition literacy. ► http://www.evb-online.de/glossar_nutrition_literacy.php. Zugegriffen: 12. Jan. 2018

Thematisches Netzwerk Ernährung: Referenzrahmen für die Ernährungs- und Verbraucherbildung in Österreich. ► http://www.thematischesnetzwerkernaehrung.at/downloads/referenzrahmenev.pdf

WHO Regional Office for Europe, Heindl I (2003) Europäisches Kerncurriculum Ernährungsbildung.► www.ernaehrung-und-verbraucherbildung.de/bildung_international_europ_kerncurriculum.php. Zugegriffen: 12. Jan. 2018

Wulfhorst B, Hurrelmann K (2009) Handbuch Gesundheitserziehung. Huber, Bern

Sensorische Lebensmittelkommunikation

Wie man verständlich über Produkte spricht und wie man Produkte „ins Gerede" bringt

© Springer-Verlag GmbH Deutschland, ein Teil von Springer Nature 2019
A. Mörixbauer, M. Gruber, E. Derndorfer, *Handbuch Ernährungskommunikation*,
https://doi.org/10.1007/978-3-662-59125-3_6

Über Geschmack kann man streiten – oder auch nicht. Ganz nach Geschmack.
(Werner Mitsch, deutscher Aphoristiker)

Sensorische Produktkommunikation verläuft verbal und nonverbal. Sie umfasst die verständliche Kommunikation zwischen dem landwirtschaftlichen oder verarbeitenden Hersteller des Lebensmittels, etwaigen Zulieferfirmen, dem Handel und dem Verbraucher und spielt vor allem unternehmensintern eine wesentliche Rolle. Verkäufer können die Produkte mit ihren sensorischen Eigenschaften (Aussehen, Geruch, Geschmack, Textur, etwaige Geräusche) persönlich anpreisen und damit ihre Kunden informieren, emotionalisieren und zum Kauf animieren. Zu den nonverbalen Mitteln der sensorischen Produktkommunikation zählen Form, Farbe und Bilder auf der Verpackung bzw. die gewählte Leitfarbe im gesamten Produktkommunikationsprozess. Ziel ist, dass das Produkt für sich „spricht".

6.1 Entwicklung von sensorischen Produktbeschreibungen

6.1.1 Was ist eine sensorische Beschreibung?

Eine sensorische Beschreibung ist eine verbale Charakterisierung des Produktes: Wie sieht es aus? Wonach riecht es? Wie schmeckt es? Wie fühlt es sich in der Hand an, wie im Mund? Ist ein Geräusch wahrnehmbar? Diese Beschreibungen können – je nach Zielsetzung und Zielgruppe – mehr oder weniger detailliert ausfallen.

Beispiel: Rote Apfelsorten wurden u. a. mit folgenden Begriffen beschrieben (Swahn et al. 2010, Auszug, übersetzt):
- **Geruch:** Apfelschale, Apfelfruchtfleisch, Zitrus, Erde, grasig
- **Grundgeschmack:** süß, sauer, bitter
- **Textur:** saftig, zart, knackig, körnig, fest, harte Schale

6.1.2 Welche Ziele verfolgt die sensorische Beschreibung?

> Die Ziele sensorischer Beschreibungen sind vielfältig (◨ Abb. 6.1) und umfassen die verständliche Kommunikation zwischen dem Hersteller des Lebensmittels selbst, Zulieferfirmen, dem Handel und dem Verbraucher (DLG e. V. 2015). Sie spielen aber auch unternehmensintern eine wesentliche Rolle.

Sensorische Beschreibungen in verschiedenen Bereichen

Innerhalb des verarbeitenden Betriebes ist die sensorische Sprache üblicherweise am differenziertesten und am weitesten entwickelt. Sie dient oft als Hilfsmittel für die **Produktenwicklung.** Ein Produktentwickler ist daran interessiert, herauszufinden, wie sich Inhaltsstoffe, Zutaten, neue Ver- oder Bearbeitungsgeräte sowie Verpackungen sensorisch auf das Endprodukt auswirken. Sensorische Beschreibungen helfen etwa dabei, festzustellen, wie der Ersatz eines Gewürzes durch ein anderes die sensorischen

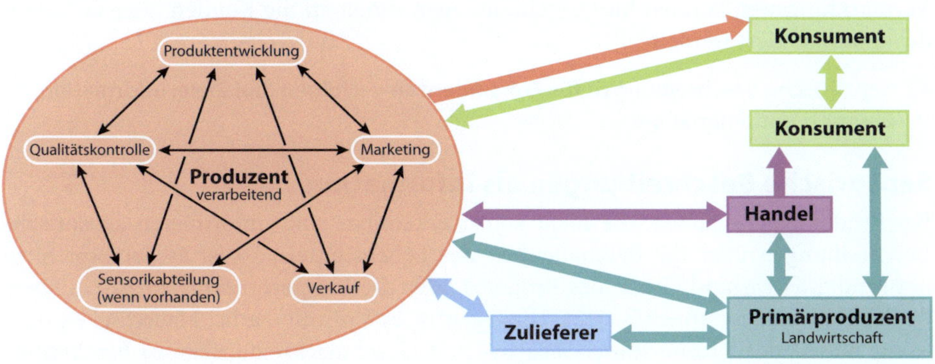

☐ **Abb. 6.1**   Sensorische Kommunikationswege. (Eigene Darstellung, Eva Derndorfer)

Eigenschaften des Endproduktes beeinflusst oder wie sich das eigene Produkt vom Hauptkonkurrenzprodukt unterscheidet. Auch ein Wechsel des Verpackungsmaterials kann sich auf die Sensorik des Produktes auswirken. Detaillierte Beschreibungen kommen von einem trainierten Sensorikpanel, weniger detaillierte von Konsumenten.

Auch die Entwickler untereinander müssen sich über das Produkt und dessen Eigenschaften austauschen. Sie verwenden hierzu die sensorische Fachsprache. Darüber hinaus stehen die Produktentwickler mit sämtlichen Abteilungen des Unternehmens sowie mit Rohstoff- und Verpackungslieferanten im Austausch. Hier können sensorische Fachausdrücke bereits zum Problem und Gespräche über das Produkt von Missverständnissen begleitet werden. Denn während Produktentwickler oft technisches Vokabular einsetzen, sprechen Marketingabteilungen eher die Sprache des Konsumenten.

Die **Marketingabteilung** steht wiederum in Austausch mit den Konsumenten. Information fließt dabei in beide Richtungen: Das Marketing sendet Produktinformation (auch sensorische) an Konsumenten, umgekehrt geben Konsumenten im Zuge von Beliebtheitsprüfungen der Marketingabteilung Feedback über das Produkt.

Dazu kommt, dass **Konsumenten** auch miteinander über das Produkt sprechen. Auch das ist ein sensorisches Ziel. Die Weinbranche hat es erfolgreich verstanden, Wein ins Gerede zu bringen. Konsumenten tauschen einander über Geruch, Geschmack und Akzeptanz von Weinen aus. Selbiges Ziel könnten andere Lebensmittelgruppen verfolgen. Denn worüber gesprochen wird, hat einen Wert.

Mitarbeiter der **Qualitätskontrolle** halten mit Hilfe sensorischer Beschreibungen fest, wie sich ein Produkt im Laufe der Mindesthaltbarkeitsdauer (MHD) sensorisch verändert oder wie stark einzelne Produktionschargen diesbezüglich variieren. Hier ist Fachterminologie, etwa die Benennung sensorischer Fehler, relevant und sinnvoll, da die Begriffe nicht nach außen kommuniziert werden.

Mittlerweile sind sensorische Beschreibungen auch in der **Primärproduktion**, der Landwirtschaft, angekommen. Wie macht sich das Terroir im Wein oder im Honig bemerkbar? Wie unterscheiden sich Radieschensorten voneinander? Je nach

Vermarktungsweg können hier Beschreibungen direkt an die Kunden oder den Handel kommuniziert werden.

> Sensorische Beschreibungen für **Konsumenten** verfolgen drei Ziele: Information, Emotion und Animation.

Sensorische Beschreibungen als Information

Bei Produkteigenschaften, die nicht sofort erkennbar sind, informieren sensorische Beschreibungen über die Beschaffenheit des Lebensmittels. So ist es bei Brot nicht notwendig, Form und Größe des Brotlaibs oder die Krustenstruktur zu beschreiben, da der Kunde diese ohnehin sieht. Hingegen ist es sinnvoll, Farbe, Flauschigkeit oder Kompaktheit der Krume sowie Geruchs- und Geschmackseindrücke zu beschreiben (Derndorfer et al. 2012). Zwar können Kostproben am Point of Sale (PoS) angeboten werden, das ist aber nicht für das gesamte Sortiment praktikabel.

Für die informativen Beschreibungen gilt: Weniger ist mehr. Wenige, verständliche Begriffe merkt sich der Empfänger leichter als viele Begriffe auf einmal. Es ist wie beim Ballspiel: Wer mit zwanzig Bällen gleichzeitig beschossen wird, fängt mitunter keinen davon. Wer nur zwei, drei Bälle hintereinander zugespielt bekommt, hat die Chance, alle zu fangen.

Sensorische Beschreibungen, um Emotionen zu wecken

Beschreibungen sollen Kunden nicht nur informieren, sie sollen auch Emotionen wecken. So können blumige Weinbeschreibungen den Zuhörer oder Leser in Gedanken regelrecht in eine schöne Landschaft versetzen. Wer eine Party samt belegten Brötchen plant und später kein Krümelmeer vorfinden möchte, ist froh, wenn ihm die Verkäuferin in der Bäckerei ein kompaktes und leicht zu schneidendes Brot empfohlen hat. Es geht also darum, Kundinnen und Kunden bei der Auswahl zu unterstützen.

Negative Begriffe, die Produktfehler beschreiben, sind in der unternehmensinternen Kommunikation unabdingbar. Im Kundengespräch haben sie jedoch nichts verloren. Zum einen sollen keine fehlerhaften Produkte verkauft werden. Zum anderen erzeugen negativ besetzte Begriffe letztlich negative Emotionen, die unbewusst mit dem beschriebenen Produkt verknüpft werden (Derndorfer et al. 2012).

Sensorische Beschreibungen sollen animieren

Kundenbeschreibungen sollen Lust auf das Produkt machen. Sie sollen zum Ausprobieren einer neuen Sorte oder Geschmacksrichtung anregen und letztlich Zusatzkäufe generieren.

Praxisbeispiel: Die österreichische Brotansprache (Derndorfer et al. 2012)

Diese kundenorientierte Beschreibung von Broteigenschaften wurde u. a. entwickelt, um

- unsichtbare Eigenschaften beschreibbar zu machen, wie etwa eine anhand von Pantone-Farben standardisierte Farbzuordnung, mit deren Hilfe Konsumenten die Farbe der Krume von ganzen Brotlaiben beschrieben werden kann (◨ Abb. 6.2),
- die Vielfalt des Brotsortiments sichtbar zu machen,
- Kunden bei der Brotauswahl zu unterstützen,
- das Verkaufsgespräch zum Beratungsgespräch aufzuwerten,

▢ Abb. 6.2   Farbkarten für die Zuordnung der Krumenfarbe. (Quelle: Derndorfer et al. 2012, Foto: Eva Derndorfer und Andreas Baierl)

- die Wertschätzung für Brot zu steigern,
- Brot zu vermarkten und
- sich als Bäcker von Mitbewerbern abzuheben.

6.1.3   Welche Arten von sensorischen Beschreibungen gibt es?

Sensorische Beschreibungen können in **„referenzielle Beschreibungen"** mit Bezug auf andere Substanzen (z. B. blumig, pfeffrig) und in **„metaphorische Beschreibungen"** (z. B. trockener Wein) unterteilt werden (Raphael 2007). Auch ein „runder" Geschmack ist eine häufige Metapher.

Zusätzlich gibt es branchenspezifische Fachbegriffe. Personen der verarbeitenden Fisch-und-Seafood-Industrie wissen, was „Eistaschen" oder „Leckstreifen" sind (Oehlenschläger et al. 2015), Olivenölexperten erkennen, wie ein „stichiges", „modriges" oder ein Öl aus frostgeschädigten Oliven riecht. Und jedem Bäcker ist klar, was ein „breiter Ausbund" und ein „Wasserring" ist oder was unter „Abbacken der Oberkruste" (Mar et al. 2012) zu verstehen ist.

Referenzielle Beschreibungen dominieren, unabhängig von der Produktkategorie. Werden Honige als blumig, nach aromatischen Kräutern, als zitrusartig, fruchtig-frisch, nach reifen Früchten, als karamellig, holzig, heuig, würzig, harzig, balsamisch und käsig beschrieben (Castro-Vázquez et al. 2009), handelt es sich um referenzielle Beschreibungen, die auf Blumen, Kräuter, Früchte, Holz, Harz, Gewürze etc. Bezug nehmen.

Idealerweise gibt es für sämtliche beschreibenden Begriffe eine Definition: Was bedeutet „blumig" konkret? An welche Blume erinnert der Duft? Die Definition sollte jeweils nur auf eine einzelne Substanz Bezug nehmen. Sie sollte nicht mehrere Begriffe umfassen, wie etwa das Geruchsattribut „Untergrund", das in einer Studie als Pilz, Schimmelpilz und Moos umfasst wurde (Giboreau et al. 2007).

6.1.4   Wie entstehen sensorische Beschreibungen?

Sensorische Beschreibungen erfassen die menschlichen Wahrnehmungen und Empfindungen beim Lebensmittelkonsum (Schneider-Häder und Derndorfer 2016). Dies erfolgt je nach Methode rein qualitativ (nur Beschreibung) oder zusätzlich quantitativ (mit Intensitätsbewertung pro beschreibendem Attribut). Meist dienen die Beschreibungen dem Vergleich ähnlicher Produkte einer Kategorie, z. B. verschiedenen Ketchups. In Kombination mit Beliebtheitsprüfungen kann aus den Beschreibungen abgeleitet werden, welche Produkteigenschaften beim Konsumenten zu Ablehnungen bzw. zur Produktakzeptanz führen.

Um die Ergebnisse möglichst zu objektivieren, wurden für diese Methoden lange Zeit ausschließlich Panels eingesetzt. Das sind Gruppen von Testpersonen, die aufgrund ihrer sensorischen Fähigkeiten und verbalen Ausdrucksfähigkeit ausgewählt und anschließend trainiert werden. Das ist allerdings sehr zeit- und kostenintensiv. In den letzten Jahren setzt man daher vermehrt sensorische Schnellmethoden ein. Je nach Methode können die Beschreibungen heute von umfassend trainierten bis hin zu völlig untrainierten Testern stammen (Derndorfer 2016).

Wie kommt man zu den beschreibenden Begriffen (Deskriptoren)?

Basis kann eine umfassende Literaturrecherche zum Thema sein, eine bereits publizierte Begriffssammlung (z. B. das Fachvokabular Sensorik der DLG e. V. 2015; oder die Norm DIN EN ISO 5492: 2009) oder das Ergebnis systematischer Verkostungen. Dabei kann der Panelleiter eine Auswahl möglicher Deskriptoren vorgeben, oder die beschreibenden Begriffe entstehen in der Gruppe selbst.

Fertige Wortlisten zu übernehmen ist aus verschiedenen Gründen nicht immer möglich. Vor allem, wenn sprachliche Übersetzungen nötig sind, müssen Anpassungen vorgenommen werden. Solche Wortlisten dienen aber als guter Ausgangspunkt, um Deskriptoren innerhalb einer Gruppe zu entwickeln.

Im Folgenden werden drei beschreibende Prüfmethoden kurz skizziert. Bei allen Methoden testet immer eine Gruppe von Personen.

Einfach beschreibende Prüfung

Hier beschreiben die Testpersonen die Produkte in ihren eigenen Worten. Oft gibt der Panelleiter vor, dass Aussehen, Geruch, Geschmack und Textur separat zu beschreiben sind (◘ Tab. 6.1). Die Tester können geschult oder ungeschult sein. Das Ergebnis ist rein qualitativ.

◘ **Tab. 6.1**   Beispiel für Prüfformular „Einfach beschreibende Prüfung". (Eigene Darstellung)

Produkt	Aussehen	Geruch	Geschmack	Textur

Tab. 6.2 Beispiel für Prüfformular „CATA". (Eigene Darstellung)		
Kreuzen Sie bitte alle Begriffe an, die das Produkt beschreiben:		
☐ Süß	☐ Bitter	☐ Sauer
☐ Beerig	☐ Zitrus	☐ Gemüsig
☐ Nussig	☐ Exotische Früchte	☐ Dünnflüssig
☐ Homogen	☐ Stückig	☐ Cremig

„Check all that apply" (CATA)

Diese Schnellmethode ist bereits eine Stufe genauer. Die geschulten oder ungeschulten Testpersonen kreuzen auf einer Liste mit möglichen Begriffen (☐ Tab. 6.2) jene an, die auf das jeweilige Produkt zutreffen. Dabei ist eine Limitierung auf ca. 20 Begriffe sinnvoll. Die Häufigkeit, in der die Tester die vorgegebenen Begriffe wählen entspricht der Relevanz.

Konventionelle Profilprüfungen

Neben einer sehr detaillierten Beschreibung (im Extremfall bis zu 100 Deskriptoren, je nach Produktkategorie) basieren diese auch auf einer Intensitätsbewertung. Für jedes Produkt bewerten die Tester alle Attribute anhand einer Intensitätsskala (☐ Tab. 6.3). Das Ergebnis ist sehr genau und lässt einen detaillierten Produktvergleich zu. der Weg dorthin jedoch äußerst zeitintensiv. Damit jeder Begriff einheitlich verstanden wird, werden schriftliche Definitionen verfasst und mit Referenzen trainiert. So kann etwa der Begriff „beeriges Aroma" als Beerenmischung, als Waldbeeren etc. definiert werden. Die Tester erhalten zusätzlich eine Riechprobe zum Standardisieren des Verständnisses. Die Methode eignet sich nur für sorgfältig ausgewählte und trainierte Tester, die eine sensorische Sensibilität mitbringen, und deren Leistungsfähigkeit regelmäßig überprüft wird.

Tab. 6.3 Beispiel für Prüfformular „Konventionelles Profil". (Auszug; eigene Darstellung)		
Bitte bewerten Sie das Produkt in der Intensität sämtlicher Begriffe:		
Süß	0 (gar nicht)	10 (sehr stark)
Bitter	0 (gar nicht)	10 (sehr stark)
Sauer	0 (gar nicht)	10 (sehr stark)
Beerig	0 (gar nicht)	10 (sehr stark)

Auch Kinder können sensorische Beschreibungen erarbeiten. Die Methodik muss lediglich altersgerecht angepasst werden. Insbesondere CATA eignet sich gut für Kinder, sofern die Begriffe einfach sind.

6.1.5 Mögliche Probleme bei sensorischen Beschreibungen

Wenn Beschreibungen nicht klar definiert werden, können sie leicht missverständlich sein. Trainierte Panels erarbeiten daher eine klare Definition pro Begriff. Außerdem wird festgelegt, wie der Begriff trainiert werden kann, um von allen Testern gleich verstanden zu werden (s. konventionelle Profilprüfungen).

> Wo kommuniziert wird, entstehen Missverständnisse – auch in der Sensorik.

- **Die häufigsten Probleme bei sensorischen Beschreibungen**
1. **Fachbegriffe:** Experten verwenden oft spezielle Terminologien, die für Laien nicht immer nachvollziehbar sind. Bei einer Diskussion zwischen Experten sind Fachbegriffe gerechtfertigt oder sogar notwendig, etwa wenn es um Produktfehler oder Prämierungen geht. In allen anderen Fällen kann man das Verständnisproblem umgehen, wenn (geschulte oder ungeschulte) Konsumenten als Testpersonen fungieren.
2. **Multisensorische Begriffe** Manche Begriffe, etwa „cremig", „braun", „grün" oder „frisch", sind nicht eindeutig einem Sinnesorgan zuordenbar, wie aus folgenden Beispielen ersichtlich wird.

Beispiele für multisensorische Begriffe

„Cremig" kann sich bei Milchprodukten auf die Textur, den Geschmack oder das Aussehen beziehen. Im DLG Fachvokabular Sensorik wird cremig der Textur zugeordnet: „Die Grundmasse eines Produktes ist homogen, glatt und ohne feststellbare Teilchen" (Ellner et al. 2015). Majchrzak et al. (2010) verwenden cremig als Geschmacksbeschreibung: „Creamy Flavor associated with sour cream", und Coggins et al. (2010) schreiben cremig der Farbe von Jogurt zu: „Creamy white colour."

„Braun" ist zugleich Farbe und Aromabegriff. Letzterer bezieht sich auf dunkle Aromen, braunen Zucker, Kaffee, verbrannte Noten (Cherdchu et al. 2013). Analog spricht man nicht nur von grüner Farbe, sondern auch von „grünen" Aromen. Talavera-Bianchi et al. (2010) unterschieden bei Blattgemüse sogar zwischen fünf aromatischen Grüntönen, nämlich „overall green", „green unripe", „green peapod", „green grassy/leafy" und „green viney", sprich: gesamtgrün, unreife grüne Aromen, grüne und leicht erdige Erbsenschoten, grüne Noten, die an frisch geschnittenes Gras erinnern, sowie den Duft von frisch geschnittenen Reben.

Assoziationen mit „frisch" betreffen bei Obst und Gemüse Aussehen ebenso wie Textur (hier spielt u. a. die Knackigkeit eine Rolle), Geruch und Geschmack, aber auch Reifestadium und Abwesenheit von sichtbarem Verderb (Péneau et al. 2009). Und was versteht man unter einem „frischen" Fisch? Ist das ein frisch gefangener, ein frisch zubereiteter oder ein frisch aufgetauter Fisch (Bieler und Runte o. J.)? Nach Buckenhüskes (2008) kann frisch „jung", „neu" oder „kalt" bedeuten. Frische ist also facettenreich, und die konkrete Bedeutung ergibt sich nur aus dem jeweiligen Kontext.

3. **Schwer erklärbare Begriffe:** Es gibt Wörter, die schwierig zu erklären sind, z. B. die fünfte Grundgeschmacksrichtung „umami". Die Umami-Beschreibung des Duden: „in einer Geschmacksrichtung liegend, die weder süß noch sauer, bitter oder salzig ist." Die Beschreibung, was umami *nicht* ist, erklärt jedoch noch lange nicht, was es ist. Hier ist Erfahrung in Form von Verkostung nötig.

4. **Sprachbarrieren:** Diese gibt es zwischen unterschiedlichen Kulturen, aber auch zwischen Nachbarländern mit gleicher Muttersprache und ähnlichem kulturellen Hintergrund, getreu dem Sprichwort „Nichts trennt so sehr wie eine gemeinsame Sprache". Das betrifft insbesondere das Essen und die traditionell verankerte Esskultur. Wer bestehende sensorische Beschreibungen aus wissenschaftlichen Publikationen, Fachbüchern, Aromarädern und dergleichen übernehmen möchte, muss die Begriffe auf Tauglichkeit für das eigene Land testen. Ungleich größer sind die sprachlichen Unterschiede zwischen unterschiedlichen Kulturkreisen. Geschulte Prüfpanels, also Gruppen von Testpersonen, die umfassend auf sensorische Beschreibungen von Lebensmitteln geschult sind, beweisen dies (s. Beispiel).

Beispiele für Sprachbarrieren

In einer Studie erhielten ein thailändisches und ein US-amerikanisches Prüfpanel jeweils die gleiche Auswahl an 20 Sojasoßen zur Verkostung und Beschreibung. Die meisten Begriffe waren in beiden Panels ähnlich (etwa alkoholisch, animalisch, bohnig, bitter, chemisch, schokoladenartig). Doch es gab Attribute, die nur eine Gruppe verwendete, weil es in der Sprache der zweiten Gruppe keinen Begriff oder keine Assoziation dafür gab. So verwendete nur das thailändische Panel die Beschreibung „Kakerlaken" als Überbegriff für unsauberen, muffigen, staubigen Geruch. Das nordamerikanische Panel Unterschied zwischen braun, Karamell und dunkelbraun im Aroma, womit das Thai-Panel wiederum wenig anfangen konnte (Cherdchu et al. 2013).
Ähnlich unterschieden sich Beschreibungen von Sojajoghurts zwischen einem vietnamesischen und einem französischen Panel (Tu et al. 2010): Das französische Panel beschrieb den Geruch mit den Begriffen milchig, Kreide, roher Kuchenteig, wässrig, sahnig, Haselnuss, erdig und nach Pilzen. Das vietnamesische Panel verwendete dafür hingegen Wörter wie Milch, rohe Sojabohnen, Sojamilch, Tofu und Kudzustärke. Jedes Panel bediente sich also referenzieller Beschreibungen aus dem eigenen Kulturkreis.

5. **Nationalküchen:** Was ist scharf? Die Beurteilung des Schärfegrades ist kulturell durch die jeweilige Landesküche determiniert. Auch der Begriff „salzig" ist relativ. Während Brot u. a. in Großbritannien nahezu ungesalzen ist, verwenden österreichische Bäcker deutlich mehr Salz. Dafür streichen Briten typischerweise gesalzene Butter aufs Brot, was wiederum in Österreich nicht üblich ist.

6. **Unbekannte Lebensmittel** sind ein spezielles Problem. So scheint es schwierig, Insekten sensorisch zu beschreiben und mit referenziellen Begriffen zu versehen. In Hinblick auf die Hemmschwelle, Insekten zu kosten, wäre dies jedoch hilfreich. Wird ein Insekt beispielsweise als „pistazienartig" charakterisiert, hat es vermutlich bessere Chancen, probiert zu werden, als ohne derartigen Vergleich. In der Tat zeigte eine Studie in Holland und Thailand mit „Insektenessern" (mindestens einmal Insekten gegessen) und „-nichtessern" aus beiden Ländern, dass

Insekten oft anders schmecken als erwartet wird (Tan et al. 2015). Sensorische Beschreibungen wären hier informativ.

7. **Uneinheitlicher Fokus:** Giboreau et al. (2007) werteten zahlreiche sensorische Begriffslisten samt Definitionen linguistisch und semantisch aus und kamen zum Schluss, dass der Fokus von Beschreibungen uneinheitlich ist. Während der Großteil der Begriffe produktbezogen ist (z. B. sauer), sind etliche auch personenbezogen (z. B. „fest", definiert als Kraftaufwand, der von der Testperson nötig ist, um das Keks zu beißen und zu kauen). Giboreau et al. empfehlen, den Fokus abhängig vom Ziel der Beschreibung zu setzen: Geht es um die Reformulierung von Produkten oder um Benchmarking, soll der Fokus ausschließlich auf dem Produkt liegen. Geht es um die Produktentwicklung und das Produktempfinden durch Konsumenten, so soll der Fokus auf Personenseite liegen. Größere Forschungs- und Entwicklungsprojekte können beides vereinen.

8. **Wertende Begriffe:** Ein wenig intensives Produkt kann als „mild" oder als „fad"/"leer" beschrieben sein. Je nach Lebensmittel und Betrachter ist „mild" durchaus positiv besetzt (z. B. milder Kaffee oder milder Frischkäse). „Fad" und „leer" sind in jedem Fall negativ konnotierte Begriffe. „Dünnflüssig" ist per se kein wertender Begriff, sondern hängt vom Produkt ab. „Wässrig" dagegen erinnert an „verdünnt".

9. **Rechtliche Grenzen – Sensory Claims:** Im Unterschied zu gesundheitsbezogenen Aussagen (Health Claims, ▶ Abschn. 7.1) gibt es derzeit für sensorische Beschreibungen in der EU keine klare Regelung dafür, was erlaubt ist. Das ist jedoch kein Freibrief, Produkte mit sensorisch unzutreffenden Eigenschaften zu schmücken (▶ Abschn. 7.2).

6.1.6 Grafische Darstellung von Beschreibungen

Hier unterscheidet man zwischen grafischen Darstellungen konkreter Produktbeschreibungen, etwa für die Schokolade XY, und der Darstellung einer Begriffssammlung für eine Produktkategorie, z. B. Äpfel.

Sollen zwei Produkte detailliert miteinander verglichen werden, ist eine deskriptive Analyse mit trainiertem Panel unabdingbar. Das Panel beschreibt die Produkte und bewertet die Intensität jedes Merkmals. So entstehen **Spinnendiagramme**, die einen guten Vergleich auf einen Blick ermöglichen (◻ Abb. 6.3).

Werden Begriffe vorgegeben und die Häufigkeit der Verwendung gezählt (Methode CATA), können diese Häufigkeiten in Form von **Balkendiagrammen** oder als **Tag-Cloud** (◻ Abb. 6.4) dargestellt werden. Bei letzterer korrespondiert die Schriftgröße des Begriffs mit der Nennhäufigkeit. Tag-Clouds kann man für einzelne Produkte oder Sorten erstellen, z. B. einzelne Trauben- oder Honigsorten, aber auch für die Beschreibung von Weintrauben oder Honig als Produktkategorie.

Aromaräder sind eine weitere Form der grafischen Darstellung. Sie sind immer Begriffssammlungen für eine ganze Produktkategorie. Was mit Genussmitteln wie

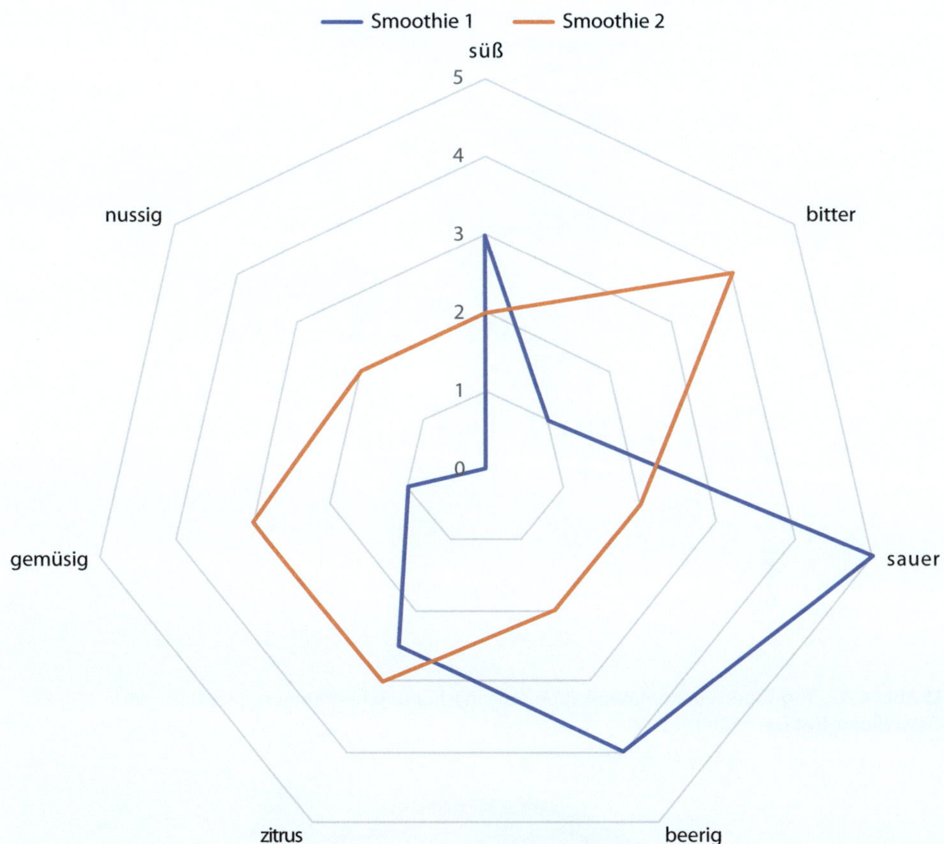

☑ **Abb. 6.3**   Spinnendiagramm zur Kommunikation sensorischer Beschreibungen. (Eigene Darstellung, Eva Derndorfer)

Wein, Spirituosen oder Kaffee begann, hat sich mittlerweile auf zahlreiche Produktgruppen ausgeweitet (s. Beispiel). Aromaräder bestehen aus vielen Begriffen, die wiederum in Überkategorien zusammengefasst werden. Ursprünglich enthielten Aromaräder – nomen est omen – nur Aromabegriffe. Mittlerweile sind manche Aromaräder breiter gefasst und inkludieren auch Geschmack und Textur.

Beispiel Aromarad Apfel

Agroscope in der Schweiz hat das nachfolgende Aromarad zum Thema Apfel entwickelt, um die sensorische Vielfalt von über 1000 Apfelsorten darzustellen (☑ Abb. 6.5).

6

■ Abb. 6.4   Tag-Cloud zur Kommunikation sensorischer Beschreibungen einer Honigsorte. (Eigene Darstellung, Eva Derndorfer)

■ Abb. 6.5   Aromarad zur Kommunikation sensorischer Begriffe für die Produktkategorie „Apfel". © Agroscope

6.1.7 Kommunikation über alle Sinneskanäle

Sensorische Sprache im engeren Sinn endet bei der Produktbeschreibung. Im weiteren Sinn umfasst diese aber auch, wo und wie diese Beschreibungen die jeweilige Zielgruppe erreichen. Menschen sind unterschiedliche Sinnestypen. Manche sind vordergründig visuelle Typen. Dazu zählen jene, die ein beinahe fotografisches Gedächtnis besitzen. Sie merken sich, wo eine bestimmte Information auf einer Seite steht. Sie speichern Informationen besser durch Lesen als durch Zuhören. Auditive Typen hingegen reagieren besonders auf akustische Reize. Und kinästhetische Typen benötigen etwas zum Angreifen. Die meisten Menschen sind jedoch Mischtypen (Niemeyer 2018).

Die drei Kommunikationstypen werden aber nicht nur durch Sehen, Hören bzw. Angreifen animiert, auch Sprache und Wortwahl selbst erreichen diese Typen unterschiedlich gut. Wer einem visuellen Typ sensorische Botschaften näherbringen möchte, beschreibt sinnvollerweise nicht nur bevorzugt das Aussehen eines Produktes, sondern verwendet auch dem Sehsinn zugeordnete Begriffe (s. Beispiel). Ähnlich spricht man den auditiven Typen besser durch akustische Wörter an. Den kinästhetischen Typ erreicht man besser, indem man kinästhetische Begriffe einbaut. Viele Verkäufer sind auf diese Aspekte geschult, die aus dem Neurolinguistischen Programmieren (NLP) stammen.

Beispiel: Formulierungen für unterschiedliche Sinnestypen
So könnten sensorische Beschreibungen für die drei unterschiedlichen Sinnestypen formuliert sein. Die dem Sehsinn, Hörsinn oder kinästhetischen Sinn zugeordneten Begriffe sind jeweils fett gedruckt.

Für den visuellen Typ:
- „Erst im unmittelbaren Vergleich wird **klar,** dass Schokolade X etwas **dunkler** ist als Schokolade Y."
- „**Lesen** Sie hier, wie man Karottensorten sensorisch charakterisieren kann."
- „Ein Aromarad zur **Darstellung** sensorischer Begriffe von Tee ist eine **blendende** Idee."
- „Es **scheint,** also ob sich das Terroir bei Blütenhonigen deutlicher **zeigt** als bei Waldhonigen."

Für den auditiven Typ:
- „Es ist interessant, wie unterschiedlich die Farb**töne** von Erdbeersorten sind."
- „Der Duft dieser Kaffeemischung ist sehr **harmonisch.**"
- „Das ist eine sensorische **Beschreibung** unseres zwölf Monate gereiften Bergkäses."
- „Wir möchten Sie über die geschmacklichen Unterschiede von Tofu **informieren.**"

Für den kinästhetischen Typ:
- „Der Isabella-Traubensaft duftet intensiv, **konkret** nach Walderdbeeren."
- „Ich möchte Ihnen ein **Gefühl** für die Vielfalt des internationalen Brotsortiments **in die Hand geben.**"
- „Timut Pfeffer **enthält** natürliche Aromen, die an Grapefruit und Zitronenschale erinnern."
- „Das ist ein **schwerer** Rotwein."

6.2 Nonverbale sensorische Kommunikation

Sensorische Produktkommunikation erfolgt nicht nur semantisch, sondern auch nonverbal: Farben und Formen etwa suggerieren Produkteigenschaften.

6.2.1 Sensorische Kommunikation über Farben

Gerüche und Geschmäcker werden oft bestimmten Farben zugeschrieben. Die Farbintensität, etwa einer Verpackung, lässt Rückschluss auf die Produktintensität zu. Daher sind dunkle Schokoladen, die aufgrund des höheren Kakaoanteils auch intensiver schmecken, häufig dunkler verpackt. Mageres Joghurt, das auch geschmacksärmer ist, findet man in hellerer Verpackung. Auch die Farbe des Lebensmittels selbst informiert über die Produktqualität (z. B. Reifegrad bei Obst) oder Produkteigenschaften (Ausmahlgrad von Getreide, Röstgrad von Kaffee, Tierart bei gereiften Käsen). Allerdings kann das Auge durch die hervorgerufene Produkterwartung andere Sinne täuschen. Eindrucksvoll wurde das mit Weinen belegt: Delwiche (2003) hat Chardonnay einmal als Weißwein, einmal umgefärbt als Rosé und einmal als Rotwein gefärbt dargeboten. Den rosa eingefärbten Chardonnay haben ungeschulte Tester am fruchtigsten bewertet. War der gleiche Wein rot eingefärbt, haben ihm die Tester den meisten Körper, die meiste Reife und Komplexität zugeschrieben.

6.2.2 Sensorische Kommunikation über Formen

Die Form der Verpackung oder des Lebensmittels transportiert ebenfalls sensorische Eigenschaften. So sind Light-Getränke in der Regel nicht in dickbauchigen Flaschen abgefüllt, sondern manchmal sogar in „taillierten".

6.2.3 Piktogramme als Hilfsmittel

Stilisierte Darstellungen können sensorische Eigenschaften repräsentieren. Besonders auf Webseiten geben sie eine rasche Orientierung. Dies ist freilich nur sinnvoll, wenn die Piktogramme unmissverständlich sind – ebenso eine Herausforderung wie unmissverständliche Beschreibungen.

6.2.4 Spezialfall: Weinbilder

Martin Darting zeigt mit seinen sensorischen Weinbildern (◘ Abb. 6.6 und 6.7), dass sogar Malereien sensorische Produktinformationen transportieren können. Es handelt sich dabei um abstrakte Bilder. Links oben zeigt das Bild jeweils den Geruch in der Nase, rechts unten die Wahrnehmung im Mund. Die Farbwahl entspricht bei Darting den sensorischen Eigenschaften des Weins. Die Bilder erzeugen

beim Betrachten einen holistischen Eindruck eines Weines. Diese Darstellung steht im Gegensatz zur Sprache, wo Konsumenten die beschreibenden Begriffe hintereinander hören oder lesen. Dartings Erfahrung mit den Bildern: Gefällt einer Person das Bild, schmeckt ihr auch der korrespondierende Wein (Darting 2013).

6.2.5 Sensorische Kommunikation über Fotos

Produktfotografien helfen oft, besonders wenn das Aussehen von Produkten dargestellt werden soll. So kann man etwa typische sichtbare Produktfehler darstellen.

Dies ist für die betriebsinterne Qualitätskontrolle ebenso relevant wie für externe Prämierungen. Erste produktspezifische Fehleratlanten gibt es beispielsweise für Käse (Ellner 2018) oder Fisch (Oehlenschläger 2018).

Literatur

Agroscope ► https://www.agroscope.admin.ch/agroscope/de/home/themen/lebensmittel/sensorik/pflanzliche-produkte/aromarad-aepfel.html. Zugegriffen: 28. Juni 2018

Bieler LM, Runte M (o. J.) Semantik der Sinne. Die lexikografische Erfassung von Geschmacksadjektiven. ► https://digitalcollection.zhaw.ch/bitstream/11475/5981/2/Lexicographica_Semantik_der_Sinne.pdf. Zugegriffen: 28. Juni 2018

Buckenhüskes HJ (2008) Kapitel „Alles frisch – aber was ist frisch?" In: Hildebrandt G (Hrsg) Geschmackswelten. Grundlagen der Lebensmittelsensorik. DLG Verlag, Frankfurt

Castro-Vázquez L, Díaz-Maroto MC, González-Viñas MA, Pérez-Coello MS (2009) Differentiation of monofloral citrus, rosemary, eucalyptus, lavender, thyme and heather honeys based on volatile composition and sensory descriptive analysis. Food Chem 112(4):1022–1030

Cherdchu P, Chambers E, Suwonsichon T (2013) Sensory lexicon development using trained panelists in Thailand and the USA: Soy sauce. J Sens Stud 28(3):248–255

Coggins PC, Rowe DE, Wilson JC, Kumari S (2010) Storage and temperature effects on appearance and textural characteristics of conventional milk yogurt. J Sens Stud 25(4):549–576

Darting M (2013) Das sensorische Weinbild. Geschmack finden mit Bildern. Ulmer, Stuttgart

Delwiche JF (2003) Impact of color on perceived wine flavor. Foods food ingredients. J Jpn 208:349–352

Derndorfer E (2016) Lebensmittelsensorik, 5. Aufl. Facultas Wuv, Wien

Derndorfer E, Mörixbauer A, Reiselhuber-Schmölzer S, Bundesinnung der Lebensmittelgewerbe, Bundesverband der Bäcker (Hrsg) (2012) Brot im Klartext. Die österreichische Brotansprache. Trauner, Linz

DIN EN ISO 5492 (2009) Sensorische Analyse – Vokabular.

DLG e. V. – Ausschuss Sensorik (2015) Fachvokabular Sensorik. Praxisleitfaden zur Beschreibung von Lebensmitteln mit allen Sinnen.

Duden ► https://www.duden.de/suchen/dudenonline/umami. Zugegriffen: 27. Juni 2018

Ellner R (2018) DLG-Qualitätsatlas für Käse. Sensorische Fehler – Mögliche Ursachen – Technologische Lösungen. DLG Verlag, Frankfurt

Ellner R, Krämer B, Scharf I, Zinnecker K, Zörb R (2015) Kapitel „Milch & Molkereiprodukte" In: DLG e. V. – Ausschuss Sensorik: Fachvokabular Sensorik. Praxisleitfaden zur Beschreibung von Lebensmitteln mit allen Sinnen. DLG Verlag, Frankfurt

Giboreau A, Dacremont C, Egoroff C, Guerrand S, Urdapilleta I, Candel D, Dubois D (2007) Defining sensory descriptors: towards writing guidelines based on terminology. Food Qual Prefer 18(2):265–274

Majchrzak D, Lahm B, Duerrschmid K (2010) Conventional and probiotic yogurts differ in sensory properties but not in consumers' preferences. J Sens Studies 25(3):431–446

Mar A, Jenecek H, Kapplmüller J, Nimmervoll W, Payer H, Sanbichler J, Sperrer J, Stefan M (2012) Lehrbuch der Bäckerei, 3. Aufl. Trauner, Linz

Niemeyer G (2018) VAKOG-System – Was ist das? Blog der Österreichischen Gesellschaft für medizinische Hypnose e.V. (ÖGMH). ► https://oegmh.at/vakog-system-was-ist-das/. Zugegriffen 12. Jan. 2019

Oehlenschläger J (2018) DLG-Qualitätsatlas für Fischerzeugnisse. Sensorische Fehler – Mögliche Ursachen – Technologische Lösungen. DLG Verlag, Frankfurt

Oehlenschläger J, Schneider-Häder B, Müller-Hohe E, Schiller D, Sippel C (2015) Kapitel „Fisch & Seafood". In: DLG e. V (Hrsg) Ausschuss Sensorik: Fachvokabular Sensorik. Praxisleitfaden zur Beschreibung von Lebensmitteln mit allen Sinnen. DLG Verlag, Frankfurt

Péneau S, Linke A, Escher F, Nuessli J (2009) Freshness of fruits and vegetables: consumer language and perception. Brit Food J 111(3):243–256

Literatur

Raphael C (2007) Reden über Wein. Studien zum kommunikativen Wert verbaler Weinbeschreibungen. VDM Verlag Dr. Müller, Saarbrücken

Schneider-Häder B, Derndorfer E (2016) Sensorische Analyse: Methodenüberblick und Einsatzbereiche Teil 4: Klassische beschreibende Prüfungen & neue Schnellmethoden. DLG-Expertenwissen 5

Swahn J, Öström Å, Larsson U, Gustafsson IB (2010) Sensory and semantic language model for red apples. J Sens Stud 25(4):591–615

Talavera-Bianchi M, Chambers E, Chambers DH (2010) Lexicon to describe flavor of fresh leafy vegetables. J Sens Stud 25(2):163–183

Tan HSG, Fischer AR, Tinchan P, Stieger M, Steenbekkers LPA, van Trijp HC (2015) Insects as food: exploring cultural exposure and individual experience as determinants of acceptance. Food Qual Prefer 42:78–89

Tu VP, Valentin D, Husson F, Dacremont C (2010) Cultural differences in food description and preference: contrasting Vietnamese and French panellists on soy yogurts. Food Qual Prefer 21(6):602–610

Health und Sensory Claims

Mit Gesundheit und Geschmack verkaufen

© Springer-Verlag GmbH Deutschland, ein Teil von Springer Nature 2019
A. Mörixbauer, M. Gruber, E. Derndorfer, *Handbuch Ernährungskommunikation*,
https://doi.org/10.1007/978-3-662-59125-3_7

Jeder meint, dass seine Wirklichkeit die richtige Wirklichkeit ist.
(Hilde Domin)

Hersteller geben Claims für Werbezwecke an, um sich von Mitbewerbern abzuheben. 1985 bezogen sich nur etwa 10 % aller Claims auf Nährwerte und Gesundheit – der Großteil war der Sensorik gewidmet. Heutzutage sind in den USA etwa 65 % der Claims nährwert- und gesundheitsbezogene Angaben, z. B. „Kalzium verbessert die Knochendichte" (van Buul und Brouns 2015). Auch in Europa ist Gesundheit ein Megatrend. Mit der Einführung der EG-ClaimsVO sind zahlreiche Gesundheitsangaben weggefallen. Ziel der Verordnung ist es, Konsumenten vor irreführender Werbung mit wissenschaftlich nicht nachgewiesenen Effekten zu schützen. Nährwert- und gesundheitsbezogenen Angaben sind seither einem strikten Regelwerk unterworfen. Produzenten suchen daher nach Möglichkeiten, Besonderheiten ihrer Produkte zu kommunizieren. Mittels Sensory Claims preisen Hersteller sensorische Produkteigenschaften an. Diese können auf Verpackungen oder Etiketten stehen oder in Inserate, Werbespots u. Ä. verpackt sein. Bis dato unterliegen diese Aussagen in der EU keiner spezifischen gesetzlichen Regelung, sie dürfen den Konsumenten aber nicht täuschen. International gibt es einige Richtlinien, auf welchen Daten Sensory Claims basieren sollten.

7.1 Health Claims

„Getrocknete Pflaumen tragen zu einer normalen Darmfunktion bei." Dass Pflaumen darmregulierende Eigenschaften besitzen, ist zwar seit Großmutters Zeiten bekannt, aber es ist gar nicht so selbstverständlich dies auf verpackten Lebensmitteln zu lesen. Vor allem darf in diesem Fall die Angabe auch nur für Lebensmittel verwendet werden, deren Konsum eine tägliche Aufnahme von 100 g Trockenfrüchte gewährleistet (EU Register on Nutrition and Health Claims, VO (EU) Nr. 536/2013). Denn dabei handelt es sich um eine gesundheitsbezogene Angabe. Diese sind seit 2007 auf EU-Ebene geregelt.

Sogenannte Health Claims sind Aussagen, die Lebensmittelunternehmer auf Etiketten, bei der Vermarktung oder in der Werbung machen und denen zufolge gesundheitliche Vorteile aus dem Konsum des entsprechenden Lebensmittels oder eines seiner Bestandteile, wie Vitamine, Mineralien, mehrfach ungesättigte Fettsäuren oder Ballaststoffe, folgen können. Typische Beispiele sind Angaben über eine Verringerung eines Krankheitsrisikos oder über Nährstoffe, die die normalen Funktionen des Körpers verbessern oder verändern können, wie „Phytosterine haben sich als zur Absenkung des Cholesterinspiegels – eines Risikofaktors für die Entwicklung von Herz- und Kreislauferkrankungen – geeignet erwiesen". Nährwertbezogene Angaben vermitteln, dass ein Lebensmittel besondere positive Nährwerteigenschaften aufweist, z. B. „Omega-3-Fettsäure-Quelle" oder „hoher Ballaststoffgehalt".

7.1.1 Rechtliche Lage

Die EG-Verordnung über nährwert- und gesundheitsbezogene Angaben (Verordnung (EG) Nr. 1924/2006, EG-ClaimsVO) regelt seit Juli 2007 nährwert- und gesundheitsbezogene Angaben bei Lebensmitteln. Mit der EG-ClaimsVO änderten sich die gesetzlichen Regelungen zur Verwendung derartiger Aussagen. Demnach dürfen Lebensmittelhersteller in kommerziellen Mitteilungen, also bei der Kennzeichnung, Aufmachung oder Werbung für Lebensmittel nur noch nährwert- oder gesundheitsbezogene Angaben verwenden, die in einer Positivliste der EU aufgeführt sind. Damit gilt das Verbotsprinzip mit Erlaubnisvorbehalt. Grundsätzlich sind also alle Health Claims verboten, außer sie sind zugelassen und in der Liste der erlaubten Angaben genannt. Verbraucher sollen dadurch vor irreführender, wissenschaftlich nicht nachgewiesener Werbung geschützt werden. Ernährungsempfehlungen von staatlichen Gesundheitsbehörden, wissenschaftliche Veröffentlichungen und andere nicht kommerzielle Mitteilungen sind vom Geltungsbereich der Verordnung ausgenommen.

> **Zu kommerziellen Mitteilungen zählen auch Informations-/Werbebroschüren, Folder, Pressetexte etc. von Handels- oder Herstellerunternehmen. Verfassen Fachkräfte im Auftrag von Unternehmen Texte dafür, haben sie sich ebenfalls an die EG-ClaimsVO zu halten.**

7.1.2 Was ist eine Angabe?

Die Begriffsbestimmungen der genannten Verordnung definieren eine „Angabe" als jede Aussage oder Darstellung, die nach dem Gemeinschaftsrecht oder den nationalen Vorschriften nicht obligatorisch ist und mit der erklärt, suggeriert oder auch nur mittelbar zum Ausdruck gebracht wird, dass ein Lebensmittel besondere Eigenschaften besitzt. Zu den Darstellungen zählen auch Bilder, grafische Elemente oder Symbole in jeder Form. Bei „gesundheitsbezogenen Angaben" bezieht sich diese besondere Eigenschaft auf einen Zusammenhang zwischen einer Lebensmittelkategorie, einem Lebensmittel oder einem seiner Bestandteile einerseits und der Gesundheit andererseits (Bundesamt für Verbraucherschutz und Lebensmittelsicherheit).

7.1.3 Arten von Claims

Zu unterscheiden sind nährwertbezogene Angaben und gesundheitsbezogene Angaben (Koßdorff 2016; EFSA 2018a):

Nährwertbezogene Angaben (z. B. „hoher Ballaststoffgehalt", „fettarm", „Omega-3-Fettsäure-Quelle") dürfen nur gemacht werden, wenn sie im Anhang der Verordnung angeführt sind. Der Anhang ist „taxativ"; d. h., nicht enthaltene Angaben dürfen nicht verwendet werden. Zudem müssen die Angaben den im Anhang festgelegten Definitionen und Verwendungsbedingungen entsprechen.

Beispiele für nährwertbezogene Angaben und deren Bedingungen:

- Energiearm: nicht mehr als 40 kcal (170 kJ) pro 100 g für Lebensmittel bzw. 20 kcal (80 kJ) pro 100 ml für Getränke
- Energie-reduziert: Energiegehalt ist um mind. 30 % verringert
- Kalorienfrei: nicht mehr als 4 kcal (17 kJ) pro 100 ml
- Fettarm: nicht mehr als 3 g Fett pro 100 g für Lebensmittel oder 1,5 g Fett pro 100 ml für Getränke (1,8 g Fett pro 100 ml für Halbfettmilch)
- Fettfrei: nicht mehr als 0,5 g Fett pro 100 g oder 100 ml
- Zuckerarm: Nicht mehr als 5 g Zucker pro 100 g für Lebensmittel oder 2,5 g Zucker pro 100 ml für Getränke.
- Zuckerfrei: Nicht mehr als 0,5 g Zucker pro 100 g oder 100 ml.
- Ballaststoffquelle: Mind. 3 g Ballaststoffe pro 100 g oder mind. 1,5 g Ballaststoffe pro 100 kcal.
- Hoher Ballaststoffanteil: Mind. 6 g Ballaststoffe pro 100 g oder mind. 3 g Ballaststoffe pro 100 kcal.
- Proteinquelle: Mind. 12 % des Energiegehaltes des Lebensmittels stammt aus Eiweiß.
- Hoher Proteingehalt: Mind. 20 % des Energiegehaltes des Lebensmittels stammt aus Eiweiß.
- Vitamin-/Mineralstoff-Quelle (Enthält xy/Quelle von xy): Das Produkt liefert mind. 15 % der empfohlenen Tagesmenge (RDA, *recommended daily allowances*).
- Hoher Vitamin-/Mineralstoffgehalt: Das Produkt liefert mind. die doppelte Menge des unter „Quelle" genannten Wertes (30 % RDA).
- Reduzierter (Name des Nährstoffs-)Anteil: Nur zulässig, wenn mindestens 30 % des jeweiligen Nährstoffes weniger enthalten sind als in einem vergleichbaren Produkt.

Gesundheitsbezogene Angaben (z. B. „… unterstützt die Darmflora") sind generell **verboten,** außer sie erfüllen alle folgenden Voraussetzungen:

- Sie entsprechen den allgemeinen Anforderungen (Kapitel II) und spezifischen Bedingungen (Kapitel IV) der EG-ClaimsVO,
- sie sind nach der Verordnung zugelassen und in die Listen nach Artikel 13 und 14 eingetragen.

Die Verordnung unterscheidet zwischen unterschiedlichen gesundheitsbezogenen Angaben. In Artikel 13 der Verordnung werden die Aussagen geregelt, die sich auf Folgendes beziehen:

- Die Bedeutung eines Nährstoffs oder einer anderen Substanz für **Wachstum, Entwicklung und Körperfunktionen** (Art. 13 lit. a), z. B. „Kalzium ist wichtig für gesunde Knochen",
- **psychologische Funktion, Verhaltensfunktion** (Art. 13 lit. b), z. B. „Niacin trägt zu einer normalen psychologischen Funktion bei",
- schlank machende oder **gewichtskontrollierende Eigenschaften,** die Verringerung des Hungergefühls, ein verstärktes Sättigungsgefühl oder eine verringerte Energie-aufnahme (Art. 13 lit. c); z. B. „Der Tausch von zwei Mahlzeiten einer energie-reduzierten Diät mit Mahlzeitenersatzprodukten trägt zu Gewichtsverlust bei".

Die **Artikel-13-Liste der zugelassenen gesundheitsbezogenen Angaben** wurde Ende Mai 2012 im EU-Amtsblatt **veröffentlicht** und nannte anfänglich **222 Gesundheitsangaben,** die **ohne** weitere Genehmigung durch Behörden von den Lebensmittelunternehmern in der Kennzeichnung und Aufmachung von Lebensmitteln verwendet werden dürfen.

In Artikel 14 der Verordnung werden jene Angaben geregelt, die sich auf Folgendes beziehen:

- Die **Reduzierung eines Krankheitsrisikos** (Art. 14), z. B. „Hafer beta-Glucan verringert den Blutcholesterinspiegel. Ein hoher Cholesterinspiegel ist ein Risikofaktor für koronare Herzkrankheiten",
- die **Entwicklung und Gesundheit von Kindern** (Art. 14), z. B. „Jod trägt zum normalen Wachstum von Kindern bei", „Eisen trägt zur normalen kognitiven Entwicklung von Kindern bei".

Die Artikel-14-Liste umfasst derzeit 26 zugelassene Angaben.

Krankheitsbezogene Angaben (z. B. „heilt Darmkrebs") waren auch vor der EG-ClaimsVO verboten und dürfen nach wie vor nicht bei Lebensmitteln angewandt werden.

7.1.4 Entwicklung und Überprüfung

Gesundheitsbezogene Angaben, die auf allgemeinen wissenschaftlichen Belegen gründen, wurden und werden auf Vorschlag der EU-Mitgliedstaaten und nach Prüfung der Europäischen Behörde für Lebensmittelsicherheit (EFSA) in die Positivliste aufgenommen.

Diese Positivliste der erlaubten gesundheitsbezogenen Aussagen wächst stets weiter. So hat die Europäische Kommission sechs zusätzliche Health Claims mit der im Juni 2013 erschienenen Verordnung (EU) Nr. 536/2013 zugelassen. Diese betreffen Omega-3-Fettsäuren, lösliche Ballaststoffe, Fruchtzucker sowie getrocknete Pflaumen. Damit umfasst die Artikel-13-Liste 229 erlaubte Angaben.

Mit weiterem Zuwachs ist noch zu rechnen. Denn bis dato bewertete die EFSA noch nicht alle von den Lebensmittelunternehmern eingereichten Health Claims auf ihre Wirkung. Gesundheitsbezogene Angaben über Pflanzenstoffe *(Botanicals)* sollen zum Beispiel erst zu einem späteren Zeitpunkt überprüft werden (Angaben „on hold"). Liegen dann die Bewertungen der EFSA vor, wird der EU-Gesetzgeber entscheiden, welche der Angaben in die Liste aufgenommen werden.

So sind in den ersten Bewertungstranchen viele Angaben auf Etiketten und in der Werbung weggefallen. Auffällig war dies beispielsweise bei Probiotika. Von den Angaben zur verbesserten Darmaktivität und einem gesteigerten Immunsystem wurde keine zugelassen, weil die wissenschaftliche Evidenz nicht ausreichend gegeben war. Folgende gesundheitsbezogene Angaben wurden beispielsweise ebenso abgelehnt:

- „DHA trägt zur Verbesserung der Gedächtnisfunktion bei."
- „Polydextrose trägt durch Vergrößerung der Stuhlmenge zur Verbesserung der Darmfunktion bei."
- „Lactobacillus casei CNCM I-1572 DG unterstützt eine ausgeglichene Darmflora."

- „Vollkorn fördert die Darmaktivität."
- (Kuh-)Milchprodukte fördern die Zahngesundheit, unterstützen die normale und gesunde Zahnentwicklung, tragen zur Zahngesundheit bei.

Abgelehnte Claims im Kontext des Konsumverhaltens

2011 wurde die Zulassung folgender gesundheitsbezogener Angaben beantragt:
- „Glucose wird im Rahmen des normalen Energiestoffwechsels verstoffwechselt."
- „Glucose unterstützt die normale körperliche Betätigung."
- „Glucose trägt zu einem normalen Energiegewinnungsstoffwechsel bei."
- „Glucose trägt zu einem normalen Energiegewinnungsstoffwechsel bei körperlicher Betätigung bei."
- „Glucose trägt zu einer normalen Muskelfunktion bei."

Die Europäische Behörde für Lebensmittelsicherheit (EFSA) bewertete diese Angaben positiv. Die EU-Kommission lehnte die Zulassung dieser gesundheitsbezogenen Angaben allerdings ab, weil sie zum Konsum von Zucker aufrufen und dies für Verbraucher verwirrend und widersprüchlich sei. Schließlich empfehlen nationale und internationale Behörden und Organisationen eine Reduktion des Zuckerkonsums.
Der Antragsteller klagte daraufhin die EU-Kommission. Der Europäische Gerichtshof (EuGH) bestätigte jedoch die Entscheidung der EU-Kommission und begründete dies damit, dass im Rahmen des Risikomanagements neben der wissenschaftlichen Bewertung der EFSA auch das Unionsrecht und andere relevante Faktoren von der EU-Kommission zu berücksichtigen sind. Darunter fällt auch, dass „… der Durchschnittsverbraucher nach den allgemein anerkannten Ernährungs- und Gesundheitsgrundsätzen seinen Zuckerverzehr verringern soll". Die beantragten Health Claims nannten nur positive Wirkungen auf den Energiegewinnungsstoffwechsel und wiesen nicht auf die „… mit dem Verzehr von mehr Zucker verbundenen Gefahren hin".

7.1.5 EFSA-Leitlinie über wissenschaftliche Anforderungen

Um Unternehmen bei der Vorbereitung ihrer Anträge für die Zulassung gesundheitsbezogener Angaben über Antioxidantien, oxidative Schäden und Herz-Kreislauf-Gesundheit zu unterstützen, hat die EFSA ihre Leitlinie aktualisiert (Martini et al. 2017, EFSA 2018b). Vor allem wird auf die Eckpfeiler humaner Interventionsstudien eingegangen, die als wissenschaftliche Belege heranzuziehen sind, sowie auf die behaupteten vorteilhaften physiologischen Wirkungen. Zu finden unter:

EFSA (2018b) Guidance for the scientific requirements for health claims related to antioxidants, oxidative damage and cardiovascular health. EFSA Journal 16(1):5136.
▶ https://efsa.onlinelibrary.wiley.com/doi/epdf/10.2903/j.efsa.2018.5136.

7.1.6 **Nährwertprofile**

Die EG-ClaimsVO sieht grundsätzlich die Einführung von „Nährwertprofilen" vor. Sie sollen Höchstgrenzen für den Gehalt an Salz, Fett, gesättigte Fettsäuren, Transfettsäuren und Zucker von Lebensmitteln definieren. Damit ein Lebensmittel überhaupt mit Gesundheitsangaben ausgelobt werden darf, muss es dem Nährwertprofil entsprechen. Ist das nicht der Fall, sind weder Angaben zum Nährwert (z. B. „fettarm", „Ballaststoffquelle") noch zur gesundheitlichen Wirkung erlaubt. Entspricht bloß ein einziger Nährstoff nicht dem Profil, ist eine nährwertbezogene Angabe zulässig, aber nur, wenn auf den „hohen Gehalt an (Name des Nährstoffs, der das Profil überschreitet)" in unmittelbarer Nähe der betreffenden Angabe hingewiesen wird. Verbraucherorganisationen setzen sich für die Einführung von Nährwertprofilen ein. Sie argumentieren, dass sonst – so wie jetzt – auch weniger gesunde Produkte mit Gesundheitsangaben „aufgepeppt" und damit Verbraucher in die Irre geführt werden können. Konsumenten würden Produkte insgesamt gesünder und positiver einschätzen.

Dieser Positivitätsbias wurde von Talati et al. (2016) nicht bestätigt. Demnach bewirken Health Claims in Summe keine besseren Zuschreibungen von „ungesunden" Produkten. Hingegen schätzten Konsumenten „ungesunde" Produkte mit *Guideline Daily Amounts* (GDA) oder Ampelkennzeichnung deutlich günstiger ein als gänzlich ohne Label oder mit *Health-Star-Rating*-Kennzeichnung (ein australisches System). Egnell et al. (2018) untersuchten mittels einer webbasierten Umfrage den Einfluss von verschiedenen Symbolkennzeichnungen auf die gewählte Portionsgröße. Mit *Nutri-Score* wurden bei den Beispielprodukten Kekse, süßer Aufstrich und Käse im Mittel um 24 % kleinere Portionsgrößen gewählt als ohne Label. Die Ampelkennzeichnung erzielte bei Käse und Keksen ähnliche Effekte, wirkte jedoch kaum bei süßen Aufstrichen. Da die Studie in Frankreich durchgeführt wurde, waren die Teilnehmer vor allem mit *Nutri-Score* vertraut. Weitere Forschungen zur Erfassung des Konsumentenverständnisses sowie zum Einfluss der üblichen Portionsgrößen und bei Produkten, die generell in größeren Mengen verzehrt werden, sind daher nötig.

2017 veröffentlichten Talati et al. eine weitere Arbeit, die zeigte, dass etwaige positive Bias durch Health Claims durch die reguläre Nährwertkennzeichnung – so sie gelesen wird – egalisiert werden. Eine Analyse von nährwert- und gesundheitsbezogenen Angaben in Neuseeland ergab, dass 69 % der Claims auf „gesunden" Produkten angebracht war (Al-Ani et al. 2016).

Bisher hat der EU-Gesetzgeber noch keine Nährwertprofile festgelegt. Im Rahmen der Evaluierung der EG-Claims-Verordnung Nr. 1924/2006 wurde 2017 eine Umfrage zu den Themen „Nährwertprofile" und „Botanicals" gestartet. Nach ungefähr zehn Jahren Erfahrung mit der EG-Claims-Verordnung soll anhand der Ergebnisse die Frage nach der Notwendigkeit von Nährwertprofilen behandelt werden. Die Resultate dieses „Fitness-Checks" liegen bis dato noch nicht vor.

Untersuchungen zur Wahrnehmung von nährwert- und gesundheitsbezogenen Angaben zeigen, dass die meisten Konsumenten nur sehr kurz auf den Claim blicken – nämlich weniger als vier Sekunden. Dies ist eine zu geringe Zeitspanne, um die Informationen eingehend zu verarbeiten. Zudem erinnern sich nur 7 bis 10 % der

Konsumenten, dass sie den Claim angesehen haben (van Buul und Brouns 2015). Vermutlich nehmen Konsumenten nur einzelne Wörter der Claims wahr. Dies kann bei Negativ-Formulierungen das Gegenteil bewirken, wenn das Gehirn schlicht das Wort „kein" oder „nicht" übersieht (z. B. „kein Zucker enthalten"). Die Wahrnehmung der Konsumenten sollte daher beim Wording von Claims berücksichtigt werden, um Irreführung vorzubeugen.

Inwieweit allgemeine Ernährungsempfehlungen, Informationen in der Presse, wissenschaftliche Veröffentlichungen und andere nicht kommerzielle Mitteilungen, die vom Geltungsbereich der Verordnung ausgenommen sind, zur kognitiven Dissonanz bei Konsumenten beitragen, bleibt offen.

7.2 Sensory Claims

7.2.1 Warum Sensory Claims?

Vielleicht kennen Sie dieses Szenario: Sie sitzen mit Freuden zu Hause, öffnen eine Flasche Rotwein und lesen auf dem Etikett die sensorische Weinbeschreibung des Winzers. Dieser spricht darin von Beerenaroma, Anklängen von Tabak und Kaffee, dazu Holz und Vanille, und einem ausgeprägten Körper. Sie schwenken das Glas, riechen am Wein, kosten und versuchen diese sensorische Beschreibung nachzuvollziehen. Das mag Ihnen gelingen oder auch nicht. Wenn ja, dann handelt es sich um eine Information des Herstellers an Sie. Wenn nicht: Ist das bereits Konsumententäuschung?

In der Tat sind derartige Fragen relevant. Denn einerseits möchten Konsumenten oft mehr gezielte Informationen. Das zeigten zumindest Fokusgruppen in der Schweiz. Demnach wünschen sich Konsumenten beim Kauf von Äpfeln mehr Details als die grobe Einteilung in süße, säuerliche und süß-säuerliche Äpfel (Brugger 2012). Genauere Informationen – so sie nachvollziehbar sind – können Konsumenten zum richtigen Produkt und damit zu Zufriedenheit mit ihrem Einkauf führen – und Händlern zu Absatz verhelfen.

Denn Fakt ist, dass Sensory Claims einen Unterschied im Kaufverhalten erzeugen können. In einer Studie standen drei rote Apfelsorten (Jonagold, Ingrid Marie und Elise) zur Auswahl. Einmal lediglich mit Angabe der Sortenbezeichnung, ein anderes Mal zusätzlich mit der jeweiligen sensorischen Beschreibung. Je nach Darbietung trafen Konsumenten eine signifikant andere Wahl (Swahn et al. 2012). Sind sensorische Informationen nachvollziehbar, handelt es sich um eine Win-win-Situation für Käufer und Verkäufer.

7.2.2 Arten von Sensorischen Claims

Die American Society for Testing and Materials (ASTM) unterscheidet zwei Kategorien von Sensory Claims: vergleichende und nicht vergleichende Claims.

Nicht vergleichende Claims können hedonisch („guter Geschmack") oder wahrnehmbar („nussig", „flauschig", „fruchtig") sein. Klassische Wein-, Brot-, Whisky- oder Käsebeschreibungen sind nicht vergleichende, wahrnehmbare Claims.

Vergleichende Claims beziehen sich entweder auf einen Vergleich der neuen mit der ursprünglichen Rezeptur oder auf einen Vergleich mit anderen am Markt befindlichen Produkten. Die Claims können dabei auf Gleichartigkeit aus sein (hedonisch: „genauso gut wie", „kein Kuchen ist besser als unserer"; wahrnehmbar: „genauso cremig wie") oder auf Überlegenheit (hedonisch: „70 % der Kaffeeliebhaber bevorzugten bei Blindverkostung unseren Kaffee im Vergleich zu jenem des Mitbewerbers"; wahrnehmbar: „kein anderes Eis ist so fruchtig wie unseres").

Vergleichende Claims sind häufig auch bei veganen Produkten anzutreffen. In den USA gibt es etwa fettreduzierte Margarinen eines Herstellers, darunter eine vegane, mit dem Markennamen „I can't believe it's not butter" (▸ www.icantbelieveitsnotbutter.com/). Hier ist bereits die Marke ein Claim.

Beispiele für vergleichende und nicht vergleichende Claims
Beispiele für nicht vergleichende Claims:
- kühlend
- cremig
- knusprig
- zart schmelzend
- lange anhaltender Spearmintgeschmack
- guter Geschmack
- angenehmer Geruch
- Extra Crunchy – ein nicht vergleichender Claim, der sich auf eine sensorisch wahrnehmbare Eigenschaft stützt.

Beispiele für vergleichende Claims:
- Die geschmackvollste Gurkensorte, die es gibt.
- Kein anderes Eis ist so fruchtig wie unseres.
- 20 % weniger Salz, aber gleich großartiger Geschmack.
- Verbesserte Rezeptur.
- Kein anderer Müsliriegel ist schokoladiger als unserer.
- Besser als das Konkurrenzprodukt XY
- „Now even creamier" – ein Vergleich der neuen mit der alten Rezeptur.

7.2.3 Rechtliche Lage

In der EU gibt es bis jetzt keine spezifische gesetzliche Regelung für Sensory Claims. Sensorische Auslobungen dürfen den Konsumenten aber nicht täuschen oder irreführen. International gibt es einige Richtlinien, auf welchen Daten Sensory Claims basieren sollten. Derartige Richtlinien haben Vor- und Nachteile. Einerseits soll der Konsument vor irreführenden Aussagen geschützt werden. Andererseits kritisieren viele, dass heute alles normiert wird. Inderbitzen und Popp (2016) werfen sogar die Frage auf, ob man Konsumenten dadurch vor etwas schützt, was sie gar nicht stört. Letztlich muss man sich auch die Frage stellen, wer derartige Regulierungen überprüfen (und bezahlen) soll.

Die ASTM (2019) beschreibt die Testmethoden und Vorgehensweisen zur Konzeption, Umsetzung, Validierung und Verifizierung von Sensory Claims. Ziel sind überprüfbare Aussagen. Das Handbuch wurde für die USA entwickelt. Wer sich daran orientieren möchte, muss die Vorgehensweise den Gesetzen des jeweiligen Landes anpassen.

In England sind Sensory Claims ebenso bereits verbreitet. Die Entwicklung von sensorischen Beschreibungen folgt dabei üblicherweise den Empfehlungen der ASTM. Darüber hinaus hat die Food Standards Agency (FSA 2008) Vorgaben für ausgewählte sensorische Produkteigenschaften zusammengestellt. Diese betreffen u. a. die Eigenschaften „frisch", „natürlich", „traditionell" und „Premium" (Schneider-Häder und Beeren 2015; zur Schwierigkeit des Begriffs „Frische" s. ▶ Abschn. 6.1.5).

Beispiel vergleichender Claim

Die in Großbritannien ansässige Advertising Standards Authority (ASA) prüft Sensory Claims hinsichtlich Verständlichkeit der Werbeaussage (Schneider-Häder und Beeren 2015). Vor einigen Jahren verwendete die Kaffeefirma *Costa* den Wortlaut „Sorry Starbucks, the people have voted. In head-to-head taste tests, 7 out of 10 coffee lovers preferred Costa Cappuccino to Starbucks". *Starbucks* erhob daraufhin Einspruch.

Es handelt sich dabei um einen vergleichenden Claim. Die ASA überprüfte die Aussage, *Costa* konnte den Claim mit Daten untermauern. Somit lehnte die ASA den Einspruch von *Starbucks* ab und *Costa* durfte den Claim weiterverwenden (Schneider-Häder und Beeren 2015). Ob derartige vergleichende Claims in einem Land erlaubt sind, bestimmen die jeweils gültigen Werberichtlinien.

7.2.4 Entwicklung und Überprüfung sensorischer Claims

Nach ASTM ist der erste Schritt auf dem Weg zum Claim die genaue Definition des Testdesigns. Handelt es sich um einen Test mit nur einer Probe, oder werden mehrere Produkte miteinander verglichen? Welche Produkteigenschaften werden untersucht?

Beim Erstellen **nicht vergleichender Claims** helfen deskriptive sensorische Analysen. Hierbei werden sensorische Begriffe ermittelt, die auf das jeweilige Lebensmittel zutreffen und Relevanz besitzen. Als Sensorikmethoden kommen sämtliche deskriptive Prüfmethoden in Frage: einfach beschreibende Prüfung, Schnellmethode CATA, klassische Profilprüfungen durch ein trainiertes Panel (▶ Abschn. 6.1.3).

Auch für **vergleichende Claims** kann ein Panel dienlich sein. So kann eine trainierte Prüfergruppe feststellen, ob die neue Rezeptur einer Schokomousse tatsächlich cremiger ist als die alte. Denn alleine das Schrauben an Zutaten – etwa ein höherer Sahneanteil – garantiert noch nicht, dass die sensorische Wahrnehmung entsprechend verändert wird.

Chemisch-physikalische Analysen können bei gezielten Fragestellungen unterstützen. So kann physikalisch mit Hilfe eines *Texture Analyzers* untersucht werden, ob ein Cracker wirklich knuspriger als ein anderer ist.

Möchte ein Hersteller das eigene Produkt durch einen hedonisch vergleichenden Claim mit einem Konkurrenzprodukt vergleichen, ist ein Konsumententest (Präferenztest) unabdingbar. Natürlich muss das Testdesign passen, die Anzahl der Tester hoch genug sein, eine gute Sensorikpraxis berücksichtigt und die Daten sinnvoll ausgewertet werden.

Besondere wichtig ist das Probenmanagement. Bei einem Vergleich mit Konkurrenzprodukten müssen etwaige Zubereitungsanleitungen exakt eingehalten werden. Das MHD der Produkte sollte vergleichbar sein. Die Probennahme erfolgt für alle Produkte am PoS (Point of Sale). Um eine konsumententypische Situation zu simulieren, muss der Hersteller daher auch das eigene Produkt am PoS einkaufen. Im Test selbst reicht man, wo möglich, die Produkte „blind" dar, ohne Hinweis auf die jeweilige Marke (Schneider-Häder und Beeren 2015).

Idealerweise werden zwei der drei genannten Möglichkeiten – Konsumententest, Paneltest und/oder chemisch-physikalische Analysen – kombiniert.

Beispiel: Einen vergleichenden Claim generieren

Ein Beispiel für die Vorgehensweise, um folgenden vergleichenden, wahrnehmbarere Claim zu generieren: „Unser Produkt A ist genauso süß wie Produkt B" (von Hersteller B, dem Marktführer). Das Beispiel soll zeigen, wie zeit- und kostenintensiv der Weg zum Claim ist.

Für diese Form von *equivalency testing,* also der Prüfung auf Gleichheit, sind laut ASTM-Leitfaden mindestens 300 bis 400 Konsumenten nötig, deutlich mehr, als für sensorische Prüfungen auf Unterschiede, die in der Lebensmittelindustrie verbreitet sind (Lawless und Heymann 2010).

Die sensorische Prüfmethode der Wahl ist in diesem Fall der Paarvergleich, auch 2AFC *(two-alternative forced choice)* genannt. Die Prüfpersonen erhalten Probe A und B gleichzeitig und müssen angeben, welche Probe im zu untersuchenden Attribut stärker ausgeprägt ist (Derndorfer 2016), in unserem Beispiel, welche Probe süßer schmeckt.

100 % Gleichheit kann aufgrund von Zufallsschwankungen allerdings nie festgestellt werden. Der Test kann nur untersuchen, ob der Unterschied mit einer bestimmten Wahrscheinlichkeit nicht größer ist als ein im Vorfeld festgelegter Grenzwert Δ.

Nehmen wir folgendes Szenario an: 300 Konsumenten werden zum Test eingeladen. 140 Personen beurteilen Probe A als süßer (47 %), die restlichen 160 bewerten Probe B als süßer (53 %). Nun gilt es festzustellen, ob 47 % ausreichend sind, um den Nachweis zu erbringen, dass beide Proben gleich süß schmecken. Also, dass der tatsächliche Unterschied innerhalb der tolerablen Grenzen liegt.

Man testet somit, ob der beobachtete Anteil an Personen, die das Vergleichsprodukt als süßer bewerten, signifikant größer als 50 % minus Δ ist und signifikant kleiner als 50 % plus Δ (bei einer Irrtumswahrscheinlichkeit α). Wenn Δ mit 5 % festgelegt wird, bedeutet das, dass der tatsächliche Wert zwischen 45 und 55 % liegt.

Bei 300 Personen, einem festgelegten Δ von 5 % und einer Irrtumswahrscheinlichkeit α von 5 % müssten sich genau 150 Personen für Probe A und 150 für Probe B als süßere aussprechen (◘ Tab. 7.1). Bei 400 Konsumenten würde es genügen, wenn sich mindestens 197 und maximal 203 für eine Probe als süßere entscheiden. Bei nur 200 Personen würde eine derartig genaue Analyse in keinem Fall genügend Evidenz liefern, dass Probe A und B gleich süß schmecken.

◘ Tab. 7.1   Kritische Werte für die Bestätigung der Gleichheit beim 2AFC-Test. (Quelle: eigene Berechnungen, basierend auf den Formeln 5.2.6. und 5.2.7. nach Bi 2015)

	$\alpha = 5\,\%$		$\alpha = 10\,\%$	
n	$\Delta = 5\,\%$	$\Delta = 10\,\%$	$\Delta = 5\,\%$	$\Delta = 10\,\%$
100	Geht nicht	49–51	Geht nicht	47–53
200	Geht nicht	92–108	100–100	89–111
300	150–150	134–166	147–153	131–169
400	197–203	177–223	193–207	173–227
500	244–256	219–281	240–260	215–285

7.2.5 Spezialfall Olivenöl

Olivenöl stellt hinsichtlich sensorischer Vermarktungsmöglichkeiten einen Sonderfall dar. Es ist eines von wenigen Produkten, für die genau geregelt ist, was unter welchen Voraussetzungen kommuniziert werden darf. So kann die Intensität der Fruchtigkeit, Bitterkeit und Schärfe am Etikett angegeben werden, wenn diese von einem objektiven Panel beurteilt wurden (Inderbitzen und Popp 2016). „Die Angabe organoleptischer Eigenschaften betreffend Geschmack und/oder Geruch ist nur bei nativem Olivenöl extra und nativem Olivenöl zulässig; die Begriffe gemäß Anhang XII Nummer 3.3 der Verordnung (EWG) Nr. 2568/91 dürfen nur in der Etikettierung angegeben werden, wenn sie auf den Ergebnissen einer in dem genannten Anhang vorgesehenen Analysemethode basieren" (EU Verordnung 29/2012).

7.2.6 Sensory Claims – Wie sinnvoll sind rechtliche Regelungen?

Derzeit gilt in der EU: Solange Sensory Claims nicht täuschen, sind sie erlaubt. Wo solche Claims gesetzlich geregelt sind, ist der Beweis hingegen durchaus aufwendig zu erbringen – entsprechend aufwändig ist auch deren Überprüfung. Sensory Claims sind in diesem Fall einmal mehr ein Marketinginstrument, das wahrscheinlich nur großen Herstellern vorbehalten bleibt, die den Aufwand entsprechender Konsumentenstudien finanzieren können. Dabei wäre es gerade für kleine, handwerkliche Produzenten wie Handwerksbäcker oder Käseaffineure wichtig, dass sie besondere sensorische Produktqualitäten entsprechend kommunizieren können.

Eine aufwendige Regelung von Sensory Claims erscheint allerdings weniger wichtig als die Regelung von Health Claims. Denn auch wenn sensorische Claims natürlich nicht täuschen dürfen, gesundheitlichen Schaden nimmt niemand, falls der Claim in der Realität nicht erfüllt wird. Insofern wird sich auch ohne rechtliche Regelungen für Sensory Claims der Markt von selbst „bereinigen". Denn wenn Produktbeschreibungen nicht nachvollziehbar sind, verliert der Hersteller hinsichtlich Sensorikkompetenz mit der Zeit an Glaubwürdigkeit.

Literatur

Al-Ani HH et al (2016) Nutrition and health claims on healthy and less-healthy packaged food products in New Zealand. Br J Nutr 116:1087–1094

ASTM E1958 (2019) Standard guide for sensory caim substantiation. ▶ www.astm.org

Bi J (2015) Sensory discrimination tests and measurements: sensometrics in sensory evaluation. Wiley, Chichester

Brugger C (2012) The next step: sensory claims? Using sensory tools to raise awareness of product diversity. Eurosense Conference. Bern

Bundesamt für Verbraucherschutz und Lebensmittelsicherheit: Nährwert- und gesundheitsbezogene Angaben über Lebensmittel (Health Claims). ▶ https://www.bvl.bund.de/DE/01_Lebensmittel/04_AntragstellerUnternehmen/01_HealthClaims/lm_healthClaims_node.html. Zugegriffen: 8. Okt. 2018

Derndorfer E (2016) Lebensmittelsensorik, 5. Aufl. Facultas Wuv, Wien

EFSA (2018a) Nährwert- und gesundheitsbezogene Angaben. ▶ https://www.efsa.europa.eu/de/topics/topic/nutrition-and-health-claims. Zugegriffen: 8. Okt. 2018

EFSA (2018b) Guidance for the scientific requirements for health claims related to antioxidants, oxidative damage and cardiovascular health. EFSA J 16(1): 5136. ▶ https://efsa.onlinelibrary.wiley.com/doi/epdf/10.2903/j.efsa.2018.5136. Zugegriffen: 8. Okt. 2018

Egnell M et al (2018) Impact of front-of-pack nutrition labels on portion size selection: an experimental study in a French Cohort. Nutrients 8:10(9) ▶ https://doi.org/10.3390/nu10091268

EU Register on nutrition and health claims ▶ http://ec.europa.eu/nuhclaims/?event=search&CFID=755788&CFTOKEN=61518e80f0096c06-C095CF62-EE07-C4F0-B16F22373FD5EE94&jsessionid=921226871d38fc720ba055616279313a2044TR

FSA (2008) Criteria for the use of the terms fresh, pure, natural etc. In: Food labeling, FSA

Inderbitzin J, Popp M (2016) Sensory Claims – zwischen Fantasie und Fakten. Schweizer Zeitschrift für Obst- und Weinbau 19:8–11

Koßdorff K (2016) Kennzeichnung – Nährwert- und gesundheitsbezogene Angaben. ▶ https://www.wko.at/branchen/industrie/nahrungs-genussmittelindustrie/Kennzeichnung_-_gesundheits-bezogene_Angaben.html. Zugegriffen: 8. Okt. 2018

Lawless H, Heymann H (2010) Sensory evaluation of food. Principles and practices, 2. Aufl. Springer, New York

Martini D et al (2017) Claimed effects, outcome variables and methods of measurement for health claims proposed under European Community Regulation 1924/2006 in the framework of protection against oxidative damage and cardiovascular health. Nutr Metab Cardiovasc Dis 27(6):473–503

Schneider-Häder B, Beeren C (2015) Sensory Claims – Methodische Vorgehensweise zur Entwicklung und Untermauerung. DLG Expertenwissen 15. ▶ https://www.dlg.org/fileadmin/downloads/food/Expertenwissen/Lebensmittelsensorik/2015_15_Expertenwissen_Sensory_Claims.pdf

Swahn J, Mossberg L, Öström Å, Gustafsson IB (2012) Sensory description labels for food affect consumer product choice. Eur J Mark 46(11/12):1628–1646

Talati Z et al (2016) Do health claims and front-of-pack labels lead to a positivity bias in unhealthy foods? Nutrients 8:787. ▶ https://doi.org/10.3390/nu8120787

Talati Z et al (2017) Consumers' responses to health claims in the context of other on-pack nutrition information: a systematic review. Nutr Rev 75:260–273

van Buul V, Brouns FJPH (2015) Nutrition and health claims as marketing tools. Crit Rev Food Sci Nutr 55:1552–1560

Verordnung (EU) 1169/2011 Lebensmittelinformationsverordnung

Verordnung (EU) 29/2012 Vermarktungsvorschriften für Olivenöl

Verordnung (EU) Nr. 1924/2006 über nährwert- und gesundheitsbezogene Angaben über Lebensmittel

Verordnung (EU) Nr. 536/2013 zur Änderung der Verordnung (EU) Nr. 432/2012 zur Festlegung einer Liste zulässiger anderer gesundheitsbezogener Angaben über Lebensmittel als Angaben über die Reduzierung eines Krankheitsrisikos sowie die Entwicklung und die Gesundheit von Kindern.

▶ www.icantbelieveitsnotbutter.com. Zugegriffen: 3. Aug. 2018

Qualitätskriterien für Informationsvermittlung

Verwirrung und Verunsicherung entgegenwirken

© Springer-Verlag GmbH Deutschland, ein Teil von Springer Nature 2019
A. Mörixbauer, M. Gruber, E. Derndorfer, *Handbuch Ernährungskommunikation*,
https://doi.org/10.1007/978-3-662-59125-3_8

Qualität baut auf Qualifikation

Die Ernährungsforschung bringt kontinuierlich neue Ergebnisse heraus. Dabei kommt es häufig zu Fehlinterpretationen, Falschaussagen und Widersprüchen. Multiplikatoren sind gefordert, mit neuen Resultaten sorgsam umzugehen und sie in das Big Picture einzuordnen. Bevor neue Informationen an die breite Bevölkerung kommuniziert werden, sind die Ergebnisse auf Plausibilität zu prüfen. Vorsicht ist bei Aussagen zu nur einzelnen Nährstoffen oder einzelnen Lebensmitteln und nahezu unglaublichen Ursache-Wirkungs-Zusammenhängen oder bloßen Korrelationen geboten. Leitlinien für valide und evidenzbasierte Kommunikation sowie formale Qualitätskriterien geben Orientierungshilfe. Um Gesundheits- und Ernährungslügen einzudämmen, ist es zudem wichtig, Verbraucher zu schulen, Ernährungsinformationen kritisch zu bewerten.

8.1   Was ist Health Fraud?

Etwa 70 % der Konsumenten sind beim Thema Ernährung oft mit widersprüchlichen Informationen konfrontiert – jene, die angeben, einen guten Wissensstand zu haben, deutlich stärker als weniger gut Informierte. Sechs von zehn Konsumenten geben an, dass man oft nicht mehr weiß, welche Informationen in Bezug auf Ernährung richtig sind (Gruber 2017). Fehlinformationen über Ernährung sind das führende Beispiel für „Health Fraud" und können in allen etablierten Kanälen für Ernährungsinformation gefunden werden – in Tageszeitungen und (Fach-)Magazinen, in Radio und TV, in Werbungen, auf Onlineportalen, in Social Media, in Blogs oder im Gespräch mit Freunden, Familie, Bekannten oder dem Arzt. Der Terminus „Health Fraud" beginnt sich zunehmend – analog zu Food Fraud (Lebensmittelbetrug) – zu etablieren. „Health Fraud" wird als Fehlinterpretation von Gesundheitsauslobungen definiert. Dabei bezieht sich die Gesundheitsauslobung nicht nur auf einen Produkt-Claim, sondern umfasst auch Aussagen von (selbsternannten) Experten, Medienberichten etc. über mitunter traditionelle Lebensmittel, Nahrungsergänzungsmittel, einzelne Nährstoffe, Diäten oder Hilfsmittel (Bellows und Moore 2013).

8.1.1   Verschiedene Typen von Health Fraud

Food Trends und Diät-Moden nähren den Betrug mit Gesundheitsinformationen, weil sie auf drei wesentlichen Irrglauben gründen:
- Manche Lebensmittel haben spezielle Nährstoffe, die diverse Krankheiten heilen können.
- Manche Lebensmittel sollten vom Speiseplan gestrichen werden, weil sie schädlich sind.
- Manche Lebensmittel haben besondere Gesundheitsvorteile.

Food Trends sind definiert als ungewöhnliche Ernährungsweisen und Essmuster, die oft kurzfristige Abnehmerfolge oder einen speziellen Way of Life versprechen, aber kein langfristiges Gewichtsmanagement oder generell Gesundheitsaspekte inkludieren. Sie haben keine oder kaum wissenschaftliche Basis und werben damit, dass der Verzehr oder Nichtverzehr bestimmter Nährstoffe, Mineralien oder Vitamine (Nahrungsergänzungsmittel) oder Kombinationen bestimmter Lebensmittel helfen, Krankheiten vorzubeugen oder zu heilen oder Gewicht zu verlieren. Beispiele für die breite Bevölkerung sind Weizen-Bashing oder „Paleo" (Bellows und Moore 2013).

Health Fraud geht mit einer intendierten Irreführung einher, die darauf abzielt, Profit zu machen. Health Fraud beinhaltet Produkte und Diäten, die auf keiner wissenschaftlichen Basis gründen, aber mit Wohlbefinden und gesteigerter Gesundheit werben. Versprochen werden in der Regel „schnell und leicht abnehmen" oder ein „Wunderwuzzi"-Produkt (Bellows und Moore 2013). Zu Health Fraud kommt es auch, wenn Studien in den Medien falsch oder fehlinterpretiert gespiegelt werden, wie unten am Beispiel Kokosöl demonstriert.

Irreführende Health Claims sind fehlleitende Aussagen von Herstellern über den Gesundheitswert ihres Produkts. Irreführende Werbung ist lebensmittelrechtlich verboten. Mit der EG-ClaimsVO sind zudem gesundheitsbezogene Aussagen stark eingeschränkt (▶ Abschn. 7.1).

Negative Effekte von Fehlinformationen sind einerseits unnötige Geldausgaben und dadurch weniger finanzielle Mittel für seriöse Unterstützung, die Etablierung ungünstiger Essgewohnheiten und ggf. die Entstehung von Krankheiten (◘ Tab. 1.2).

Beispiel für Health Fraud: Kokosöl (Monash University 2018)

In einem Artikel einer Tageszeitung in Australien wurde berichtet, dass Wissenschaftler herausgefunden haben, dass Kokosöl leicht verdaulich ist und hilft, Insulinresistenz vorzubeugen. Erklärt wurde, wie Kokosöl in die Ernährung eingebaut werden kann, angefangen mit einem Teelöffel täglich und einer langsamen Steigerung auf vier Teelöffel täglich, wodurch ein Gewichtsverlust erleichtert werden soll.

Das Problem dabei? Die Leser erhielten kaum Hintergrundinformation zur Studie, weswegen es nicht möglich war, das Originalpaper zu finden.

Zudem wurden Ergebnisse einer zweiten Studie vorgestellt, die besagten, dass Kokosöl vor Insulinresistenz schützt, das Risiko für Diabetes Typ 2 reduziert, mittelkettige Fettsäuren (MCT, *medium-chain triglycerides*) enthält und daher die Fetteinlagerung im Körper vermindert und Insulinsensitivität verbessert. Warum ist bei solchen Berichten Vorsicht geboten?

In dieser zweiten Studie wurden hochgezüchtete Mäuse und Ratten untersucht, die sich in punkto Verdauung und Stoffwechsel von Menschen mitunter unterscheiden. Zudem wurden nur männliche Tiere eingesetzt. Sie wurden mit lang- und mittelkettigen Fettsäureextrakten aus Kokosöl oder Schweinefett gefüttert. Diese Extrakte wurden dem normalen Futter hinzugesetzt und machten 45 bis 60 % der Gesamttagesenergie aus. Diese Menge übersteigt bei weitem den Anteil in einer normalen Ernährung – sowohl für Menschen als auch für Nagetiere. Die Nager erhielten die Experimentnahrung nur für vier bis fünf Wochen. Die Studie untersuchte demnach nicht den Effekt von Kokosöl generell und auch nicht wie sich Kokosöl als Bestandteil menschlicher Ernährung auswirkt, geschweige denn über einen längeren Zeitraum.

Als Ergebnisse wurde festgehalten, dass Körperfett bei den Testtieren abnahm und sich einige der mit Insulin assoziierten Serummarker verbesserten. Die Studienautoren sprachen zudem eine Warnung aus, die sich nicht im Zeitungsartikel fand, nämlich dass der Konsum von mittelkettigen Fettsäuren zur Fetteinlagerung in der Leber führen kann und dass dieses Faktum von allen in Betracht gezogen werden solle, die eventuell MCT zur Gewichtsreduktion verwenden möchten.

Eine gut durchgeführte Studie wurde also nicht adäquat in den Zeitungen gespiegelt. Manchmal handelt es sich auch um kleine Übersetzungsfehler, die vom Englischen ins Deutsche erfolgen, in Kombination mit dem Übersprung von Korrelation auf Kausalität. So wird mitunter aus „A may be associated with B": „A verursacht B."

> **Valide Ernährungsinformation basiert auf wissenschaftlichen Belegen, ist peer-reviewed und die Ergebnisse sind reproduzierbar. Fachkräfte und Multiplikatoren können gegen Health Fraud angehen, indem sie selbst auf korrekter wissenschaftlicher Basis kommunizieren und ihren Klienten oder Kunden, der speziellen Zielgruppe und den Konsumenten, die Fallstricke bewusst machen.**

8.2 Korrelation versus Kausalität

Einer der häufigsten Fallstricke ist das Gleichsetzen von Korrelation und Kausalität. Das gilt für jene, die Botschaften senden, ebenso wie für die Empfänger. Nur weil A und B zusammenhängen, heißt das keineswegs, dass A der Verursacher von B ist. Denn eine Korrelation beschreibt nur einen Zusammenhang zwischen zwei Variablen und beweist keine Ursache-Wirkungs-Verhältnisse, wie nachstehende Beispiele zeigen. Eine positive Korrelation besagt, dass ein höherer Wert einer Variablen mit einem höheren Wert der zweiten einhergeht. Eine negative Korrelation bedeutet einen indirekten Zusammenhang: Je höher Variable A ist, desto niedriger ist Variable B. Korrelationskoeffizienten können zwischen – 1 und +1 liegen.

Beispiele für Korrelationen, die aber nicht kausal zusammenhängen

Länder mit hohem Schokoladekonsum verzeichnen mehr Nobelpreisträger. Dieser Zusammenhang kann durch Daten erstellt werden. Eine Korrelation sagt jedoch nichts über ein Ursache-Wirkungs-Verhältnis aus. Für das Beispiel wurde etwa der durchschnittliche Schokoladeverzehr je Land der letzten zwei Jahre und nicht der tatsächliche Schokoladekonsum der Nobelpreisträger des vergangenen Jahrhunderts verwendet (Templ 2015).

Ein anderes anschauliches Beispiel ist der positive Zusammenhang von Einkommen und Schuhgröße. Größere Schuhnummern (Männer) gehen mit höheren Gehältern einher. Trotzdem ist das Gehalt keine Folge der Schuhgröße (Derndorfer 2013).

8.3 Vertrauenswürdige Information?

Kritische Konsumenten achten auf die Nennung von Quellen, deren Qualität und Aktualität, holen sich unterschiedliche Meinungen zu Ernährungsempfehlungen ein und fragen ggf. bei Fachkräften zu den genannten Ergebnissen oder Ratschlägen nach. Eine einzige Studie ergibt kein absolutes Ergebnis. Bei Büchern, Zeitungen,

Zeitschriften, Interviewpartnern im Radio, TV, Webinare etc. ist auf die *Qualifikation des Autors bzw. der Experten zu achten (s. u.).*

8.3.1 Top Ten der irreführenden Aussagen

Die Top Ten für irreführende Aussagen sind gleichzeitig eine Checkliste für Konsumenten, um Ernährungsinformationen effektiv zu sichten und gute Entscheidungen für das eigene Essverhalten zu treffen (Bellows und Moore 2013):

1. Empfehlungen, die eine schnelle Verbesserung versprechen
2. Furchtbare Gefahrenhinweise und Warnungen für nur ein einziges Produkt oder einzelne Diät.
3. Aussagen, die zu gut klingen, um wahr zu sein.
4. Vereinfachte Schlussfolgerungen aus einer komplexen Studie.
5. Empfehlungen, die auf den Ergebnissen einer einzelnen Studie basieren.
6. Drastische Aussagen, die von angesehenen Wissenschaftsorganisationen widerlegt werden.
7. Liste von „guten" und „schlechten" Lebensmitteln.
8. Nicht valide Angaben eines Vergleichsproduktes, um einen Claim angeben zu können.
9. Aussagen, dass die Forschung derzeit noch im Gange ist, weisen oft darauf hin, dass es tatsächlich keine rezente Forschung dazu gibt.
10. Nicht wissenschaftliche Testimonials, Prominenz aus Sport, Showbiz, Kunst und Kultur oder hoch-zufriedene Kunden, die für ein Produkt werben.

8.4 Wer ist Ernährungsexperte?

Ernährungsberatung und -bildung bieten heute viele unterschiedliche qualifizierte Berufsgruppen an. In Deutschland hat der Koordinierungskreis „Qualitätssicherung in der Ernährungsberatung und Ernährungsbildung" eine Rahmenvereinbarung für die qualifizierte Ernährungsberatung, -therapie und -bildung erstellt, um Verbrauchern unterschiedliche Qualifikationen von Ernährungsfachkräften transparent zu machen (DGE 2009; DGE 2014).

In Österreich ist aufgrund einer OGH-Rechtsprechung das Anbieten von „Ernährungstraining", „Ernährungscoaching oder -schulung" im Rahmen eines freien Gewerbes nicht zulässig. Ernährungstraining ist gegenüber Verbrauchern ein irreführender Begriff, der eine „Beratung in Ernährungsfragen" vermuten lässt. Gewerbliche Ernährungsberatung ist zum Schutz der Konsumentengesundheit an Qualifikationskriterien gebunden. Ein qualifizierter Ernährungsexperte ist entweder Ernährungswissenschaftler, Diätologe, Ökotrophologe, Lebensmittelwissenschafter oder Ernährungsmediziner und sollte Mitglied bei offiziellen Ernährungsgesellschaften sein (Bellows und Moore 2013). Absolventen von Kurzlehrgängen diverser – nicht akkreditierter – Ausbildungsinstitute ist weder Beratung noch Ernährungscoaching oder -training etc. erlaubt (VEÖ 2018).

> **Wo sind qualifizierte Experten zu finden?**
> **Deutschland:**
> - Verband der Diätassistenten Deutschlands: ▶ https://www.vdd.de/
> - Verband der Oecotrophologen Deutschland: ▶ https://www.vdoe.de/
> - Deutsche Gesellschaft für Ernährungsmedizin e. V.: ▶ https://www.dgem.de/
> - Deutsche Akademie für Ernährungsmedizin: ▶ https://daem.de/
> - Bundesverband Deutscher Ernährungsmediziner: ▶ http://www.bdem.de/
>
> **Österreich:**
> - Diätologen: ▶ www.diaetologen.at/suche
> - Ernährungswissenschaftler: ▶ www.veoe.org (in der Rubrik „Get your Expert")
> - Österreichisches Akademisches Institut für Ernährungsmedizin: ▶ http://www.oeaie.org/
>
> **Schweiz:**
> - Schweizerische Gesellschaft für Ernährung: ▶ http://www.sge-ssn.ch/
> - Schweizerischer Verband dipl. Ernährungsberater/innen HF/FH: ▶ www.svde-asdd.ch

8.5 Guideline für evidenzbasierte Gesundheitskommunikation

Das Deutsche Netzwerk Evidenzbasierte Medizin e. V. hat eine Leitlinie evidenzbasierte Gesundheitsinformation herausgegeben. Diese hat zum Ziel, die Vermittlung von qualitativ hochwertiger Gesundheitsinformation langfristig sicherzustellen und damit informierte Entscheidungen zu fördern. Sowohl national als auch international wird der Ruf nach wissenschaftsbasierten und laienverständlichen Informationen zunehmend lauter. Patienten und Konsumenten haben ein Recht auf verständliche Information. Denn wesentlich ist, mündige und informierte Entscheidungen treffen zu können. Wie diese dann ausfallen, bleibt im Bereich der Eigenverantwortung. Gerade Patienten mit chronischen Krankheiten wie Diabetes mellitus oder anderen ernährungsassoziierten Krankheiten beschäftigen sich selbständig mit dem Umgang und passenden Interventionen. Für sie ist eine objektive Entscheidungsfindung von Relevanz ebenso wie für jeden mündigen Konsumenten. Die **Leitlinie evidenzbasierte Gesundheitsinformation** richtet sich an die Autoren von Gesundheitsinformationen und hat zum Ziel, die Qualität von Informationen zu verbessern (Lühnen et al. 2017).

> Evidenzbasierte Gesundheitsinformationen zielen auf eine verbesserte Informationsqualität ab und bilden die Voraussetzung für informierte Entscheidungen. Als Goldstandard für die Beurteilung, ob und wie Interventionen wirken, gelten systematische Reviews, Metaanalysen und RCT *(randomized controlled trial)* (Howick et al. 2011).

Die Leitlinie basiert auf einem Strukturrahmen des UK Medical Research Council für die Erstellung von komplexen Informationen und Interventionen (Craig et al. 2008), der auch bei der Erstellung von Gesundheitsinformationen berücksichtigt werden soll. Der Strukturrahmen umfasst vier Phasen: Entwicklung, Pilotierung, Evaluation und Implementierung. In Abb. 8.1 sind die von der Leitlinien-Entwicklungsgruppe spezifischen Schritte zur Erstellung von evidenzbasierten Gesundheitsinformationen (EBGI) aufgelistet. Die ersten beiden Phasen Entwicklung und Pilotierung bilden den Schwerpunkt und werden als notwendig eingestuft. Die **Zielgruppenorientierung** ist ein wesentliches Qualitätskriterium der EBGI. Sowohl sprachlich als auch durch die Lesbarkeit (Barrierefreiheit) sind aus ethischen Gründen die jeweiligen Voraussetzungen und Belange respektvoll und sensibel zu berücksichtigen. Dazu zählen Wert- und Gesundheitsvorstellungen, Autonomie, kulturelle Unterschiede, geschlechts- und altersspezifischen Unterschiede sowie Besonderheiten von Menschen mit Behinderungen. Auch in den Erstellungsprozess sollte die jeweilige Zielgruppe einbezogen werden (▸ Kap. 2). Da Laien oftmals andere Erwartungen an Informationen und Interessen an Inhalten haben als Fachkräfte, ist zu erwarten, dass dadurch Gesundheitsinformationen verständlicher, lesbarer und relevanter werden. Dies kann bei der Planung, Erstellung, Pilotierung und/oder Evaluation in unterschiedlichem Ausmaß geschehen. Zu den möglichen Methoden zählen: Einzelinterviews, Fokusgruppen, Teilnahme an Arbeitsgruppen, Sitzungen und Konsensusprozesse (z. B. Delphi-Umfrage).

Zweites wesentliches Qualitätskriterium sind die **inhaltlichen Anforderungen.** Folgende Informationen haben Patienten vor therapeutischen, diagnostischen und

Abb. 8.1   Strukturrahmen des UK Medical Research Council für die Erstellung von komplexen Informationen und Interventionen. (Craig et al. 2008)

Screeningmaßnahmen u. a. zu erhalten und sind adaptiert auch für die Ernährungskommunikation relevant:

- Ziel der Maßnahme,
- Erkrankungsrisiko,
- Prognose ohne Maßnahmendurchführung,
- andere Handlungsoptionen (inkl. Nichtintervention),
- Unsicherheiten und fehlende Evidenz,
- Wahrscheinlichkeiten für Erfolg, Misserfolg,
- Nebenwirkungen aller Varianten,
- Kosten,
- medizinische und psychosoziale Konsequenzen.

8.6 Thema Adipositas

In puncto Übergewicht und Adipositas existiert ein eigener Leitfaden für Medien
und Journalisten, mit dem der Stigmatisierung und folgender Diskriminierung
Betroffener entgegengewirkt werden soll. Empfohlen werden u. a. die Vermeidung
von Stereotypen und Klischees (wie Menschen mit Übergewicht seien „faul" oder
„willensschwach"), eine angemessene und ausgewogene Berichterstattung über die
Multikausalität und Komplexität der Genese und Therapie, das Trennen von Fakten und Sensation (der Verzicht auf Mythen wie „Fatburner", „Superfood zum
Abnehmen") sowie eine angemessene Sprache in Stil und Terminologie. So soll der
Mensch im Mittelpunkt stehen, nicht das Erscheinungsbild. Beispielsweise statt: „Es
gibt viele übergewichtige Menschen" – „Es gibt viele Menschen mit Übergewicht." In
der ersten Version wird der Mensch über sein Körpergewicht charakterisiert, in der
zweiten ist dies nur ein Merkmal von mehreren. Zuschreibungen wie „faul", „bequem"
und „fett" sind moralische Urteile und herabsetzend. Stattdessen sind neutrale Formulierungen wie körperlich inaktiv, untrainiert, mangelnde Bewegung oder bewegungs-
ungewohnt sowie dick, XXL-Gewicht oder Plus Size eher angemessene Termini
(Gerlach und Blüher 2018).

8.7 Angemessene Darstellungsweisen

Weitere Qualitätskriterien der Leitlinie für EBGI umfassen angemessene Darstellungs-
weisen (Lühnen et al. 2017):

8.7.1 Die Angabe von Häufigkeiten

Ziel der Kommunikation ist es, dass die Informationen verstanden werden und Nutzen
und Risiken von Maßnahmen richtig eingeordnet werden können, wodurch schließlich informierte und mündige Entscheidungen möglich sind. Dafür ist es wesentlich,
dass statistische Daten zu Wahrscheinlichkeiten, Risiken, Nutzen oder Schaden richtig
verstanden werden. Häufig werden dafür verbale Deskriptoren eingesetzt.

Dabei handelt es sich um eine mehr oder weniger genaue sprachliche Beschreibung von Häufigkeiten, z. B. „selten", „gelegentlich", „häufig", „möglich" oder „wahrscheinlich". Analysen haben nun verdeutlicht, dass sprachliche Umschreibungen und die folgende Risikowahrnehmung von jedem Einzelnen stark unterschiedlich interpretiert werden und die Einschätzungen auch zwischen Laien und Fachpersonal stark differieren. So führen verbale Angaben zu Nebenwirkungen dazu, dass die Wahrscheinlichkeit ihres Auftretens überschätzt wird. Ähnliches dürfte für einzelne Nährstoffe, Pestizide u. a. der Fall sein. In der Leitlinie wird festgehalten, dass die alleinige verbale Darstellung von Risiken, Nutzen und Schaden nicht eingesetzt werden soll.

Numerisch lassen sich Häufigkeiten in unterschiedlichen Formaten angeben, z. B. natürliche Häufigkeiten (etwa: 1 von 1000), Prozentangaben, absolute Risikoreduktion, relative Risikoreduktion. Bei natürlichen Häufigkeiten sollten gleiche Bezugsgrößen gewählt werden (z. B. nicht: 80 von 800 vs. 20 von 100). Andernfalls fällt es durch verschiedene Angaben schwer, die Höhe von Risiken zu vergleichen und korrekt einzuschätzen. Oft kommt es dadurch zu einer Überschätzung der Risiken.

Nutzen und Schaden sollen durch absolute Risikomaße dargestellt werden. Dies führt zu einer ausgeprägteren und präziseren Risikowahrnehmung, v. a. bei fehlenden Angaben des Basisrisikos. Auch wenn die Basisrisiken genannt werden, ist die Angabe des absoluten Risikos jener des relativen Risikos meistens überlegen. Durch die Angabe der relativen Risikoreduktion (oder -steigerung) kommt es dagegen zu Überschätzungen des Nutzens einer Maßnahme (▶ Kap. 9).

Beispiel: WHO-Pressemitteilung vom 26.10.2015 zur Bewertung von rotem, verarbeitetem Fleisch in Bezug auf die Entstehung von Krebs

Die WHO-IARC-Experten stuften auf Basis limitierter Evidenz rotes Fleisch als wahrscheinlich krebserregend sowie verarbeitetes Fleisch auf Basis ausreichender Evidenz als krebserregend ein (WHO/IARC 2015). In der Pressemitteilung war von einem um 18 % erhöhten Risiko für Kolorektalkrebs pro 50 g verarbeitetem Fleisch pro Tag zu lesen. Headlines waren programmiert. Obwohl in der Mitteilung eine verbale Relativierung für das persönliche Risiko enthalten war, blieb ein starkes Plus von 18 % hängen.
Betrachtet man die absoluten Zahlen, zeigt sich folgende Datenlage:
Bei einer Inzidenz von
61 Fällen Kolorektalkrebs pro 1000 Menschen im Laufe des Lebens jener Menschen (Zahlen für UK) ergibt ein
Plus von 18 % zusätzlich 11 Fälle. Das bedeutet 72 Fälle pro 1000 Menschen.
In Summe ist daher die Bedeutung dieser Resultate für eine Vielzahl von Menschen verhältnismäßig gering (König 2017).

8.7.2 Grafiken

Grafiken können das Verständnis von Inhalten erleichtern (▶ Abschn. 4.4.5). Werden welche eingesetzt, sollte die Wahl auf Balkendiagramme oder Piktogramme fallen. Obwohl es sich beim Einsatz von Grafiken generell um eine offene Empfehlung („kann") handelt, erschien es der Leitlinienerstellungsgruppe angemessen, Empfehlungen zur Wahl der Grafiktypen auszusprechen. Dass diese auf Piktogramme und

Balkendiagramme entfiel, liegt daran, dass es die einzigen Grafiktypen sind, zu denen Evidenz vorliegt.

8.7.3 Verwendung von Bildern

Den Text ergänzende Bilder können zu einem besseren Verständnis beitragen, da Bilder eine affektive und kognitive Wirkung entfalten (► Abschn. 4.4). Eine offene Empfehlung listet die Leitlinie für anatomische Bilder, Cartoons, Piktogramme und illustrierende Zeichnungen auf. „Zu dem Einsatz von Fotos kann keine Empfehlung gegeben werden." Begründet wird dies damit, dass nur eine Studie zum Effekt von Fotos auf die Endpunkte Wissen, Verständlichkeit, Akzeptanz vorlag und zwischen den Gruppen mit und ohne Foto hinsichtlich dieser Endpunkte keine signifikanten Unterschiede festgestellt wurden. Gleichzeitig können die Ergebnisse nicht verallgemeinert werden, da Fotos mit Personen kulturelle und ethnische Vielfalt spiegeln und nicht ohne weiteres auf andere Zielgruppen übertragbar sind.

Auf eine respektvolle Darstellung von Menschen mit Übergewicht/Adipositas weist der Medienleitfaden der Deutschen Adipositas-Gesellschaft (DAG) und des IFB Adipositas hin. Dazu zählen Darstellungen in angemessener, passender Kleidung, in verschiedenen Rollen und bei diversen Alltagsaktivitäten, die frei von gewichtsbezogenen Klischees sind (z. B. Fast Food essen, vor dem Fernsehapparat sitzen) (Gerlach und Blüher 2018).

8.7.4 Narrative

Narrative sind individuelle „Erfahrungsberichte". Allerdings ist der Begriff nicht genau definiert und umfasst eine sehr heterogene Gruppe von Informationen. Gemein ist ihnen nur, dass sie eine subjektive Perspektive vermitteln. Oft erzählt eine Person, wie sie eine Herausforderung gemeistert hat oder mit einer bestimmten Situation umgeht.

Erfahrungsberichte können überredend wirken. Sie werden daher mitunter in der Prävention und Gesundheitsförderung gezielt eingesetzt, um definierte Zielgruppen oder die breite Bevölkerung zu erreichen und ihr Verhalten zu beeinflussen. Dem Anspruch evidenzbasierter Gesundheitsinformationen widerspricht jedoch die überredende Wirkung, weil diese objektive Entscheidungen des Individuums beeinflussen kann. In der Leitlinie heißt es daher: „Narrative können nicht empfohlen werden."

Begründet wird dies mit der niedrigen Qualität der Evidenz für den Effekt von Narrativen. Diese sind äußerst heterogen ebenso wie ihre Einsatzmöglichkeiten. Aufgrund der aktuellen Studienlage, die keinen relevanten Nutzen von ergänzenden Narrativen zu Sachinformationen spiegelt, war es daher nicht möglich, eine allgemeingültige Empfehlung abzuleiten. Allerdings laufen derzeit Studien, die den Aspekt der „Überredung" erforschen. Eine Änderung der Empfehlung ist daher möglich. Für Formate, die Erfahrungsberichte ohne relevante Sachinformationen nutzen, gilt die Empfehlung übrigens nicht (► Abschn. 4.3.4).

8.7.5　Einsatz von Instrumenten zur Klärung der Präferenzen

Instrumente zur Klärung der Präferenzen (*value clarification exercises* = VCE) werden manchmal eingesetzt, um Menschen in ihrem Entscheidungsprozess zu unterstützen. Dabei wird zwischen expliziten und impliziten Instrumenten unterschieden. Explizite Instrumente gehen mit einem interaktiven Prozess einher. Dieser kann zum Beispiel das Reihen von Attributen nach subjektiver Wichtigkeit umfassen, die für eine Maßnahme entscheidend sind. Damit wird eine Reflexion erleichtert und eine persönliche Bewertung erzielt. Bei impliziten VCE denkt der Einzelne dagegen bloß für sich über die Entscheidungskriterien nach. Eine Empfehlung für den Einsatz von VCE gibt es nicht.

8.7.6　Formate von Gesundheitsinformationen

Informationen werden über Printmedien wie Broschüren und Ratgeber, Videos (online oder DVD), über Radio oder Websites vermittelt. Da die Zielgruppe durchwegs heterogen ist und stets unterschiedliche Ansprüche hat, bieten sich vor allem **interaktive Informationsformate** an.

Diese ermöglichen personalisierte und individualisierte Informationen, die auf die jeweiligen Präferenzen zugeschnitten werden können. Interaktive Formate zielen auf eine bedarfsgerechte Vermittlung der Inhalte. Die User haben die Möglichkeit, den Informationsfluss zu steuern und die angezeigten Inhalte konkret auszuwählen. Weil somit persönliche Bedürfnisse hinsichtlich Inhalt und Darstellung angesprochen werden, können interaktive Formate das Lernen fördern. Beispiele sind Spiele, Wissens-/Verständnisfragen (mit/ohne Rückmeldung), Eingabefelder für z. B. Alter, Geschlecht, Körpergröße und -gewicht oder Risikofaktoren zur Erstellung personalisierter Informationen. Aufgrund der Unterschiede hinsichtlich Zielgruppen und interaktiven Elementen in den Studien können die Ergebnisse derzeit nicht verallgemeinert werden. Trotz positiver Tendenz gibt es daher bislang nur eine offene Empfehlung dafür („kann eingesetzt werden").

Ebenso können **Faktenboxen** bei Gesundheitsinformationen eingesetzt werden. Im Vergleich zu Kurzzusammenfassungen zeigten zwei Studien eine präzisere Risikowahrnehmung, bessere Verständlichkeit und Lesbarkeit sowie gesteigertes Wissen durch Faktenboxen (Lühnen et al. 2017).

Literatur

Bellows L, Moore R (2013) Nutrition misinformation: how to identify fraud and misleading claims. Colorado State Univ Extension 9:350

Craig P et al. (2008) Developing and evaluating complex interventions: the new Medical Research Council guidance. BMJ 337: a1655. ▶ https://doi.org/10.1136/bmj.a1655

Derndorfer E (2013) Alles Veggie oder was? ernährung heute 2:03–05

Deutsche Gesellschaft für Ernährung – DGE (2009) DGE-Beratungsstandards – Rahmenvereinbarung zur Qualitätssicherung in der Ernährungsberatung und Ernährungsbildung in Deutschland ► http://www.dge.de/pdf/fb/09-06-22-KoKreis-EB-RV.pdf. Zugegriffen: 12. Jan. 2018

Deutsche Gesellschaft für Ernährung – DGE (2014) Koordinierungskreis – Qualitätssicherung in der Ernährungsberatung und Ernährungsbildung. ► https://www.dge.de/service/zertifizierte-ernaehrungsberatung/koordinierungskreis/. Zugegriffen: 12. Jan. 2018

Gerlach S, Blüher M (2018): Medienleitfaden Adipositas. Empfehlungen zum Umgang mit Adipositas und Menschen mit Übergewicht in den Medien. Für Journalisten und Medienschaffende. Dt. Adipositasgesellschaft München, IFB Adipositas Leipzig

Gruber M (2017) Gesundheitsorientierte Verhaltenssteuerung in Überflussgesellschaften und der soziale Umgang mit Übergewicht und Adipositas. Differenzierte Aspekte der Ernährungskommunikation, Esskultur und Verantwortung. Dissertation, Universität Wien

Howick J, Chalmers I, Glasziou P et al. (2011) The 2011 Oxford CEBM Evidence Levels of Evidence (Introductory Document). Oxford Centre for Evidence-Based Medicine

König J (2017) Wieviel Wissenschaft braucht Ernährung? ernähr. heute 2:12–17

Lühnen J, Abrecht M, Mühlhauser I et al. (2017) Leitlinie evidenzbasierte Gesundheitsinformation. ► https://www.leitlinie-gesundheitsinformation.de. Zugegriffen: 9. Sept. 2018

Monash University (2018): How nutrition misinformation may end up as fact. ► https://www.futurelearn.com/courses/food-as-medicine/0/steps/15185. Zugegriffen: 7. Nov. 2018

Templ M (2015) Essen in den Schlagzeilen: Sound Science vs. Sounds Like Science. Vortrag beim f.eh-im-Dialog am 11.6.2015 in Wien Ernährungsstudien: Kritik zwischen den Zeilen

Verband der Ernährungswissenschafter Österreichs (2018) Ernährungstraining: auch Ankündigen vom OGH-Verbot umfasst. Presseaussendung vom 06(09):2018

WHO/IARC (2015) IARC Monographs evaluate consumption of red meat and processed meat. Press Release #240

8

Risikokommunikation

Auswirkungen und Wahrnehmungen im Auge haben

© Springer-Verlag GmbH Deutschland, ein Teil von Springer Nature 2019
A. Mörixbauer, M. Gruber, E. Derndorfer, *Handbuch Ernährungskommunikation*,
https://doi.org/10.1007/978-3-662-59125-3_9

Wer ständig Feuer schreit, muss auch löschen.

Risikokommunikation ist – wie im Codex Alimentarius festgehalten – „der Austausch von Informationen und Meinungen über Risiken und risikobezogene Faktoren zwischen Risikobewertern, Risikomanagern, Verbrauchern und anderen interessierten Kreisen" (EFSA 2014). Risikokommunikation bildet einen Teil des gesamten Risikoanalyseprozesses und ist sowohl auf nationaler als auch auf EU-Ebene (Mitgliedstaaten und EFSA) angesiedelt. Aufgrund hoher Verbraucherverunsicherung in den vergangenen Jahrzehnten hat sich das Feld der Risikokommunikation zu einem umfassenden, eigenständigen und herausfordernden Gebiet entwickelt.

9.1 Risikowahrnehmung

Risiken nehmen Konsumenten und Experten sehr unterschiedlich wahr. Während Fachkräfte Adipositas und Diabetes als Pandemie mit erheblichen gesundheitlichen Folgen beschreiben, stufen Konsumenten weder eine hohe Fett- oder Energieaufnahme noch Adipositas als ein hohes Risiko ein (McGloin et al. 2009). Eine verdrehte Risikowahrnehmung zwischen Experten und Verbrauchern dokumentiert z. B. auch das Eurobarometer Spezial 354 (2010) mit Pestiziden als Hauptsorge in zwölf Mitgliedstaaten. Dem Risikoatlas der AGES folgend sind für Konsumenten die Hauptrisiken im Zusammenhang mit Lebensmitteln und Wässern (Fuchs et al. 2015):
1. gentechnisch veränderte Organismen (GVO),
2. Pestizide,
3. Radioaktivität,
4. Zusatzstoffe,
5. Allergene.

Die von Experten genannten fünf Hauptrisiken sind dagegen:
1. pathogene Mikroorganismen (Campylobacter, Salmonellen, Noroviren, Listerien etc.),
2. Fehlernährung,
3. Mykotoxine,
4. Allergene,
5. toxische Elemente.

Die verschiedenen Wahrnehmungen resultieren aus unterschiedlichen Ansätzen: Experten beziehen sich auf eine Risikobewertung, objektive Fragestellungen, eine analytische Herangehensweise und ein Abwägen von Risiken und Nutzen (EFSA 2014; BMEL 2016). Die Wahrnehmung von Konsumenten dagegen unterliegt einigen Verzerrungen, wie die Risikoquelle (bekannt vs. unbekannt; anthropogen vs. natürlich), die Exposition (freiwillig vs. unfreiwillig), die Schadensart (Schrecklichkeit, Betroffenheit) und das Risikomanagement (Kontrollierbarkeit). Mit dem Verzehr von Lebensmitteln zusammenhängende Risiken sind in der Regel unfreiwillig, unbekannt, anthropogen (durch Menschen verursacht), mitunter schwer kontrollierbar und schrecklich. Diese Merkmale führen tendenziell zu einer Überschätzung von Lebensmittelrisiken. Dagegen werden Risiken, die durch das eigene Verhalten entstehen

(Bewegungsmangel, Fehlernährung, Küchenhygiene) eher unterschätzt (v. Aversleben und Kafka 1999; Koch et al. 2017; BMEL 2016).

Obwohl Lebensmittel heute so sicher wie nie zuvor sind, ist die Besorgnis der Konsumenten über die Belastung von Lebensmitteln mit Kontaminanten wie Quecksilber und Dioxin in den vergangenen Jahren gestiegen. Als mögliche Ursache für diesen Widerspruch werden einerseits eine gesteigerte Sensibilität für gesundheitliche Risiken genannt, andererseits einseitige Darstellungen in den Medien (Koch et al. 2017). Mitunter wird von Alarmismus seitens unterschiedlicher NGOs berichtet, die mit alternativen Grenzwerten und abwegigen Berechnungsmethoden die Glaubwürdigkeit der staatlichen Kontrolle, letztendlich jedoch ihre eigene aufs Spiel setzen (Stadler 2014). Einfluss auf die Wahrnehmung und das Vertrauen haben zudem die zunehmende Zahl an Sekundärstandards. Sie bilden wie Skandalisierungen und Panikmache eine zusätzliche Herausforderung für die Risikokommunikation, da weitere Aufklärung und Information über tatsächliche Gefahren nötig ist (Hensel und Correira Carreira 2012).

> **Einfluss Sekundärstandards**
> Als Sekundärstandards bezeichnet man Anforderungen an Lebensmittel, die strenger als die gesetzlichen Anforderungen (Primäranforderungen) sind und die nicht der gesetzlichen Regelung und behördlichen Überwachung unterliegen. Lebensmitteleinzelhandelsketten geben ihren Lieferanten mitunter Sekundärstandards als Normen vor. Zum Beispiel fordern LEH-Ketten, dass das gelieferte Obst und Gemüse nur 70 % des gesetzlich zugelassenen Höchstgehaltes an einzelnen Pestiziden enthalten darf. Charakteristisch für Sekundärstandards ist, dass sie nicht auf der Grundlage von nationalen oder internationalen Verfahrensrichtlinien festgelegt werden, sondern jedes Unternehmen, jede NGO oder jedes Testmagazin sie nach eigenem Ermessen bestimmen kann. Häufig fehlen wissenschaftlich basierte Begründungen der strengeren Maßstäbe, ein Mehrwert ist nicht gegeben, die „erhöhte Sicherheit" nur eine vermeintliche. Dennoch wird suggeriert, Primärstandards wären unsicher. Sekundärstandards können daher negativ auf das Vertrauen der Konsumenten in die gesetzlichen Regelungen und die behördliche Risikobewertung wirken (Hensel und Correira Carreira 2012). Einer Umfrage des deutschen Bundesinstituts für Risikobewertung (BfR) von 2009 zufolge, glauben 67 % der Befragten, dass keine Pestizidrückstände in Lebensmitteln enthalten sein dürfen (Epp et al. 2010).

9.2 Grundsätze guter Risikokommunikation

Die Grundsätze guter Risikokommunikation lauten (EFSA 2014):

- **Offenheit:** Risikobewertungen sind rechtzeitig zu publizieren, zudem sind Entscheidungsgrundlagen offenzulegen. Ein offener Dialog mit allen Interessensgruppen und Betroffenen ist wesentlich für das Entwickeln von Vertrauen in die Risikobewertung.
- **Transparenz:** Sie sollte hinsichtlich Entscheidungsfindung und -strukturen sowie möglichen Unsicherheiten und des Umgangs mit ihnen gewährleistet sein.

- **Unabhängigkeit:** Hohe Glaubwürdigkeit haben Kommunikatoren, die von politischen Entscheidungsträgern, NGOs, Industrie oder anderen Vertretern mit monetären Interessen unabhängig sind.
- **Reaktionsschnelle:** Eine frühzeitige und präzise Kommunikation untermauert die Glaubwürdigkeit des Absenders, auch dann, wenn noch nicht alle Fakten vorliegen.

> **Wirkungsvolle Risikokommunikation braucht in erster Linie exzellente Kommunikatoren (Wissenschaftler und Kommunikationsexperten), die wissenschaftliche Erkenntnisse in prägnante Botschaften dolmetschen und an unterschiedliche Zielgruppen transportieren können, sodass die Resultate der Risikobewertung verstehbar, nützlich und nutzbar für die Zielgruppen sind. Kann ein Risiko nicht in einfachen Worten erklärt werden, kann es falsch verstanden oder missinterpretiert werden (EFSA 2014).**

9.3 Gefahr und Risiko

Wesentlich ist festzulegen, was zu kommunizieren ist: eine Gefahrenbeurteilung, eine Risikobewertung, Ergebnisse einer umfassenden Literaturauswertung usw. Daher ist es wichtig, den Unterschied zwischen Gefahr bzw. Gefährdungspotenzial und Risiko zu kennen.

Unter einer **Gefahr** versteht man in der Verordnung (EG) Nr. 178/2002 ein biologisches, chemisches oder physikalisches Agens in einem Lebens- oder Futtermittel oder einen Zustand eines Lebensmittels oder Futtermittels, das eine Gesundheitsbeeinträchtigung verursachen kann. So können beispielsweise ein Bakterium, eine giftige Substanz oder ein Glassplitter eine Gefahr bilden.

Das **Risiko** für eine gesundheitliche Beeinträchtigung setzt sich aus der Wahrscheinlichkeit des Eintreffens eines Schadens (Schadenswahrscheinlichkeit) und der Schwere dieser Beeinträchtigung (Schadensausmaß) zusammen (Fuchs et al. 2015). Das Vorhandensein einer Gefahr geht nicht automatisch mit einem gesundheitlichen Risiko für den Menschen einher. Ist man der Gefahr nicht ausgesetzt (Exposition), stellt sie auch kein Risiko dar.

9.3.1 Ausmaß des Risikos – Risikobewertung

In der Verordnung EG178/2002 sowie in nationalen Gesetzen ist die Risikobewertung als wissenschaftlich fundierter, vierstufiger Vorgang festgelegt (EFSA 2014; AGES):
1. **Gefahrenidentifizierung** *(hazard identification):* Der Ursprung der Gefahr wird ermittelt. Gefahren werden eingeteilt in **biologische** (Mikroorganismen, z. B. Salmonellen, Campylobacter), **chemische** (Pestizide, Tierarzneimittel, Schwermetalle usw.) oder **physikalische** Gefahren (Fremdkörper wie z. B. Plastik, Glas). Sie können in der Landwirtschaft, durch Umweltverschmutzung, bei der Lebensmittelherstellung oder -zubereitung im Privathaushalt in das Lebensmittel gelangen oder in diesem entstehen.

2. **Beschreibung der Gefahr** *(hazard characterisation):* Daten aus wissenschaftlicher Forschung, toxikologischen Studien, epidemiologische Studien und Statistiken werden herangezogen, um die Gefahr qualitativ und quantitativ zu beschreiben. Toxikologische Kennzahlen wie der ADI *(acceptable daily intake)* oder TDI *(tolerable daily intake)* können daraus resultieren. Diese geben an, welche Menge einer Substanz täglich auf Lebenszeit aufgenommen werden kann, ohne dass es zu einer gesundheitlichen Beeinträchtigung kommt.

3. **Expositionsabschätzung** *(exposure assessment):* Die Expositionsabschätzung gründet auf der Verschränkung von Verzehrdaten bestimmter Lebensmittel mit dem Vorhandensein der Substanz in den betroffenen Lebensmitteln. Zu berücksichtigen sind u. a. Vorkommen und Konzentration in verschiedenen Lebens- und Futtermitteln sowie Einflussfaktoren während der Lagerung, der Verarbeitung oder Zubereitung. Oft ist es notwendig, die Exposition bestimmter Bevölkerungsgruppen wie den YOPI *(young, old, pregnant, and immunocompromised)* gesondert zu betrachten, da diese besonders sensible Gruppen sind.

4. **Risikocharakterisierung** *(risk characterisation):* Die Informationen der ersten drei Stufen dienen dazu, um das gesundheitliche Risiko für den Menschen abzuschätzen. Soweit es der aktuelle Wissensstand und das Datenmaterial erlauben, werden Aussagen zur Wahrscheinlichkeit, Häufigkeit und Schwere von bekannten oder potenziellen Gesundheitsschäden unter Berücksichtigung der damit verbundenen Unsicherheiten getroffen.

Angabe von absoluter und relativer Risikoreduktion

Absolute Risikoreduktion (ARR)

… das absolute Ändern eines Ereignisses durch eine Intervention bzw. Behandlung oder auch durch ein Verhalten bezogen auf alle Untersuchten.

Eine Änderung der Mortalität von 2 % auf 1,6 % = Änderung des absoluten Risikos um 0,4 %-Punkte.

Berechnung:

Absolutes Risiko der Therapiegruppe: 1,6

Absolutes Risiko der Kontrollgruppe: 2,0

ARR der Therapiegruppe = 2,0–1,6 = 0,4

Relative Risikoreduktion (RRR)

… beschreibt, um wie viel Prozent das Risiko durch eine Intervention verringert wird.

RRR = 1–RR

Eine Änderung der Mortalität von 2 % auf 1,6 % entspricht einer Änderung des relativen Risikos um 20 %.

Berechnung:

RR der Therapiegruppe 1,6/2,0 = 0,8 = 80 %

RR der Kontrollgruppe: definitionsgemäß 1 = 100 %

RRR der Therapiegruppe = 1–RR = 1–0,8 = 0,2 = 20 %

Beispiel: Durch eine Therapie ändert sich die Anzahl der Todesfälle von 6 auf 4 von 1000 Personen, das sind 2 von 1000. Die ARR ist 0,2 %. Die relative Risikoreduktion wäre hier 2 von 6 bzw. 33 %.

9.4 Kommunikationsumfang

Eine einfache Einteilung unterschiedlicher Risiken und deren Wahrnehmung erlaubt, adäquate Kommunikationsansätze zu finden. Verschiedene Stufen des Kommunikationsumfanges sind (EFSA 2014):

- geringe Auswirkungen auf die öffentliche Gesundheit/geringes öffentliches Interesse (z. B. Zusatzstoffe in Tierfutter),
- geringe Auswirkungen auf die öffentliche Gesundheit/starkes öffentliches Interesse (z. B. GVO, Zusatzstoffe),
- mittlere Auswirkungen auf die öffentliche Gesundheit/mittleres öffentliches Interesse (z. B. Salzgehalt in Lebensmitteln/Salzkonsum),
- starke Auswirkungen auf die öffentliche Gesundheit/geringes öffentliches Interesse (z. B. Salmonellen in Lebensmitteln),
- starke Auswirkungen auf die öffentliche Gesundheit/starkes öffentliches Interesse (z. B. Infektionen mit EHEC 0104:H4 in Deutschland und Frankreich 2011).

Selbst wenn Auswirkungen und Interesse gering sind, sollen die Grundsätze guter Risikokommunikation beachtet werden. Sind Auswirkungen und Interesse stark ausgeprägt, sind umfangreiche und präventive Kommunikationsinitiativen zu erarbeiten. Im mittleren Bereich sind zielgruppenspezifische, vorbeugende Initiativen angemessen.

Generell sind Kernbotschaften erst zu formulieren, wenn die Kommunikationsziele und die Zielgruppe definiert sind (▶ Kap. 2). Daran anschließend folgt die Auswahl der Instrumente (▶ Kap. 4) und Kanäle (▶ Kap. 3). Gedruckte Broschüren sind beispielsweise nicht geeignet, wenn es um die dringende Veröffentlichung hoher Risiken geht. Umgekehrt sind soziale Medien bei sensiblen Themen nicht das Mittel der Wahl, wenn zu wenig Personal für die zu betreuenden Diskussionen verfügbar ist (EFSA 2014).

> **Guidelines für Risikokommunikation**
> - **EFSA (2014) Wenn sich beim Essen etwas zusammenbraut. Bewährte Rezepte für die Risikokommunikation.** ▶ www.efsa.europa.eu/riskcomm
> - **Christensen (2007) „The hands on guide for science communicators"** („Praktischer Leitfaden für Wissenschaftskommunikatoren"), Springer, Dordrecht
> - **Europäische Kommission (2006) „Communicating science: A scientist's survival kit"** („Kommunikation wissenschaftlicher Erkenntnisse: Überlebenshilfe für Wissenschaftler"), Europäische Kommission, Brüssel. ▶ http://ec.europa.eu/research/science-society/pdf/communicating-science_en.pdf
> - **Ernährungs- und Landwirtschaftsorganisation der Vereinten Nationen und Weltgesundheitsorganisation (FAO/WHO 1998) „The application of risk communication to food standards and safety matters"** („Die Risikokommunikation in der Anwendung auf Lebensmittelstandards und Sicherheitsthemen"), FAO/WHO, Rom. ▶ http://www.fao.org/docrep/005/x1271e/X1271E00.HTM

- **Science Media Centre (2002)** „Communicating risk in a soundbite: A guide for scientists" („Risiken kurz und knapp kommunizieren: Ein Leitfaden für Wissenschaftler"), The Royal Institution of Great Britain, London. ▶ http://www.sciencemediacentre.org
- **Social Issues Research Centre (SIRC 2001)** „Guidelines on science and health communication" („Richtlinien für die Kommunikation auf den Gebieten Wissenschaft und Gesundheit"), SIRC, Oxford. ▶ http://www.sirc.org
- **Social Issues Research Centre (SIRC 2006)** „MESSENGER, Media, science and society; engagement and governance in Europe" („Medien, Wissenschaft und Gesellschaft; Engagement und Governance in Europa"), SIRC, Oxford. ▶ http://www.sirc.org
- **The Royal Society (2000)** „Scientists and the media: Guidelines for scientists working with the media and comments on a press code of practice" („Wissenschaftler und die Medien: Richtlinien für Wissenschaftler im Umgang mit den Medien und Anmerkungen zu Verhaltensregeln für die Presse"), The Royal Society, London. ▶ http://www.royalsoc.ac.uk

Literatur

AGES Bewertung von Gefahren und Risiken entlang der Lebensmittelkette. ▶ https://www.ages.at/service/service-risikobewertung/schritte-der-risikobewertung/#. Zugegriffen: 1. Nov. 2018

Bundesministerium für Ernährung und Landwirtschaft – BMEL (2016) Lebensmittelsicherheit verstehen. Fakten und Hintergründe, Berlin

EFSA (2014) Wenn sich beim Essen etwas zusammenbraut. Bewährte Rezepte für die Risikokommunikation. Parma. ▶ https://doi.org/10.2805/67682

Epp A, Michalski B, Banasiak U et al (Hrsg) (2010) Pflanzenschutzmittel-Rückstände in Lebensmitteln. Die Wahrnehmung der deutschen Bevölkerung – Ein Ergebnisbericht. BfR Wissenschaft 07, Berlin. ▶ https://www.bfr.bund.de/cm/350/pflanzenschutzmittel_rueckstaende_in_lebensmitteln.pdf. Zugegriffen: 30. Dez. 2018

Fuchs K et al (2015) AGES-Risikoatlas. AGES Wissen aktuell 1. Wien

Hensel A, Correia Carreira G (2012) Primär- und Sekundärstandards im Lebensmittelbereich aus Sicht der Risikobewertung und Risikokommunikation. Moderne Ernährung heute 4

Koch S, Lohmann M, Epp A et al (2017) Risikowahrnehmung von Kontaminanten in Lebensmitteln. Bundesgesundheitsblatt 60:774–782

McGloin A, Delaney L, Hudson E et al (2009) Symposium on „The challange of translating nutrition research into public health nutrition". Session 5: Nutrition communication. The challenge of effective food risk communication. Proc Nutr Soc 68:135–141

Stadler J (2014) Alarmstufe Rosa. Profil 42:72–80

von Alvensleben R, Kafka C (1999) Grundprobleme der Risikokommunikation und ihre Bedeutung für die Land- und Ernährungswirtschaft. Schriften der Gesellschaft für Wirtschafts- und Sozialwissenschaften des Landbaues e. V. 35:57–64

Rechtliches

Urheberrecht, Copyright & Co

© Springer-Verlag GmbH Deutschland, ein Teil von Springer Nature 2019
A. Mörixbauer, M. Gruber, E. Derndorfer, *Handbuch Ernährungskommunikation*,
https://doi.org/10.1007/978-3-662-59125-3_10

Des Diebstahls Lehrling ist der Fund.
(Unbekannt)

Ob bei Broschüren, Artikeln, Vorträgen, wissenschaftlichen Arbeiten, Videos oder Podcasts, Installationen oder Fotos – Fragen des Urheberrechts sind stets relevant. Eng damit verbunden ist der Begriff des Plagiats, also der unrechtmäßigen Kopie. In der Begrifflichkeit ist das Urheberrecht vom Copyright zu unterscheiden. Das Urheberrecht bezieht sich auf kontinentaleuropäische Rechtssysteme, wie das deutsche, österreichische oder schweizerische Urheberrecht. Copyright oder das Zeichen © wird über das US-amerikanische Recht geregelt. Eine Vollharmonisierung zu einem Europäischen Urheberrecht und einem europaweitem Leistungsschutzrecht ist in Diskussion (Wikipedia 2018a, b).

10.1 Urheberrecht

Das Urheberrecht regelt die juristische Beziehung zwischen dem Urheber und dessen Werk. Geschützt werden Werke der Literatur, Wissenschaft und Kunst sowie Darstellungen wissenschaftlicher oder technischer Art. Mit der Schaffung des geistigen Werkes tritt automatisch das Urheberrecht in Kraft, und es erlischt erst 70 Jahre nach dem Tod des Urhebers (Kopf et al. 2011; Wikipedia 2018b). Als Urheber gelten z. B. Bildhauer, Maler, Schriftsteller, Designer, Komponisten, Choreografen ebenso wie Erfinder und Programmierer (► Urheberrecht.de).

Im Urheberrechtsgesetz werden zudem Leistungsschutzrechte geregelt. Durch sie erhalten auch über den Urheber hinausgehende Personenkreise Rechte für ihre schutzwürdigen Leistungen. Zu diesen Leistungsschutzberechtigten zählen Interpreten, Tonträgerhersteller, Veranstalter, Rundfunkunternehmer und Lichtbildhersteller. Ein und derselbe Gegenstand kann daher durch verschiedene Urheber- und Leistungsschutzrechte geschützt sein – urheberrechtlich ist beispielsweise das Werk des Komponisten, leistungsschutzrechtlich das Konzert der Musiker sowie die Aufnahme durch den Schallträgerproduzenten geschützt (BMVRDJ 2018).

Das Urheberrecht kann nicht durch Rechtsgeschäfte vom Urheber auf einen anderen übertragen werden, aber es können Nutzungsrechte und Vereinbarungen zu Verwertungsrechten eingeräumt werden (Kopf et al. 2011). Der Urheber besitzt die Verwertungsrechte. Diese treten zum Beispiel Autoren an einen Verlag ab, womit sie ihm in der Regel alle Rechte zur Vervielfältigung und Verbreitung des Werkes exklusiv übertragen. Für eine weitere Nutzung des eigenen Werkes benötigt der Urheber sodann die Zustimmung des Verlages. Neben Verlagen zählen Tonträgerhersteller oder Filmproduzenten zu den klassischen Verwertern der Nutzungsrechte.

Können Urheber aus unterschiedlichen Gründen, wie Mangel an Zeit oder Wissen, ihre Rechte nicht selbst verwalten und einfordern, haben sie die Möglichkeit, Verwertungsgesellschaften (VG) dafür zu beauftragen. Im deutschen Sprachraum sind die wichtigsten Gesellschaften VG Wort für Autoren und Verleger sowie VG Bild-Kunst für bildende Künstler, Fotografen, Designer, Bildagenturen, Maler, Zeichner, Regisseure, Kameraleute, Choreografen usw. (► Urheberrecht.de).

In Österreich sind zwölf Verwertungsgesellschaften tätig, zu den wichtigsten zählen: AKM (Autoren, Komponisten, Musikverleger), Austro-Mechana (für Musik),

Literarische Verwertungsgesellschaft und Literar-Mechana (beide für Literatur) (Austria-Forum 2018).

In der Schweiz existieren fünf Verwertungsgesellschaften (IGI, IPI):

- ProLitteris für Werke der Literatur und der bildenden Kunst,
- SUISA für musikalische Werke,
- SUISSIMAGE für audiovisuelle Werke,
- SWISSPERFORM für die verwandten Schutzrechte,
- Société Suisse des Auteurs (SSA) für Bühnen- und audiovisuelle Werke.

10.1.1 Gilt das Urheberrecht bei Rezepten?

Spricht man von einem Rezept, so kann umgangssprachlich zweierlei gemeint sein:
1. der Inhalt, also die Idee einer Speisenzubereitung (Zutaten, Mengen, Zubereitung),
2. die Form, also die Beschreibung der Idee, ggf. inkl. Fotos der Zutaten und des fertigen Gerichts.

Urheberrechtlich sind das zwei verschiedene Dinge, und geschützt sein können nur die Beschreibung sowie die Abbildungen. Das Kopieren von Zutaten und Mengenangaben ist daher erlaubt. Auch muss das Rezept den Charakter einer bloßen, mit kargen Worten formulierten „Bedienungsanleitung" übersteigen, um als schutzwürdiges Werk zu gelten. Diese urheberrechtliche Schöpfungshöhe kann erreicht sein, wenn sich eine Rezeptbeschreibung durch ein besonderes Maß an Individualität auszeichnet, z. B. durch Reiseerinnerungen, Anekdoten oder auch ausschweifende, poetische Formulierungen. Möchte man fremde Kochrezepte publizieren, ist es demnach angeraten, das Rezept auf seine technischen Daten zu reduzieren und die Bedienungsanleitung in eigenen Worten wiederzugeben.

Bei Rezeptsammlungen, -datenbanken und Kochbüchern ist es komplizierter, da diese urheberrechtlich geschützt sind – und zwar unabhängig davon, ob einzelne Bestandteile des Werkes geschützt sind. Möchte man aus Kochbüchern oder Rezeptsammlungen auf der eigenen Website oder im Blog etc. Rezepte veröffentlichen, darf man nicht in größerem Umfang ohne Erlaubnis daraus kopieren. Nur in geringfügigem Umfang und wenn die einzelnen Bestandteile selbst nicht geschützt sind, ist es erlaubt, Teile ohne Erlaubnis zu kopieren. Eine allgemeingültige Definition von „geringfügig" gibt es nicht. Das macht die Sache schwierig, und man sollte jedenfalls vorsichtig sein (Gehring 2006).

10.1.2 Copyright

Beim über das US-amerikanische Rechtssystem geregelte Copyright liegen die Verwertungsrechte über ein Werk grundsätzlich oft nicht beim Urheber, z. B. dem Autor, sondern bei den wirtschaftlichen Rechteverwertern, wie dem Verlag. Ob ein Werk nach dem einen oder anderen Recht geregelt ist, liegt an der Staatsangehörigkeit des Urhebers und am Erscheinungsort des Werkes (Wikipedia 2018a; Kopf et al. 2011).

10.2 Fotorechte

Zunehmend wird über Essen und Ernährung auch über und mit Fotos kommuniziert. Bei Abbildungen von geschützten Werken trifft das Urheberrecht ebenfalls zu. Manche Köche machen dies übrigens für ihre Kreationen geltend, wenn Gäste im Restaurant sofort zum Smartphone greifen und die einzelnen Speisen posten. In manchen Lokalen gibt es daher bereits ein Fotografierverbot, andere Gastronomen betrachten die Entwicklung als Werbemöglichkeit und bemühen sich noch mehr um die Optik am und rund um den Teller, z. B. durch optimale Lichtgestaltung (▶ Abschn. 4.5). Zu geschützten Werken zählen sonst temporäre Ausstellungen oder nicht öffentlich zugängliche Gebäude. Möchte oder kann man nicht selbst fotografieren, lassen sich Bilder auch beschaffen, indem man Bildlizenzen kauft oder kostenlose Bilder verwendet (◘ Tab. 10.1).

Grundsätzlich ist bei Fotos, die ihren Platz auf verschiedenen Internetplattformen finden, nicht nur das Urheberrecht, sondern auch das Kunsturheberrecht und das Persönlichkeitsrecht zu berücksichtigen. Werden Fotos von Personen veröffentlicht, ist dem Kunsturheberrecht (KUG) entsprechend davor von den Betroffenen eine Erlaubnis einzuholen. Ausgenommen sind Bilder von öffentlichen Veranstaltungen oder wenn Personen nicht die Protagonisten des Motives, sondern bloß nebensächlich dargestellt sind. Für Personen der Zeitgeschichte bedarf es ebenso wenig einer Zustimmung. Das allgemeine Persönlichkeitsrecht inkludiert das Recht am eigenen Bild. Demnach darf jeder selbst entscheiden, ob, wie und wann Bilder von ihm verbreitet und/oder veröffentlicht werden (▶ Urheberrecht.de).

Greift man auf bereits existierendes Fotomaterial zurück und erwirbt bei Bilddatenbanken oder -agenturen die Verwertungsrechte (Lizenzierung), ist darauf zu achten, dass nur die explizit vereinbarte Nutzung gestattet ist. Zu unterscheiden sind im Wesentlichen RM-Bilder (*Rights Managed*) und RF-Bilder (*Royalty Free*). Bei RM erfolgt die Lizenzierung pro Bild und für einen konkreten Verwendungszweck (z. B. Abdruck in einem Magazin in einer bestimmten Größe und für eine definierte Auflage). Mit RF erwirbt man eine umfassende Lizenz nach dem Motto „einmal kaufen, immer nutzen". Das Bildmaterial darf dann zeitlich unbegrenzt für jegliche Zwecke verwendet werden (Strohmayer-Nacif und Piffl 2018).

Nach dem Open-Source-Prinzip ist die Nutzung von Werken Dritter unter definierten Voraussetzungen kostenfrei möglich. Man spricht von „Creative Commons"

◘ **Tab. 10.1**   Beispiele kostenfreier Bilddatenbanken

Datenbank	Zugang	Anmerkung	©
Pixabay	▶ www.pixabay.com	Kein Account notwendig	Nutzerrechte können variieren, Einzelcheck notwendig
Flickr	▶ www.flickr.com	Kein Account notwendig	Nutzerrechte können variieren, Einzelcheck notwendig
▶ Pixelio.de	▶ www.pixelio.de	Kostenfreie Registrierung erforderlich	Nutzerrechte können variieren, Einzelcheck notwendig

(CC). Auf diversen Public Domains stellen Urheber ihre Werke der Öffentlichkeit in der Regel unter einer der folgenden vier Bedingungen zur Verfügung:

- Namensnennung *(by)*,
- nur nichtkommerzielle Nutzung *(nc, non-commercial)*,
- keine Bearbeitung erlaubt *(nd, no derivatives)*,
- Weitergabe unter gleichen Bedingungen erlaubt *(sa, share alike)*.

Hält man den Rechteumfang und die geforderte Namens- oder Lizenznennung nicht ein, führt dies auch bei CC zu rechtlichen Konsequenzen (Strohmayer-Nacif und Piffl 2018).

10.3 Urheberrecht im Internet

Verbreitung, Veröffentlichung und Vervielfältigung von Bildern, Texten, Videos etc. ist ohne Qualitätsverluste im Internet sehr rasch möglich. Dabei kann leicht ein Verstoß gegen das Urheberrecht vorliegen. Schnell ist ein Werk kopiert und auf die eigene Website oder als Profilbild oder Beitrag auf einen Social-Media-Kanal gestellt. Das **Urheberrecht gilt jedoch auch im Internet.** Selbst ohne Copyright-Hinweis sind Werke durch das Urheberrecht geschützt.

Viele technische Möglichkeiten wie Streaming und Sharing sind den gesetzlichen Rahmenbedingungen weit voraus. Nutzer befinden sich daher wegen fehlender grundsätzlicher Rechtsprechung in rechtlichen Grauzonen.

Unerlaubte Vervielfältigung wie Bilderklau zählt zu den häufigsten Verstößen des Urheberrechts im Internet. Rechtskonform ist, wenn man das Einverständnis zur Verwendung beim Urheber eingeholt hat (und ggf. auf dessen Website verlinkt). Fremde Texte können auch trotz Quellenangabe problematisch sein, nämlich dann, wenn sie den Umfang eines Zitats sprengen (► Urheberrecht.de).

> Ein Zitat hat einen Zweck zu erfüllen und dient in der Regel dazu, das eigene Werk zu belegen oder zu erläutern. Die Übernahme von Fremdtext in eine selbständige Arbeit ist unter Angabe der Originalquelle zu diesen Zwecken laut Zitatrecht zulässig (► Urheberrecht.de).

Mit der EU-Richtlinie über das Urheberrecht im digitalen Binnenmarkt soll das EU-Urheberrecht reformiert und dem digitalen Zeitalter angepasst werden. Rechteinhaber wie Verlage, Autoren und Plattenfirmen sollen für ihre Leistung gerechter entlohnt werden (Wikipedia 2019; Deutsche Welle 2018). Der EU-Ministerrat hat sich darin auch für einen Uploadfilter und weitere automatisierte Maßnahmen ausgesprochen, um in erster Linie „terroristischen Inhalten" vorzubeugen. Diensteanbieter müssen demnach innerhalb einer Stunde auf eine Entfernungsanordnung des entsprechenden Inhaltes durch Zugangssperre oder Löschen reagieren. Die Regelungen betreffen alle in Europa tätigen Anbieter, die nutzergenerierten Inhalt ermöglichen. Ein Factsheet der Kommission nennt als Beispiele „Plattformen sozialer Medien, Videostreamingdienste, Video-, Bild- und Audio-Sharing-Dienste,

File-Sharing- und andere Clouddienste sowie Websites, auf denen die Nutzer Kommentare oder Rezensionen abgeben können" (Europäische Kommission 2018). Vor allem kleine Anbieter werden mit der im Verordnungsentwurf vorgesehenen kurzen Reaktionszeit gefordert sein. Eine Vielzahl an zivilgesellschaftlichen Organisationen ortet zudem „schwerwiegenden Folgen für die Meinungs- und Informationsfreiheit" und fordert aktuell eine Überarbeitung des Gesetzentwurfs (Rudl 2018).

> **Der VFR Verlag für Rechtsjournalismus hebt daher besonders hervor: „Beim Urheberrecht – insbesondere im Internet – sollte grundsätzlich folgende Regel beachtet werden: Alles was ich nicht selbst geschaffen habe, ist das Werk eines fremden Urhebers. Möchte ich seine Werke verwenden, ist dessen Einverständnis notwendig."**

10.4 Plagiat

Ein Plagiat ist eine unrechtmäßige Nachahmung, eine Fälschung, eine Übernahme fremder geistiger Leistungen. Das Wort ist entlehnt aus dem französischen *plagiat* und abgeleitet vom lateinischen *plagiārius,* „gelehrter Dieb", Seelenverkäufer, Menschenräuber. Das griechische *plágios* bedeutet „unredlich, hinterlistig, versteckt" (Kluge 2002). Der Duden beschreibt das Plagiat als „unrechtmäßige Aneignung von Gedanken, Ideen o. Ä. eines anderen auf künstlerischem oder wissenschaftlichem Gebiet und ihre Veröffentlichung; Diebstahl geistigen Eigentums" bzw. ein „durch Plagiat entstandenes Werk o. Ä.". Als Synonyme nennt er u. a. Fälschung, Imitat, Kopie, Nachahmung, Nachbildung, Rekonstruktion, Fake, Abklatsch (Duden 2018).

Mit einem Plagiat können demnach sowohl das Urheberrecht als auch das Patentrecht verletzt werden, ebenso wie das Designrecht.

Plagiate sind generell charakterisiert durch (▶ Urheberrecht.de):

- rechtswidrige Verwendung von z. B. fremden Resultaten, Texten oder Ideen,
- fehlende Quellenangabe bzw. Erlaubnis,
- den Eindruck, der Täter sei Eigentümer der jeweiligen Rechte,
- finanzielle oder anderer Vorteile, die dem Täter zugutekommen.

Plagiate werden oft mit wissenschaftlichen Arbeiten assoziiert. Die deutsche Hochschulrektorenkonferenz 1998 definierte das Plagiat als schwerwiegendes wissenschaftliches Fehlverhalten, bei dem es sich um die unbefugte Verwertung von einem anderen urheberrechtlich geschützten Werk bzw. wissenschaftlichen Erkenntnissen, Hypothesen, Lehren oder Forschungsansätzen unter Anmaßung der Autorenschaft handelt (Kopf et al. 2011).

Das Plagiat ist abzugrenzen vom Zitat (▶ Abschn. 10.3), bei dem die Quelle deutlich angegeben ist.

Literatur

Austria-Forum (2018) Verwertungsgesellschaften. ► https://austria-forum.org/af/AEIOU/Verwertungs-gesellschaften. Zugegriffen: 25. Dez. 2018

Bundesministerium für Verfassung, Reform, Deregulierung und Justiz (BMVRDJ) (2018) Urheberrecht. ► https://www.justiz.gv.at/web2013/home/buergerservice/die-justiz-von-a-bis-z/u/urheber-recht-~2c94848b4b92ce25014c314273ab1aca.de.html. Zugegriffen: 14. Dez. 2018

Deutsche Welle (2018) EU-Urheberrecht nimmt wichtige Hürde. ► https://www.dw.com/de/eu-urhe-berrecht-nimmt-wichtige-h%C3%BCrde/a-45461413. Zugegriffen: 7. Dez. 2018

Duden (2018) Plagiat. ► https://www.duden.de/rechtschreibung/Plagiat. Zugegriffen: 9. Nov. 2018

Europäische Kommission (2018) Factsheet – Lage der Union 2018: Kommission ergreift Maßnahmen zur Entfernung terroristischer Inhalte aus dem Web – Fragen und Antworten. ► http://europa.eu/rapid/press-release_MEMO-18-5711_de.htm. Zugegriffen: 20. Febr. 2019

Gehring R (2006) Kochrezepte: Nichts anbrennen lassen. irightsinfo. ► https://irights.info/artikel/nichts-anbrennen-lassen/5523. Zugegriffen: 2. Jan. 2019

IGI, IPI (2018) ProLitteris, SUISA… Verwertungsgesellschaften? ► https://www.ige.ch/de/etwas-schu-etzen/urheberrecht/verwertungsgesellschaften.html. Zugegriffen: 25. Dez. 2018

Kluge F (2002) Etymologisches Wörterbuch der deutschen Sprache/Kluge. Bearb.von Elmar Seebold, 24. Aufl. De Gruyter, Berlin

Kopf S, Beckerr R, Heimann C (2011) Urheberrecht, Copyright und Plagiat. Arthroskopie 24:194–197

Rudl T (2018) EU-Innenminister segnen großflächige Internetzensur mit Uploadfiltern ab. ► https://netzpolitik.org/2018/eu-innenminister-segnen-grossflaechige-internetzensur-mit-upload-filtern-ab. Zugegriffen: 7. Dez. 2018

Strohmayer-Nacif L, Piffl G (2018) Whitepaper. Bildrechte in der Praxis. APA Picturedesk, Wien

VFR Verlag für Rechtsjournalismus GmbH. ► https://www.urheberrecht.de/. Zugegriffen: 6. Dez. 2018

Wikipedia (2018a) Copyright law (Vereinigte Staaten) ► https://de.wikipedia.org/wiki/Copyright_law_(Vereinigte_Staaten). Zugegriffen: 7. Dez. 2018

Wikipedia (2018b) Urheberrecht (Europäische Union). ► https://de.wikipedia.org/wiki/Urheberrecht_(Europ%C3%A4ische_Union). Zugegriffen: 7. Dez. 2018

Wikipedia (2019) Directive on Copyright in the Digital Single Market. ► https://en.wikipedia.org/wiki/Directive_on_Copyright_in_the_Digital_Single_Market. Zugegriffen: 20. Febr. 2019

Serviceteil

Stichwortverzeichnis

Videosharing 69
visual hunger 100
Vlogger 68
Vorbildwirkung, Ernährungsbildung 141

W

X

Xing 69

Y

Z